JN059128

日本経済新聞出版

プロローグ　日本企業が垣間見た世界の脱炭素の潮流 ― グローバル企業のトップは気候変動会議に集う

※序章における企業担当者の肩書は、各本文内容の日付当時のもの。

フランス・パリ（COP21）　株式会社LIXIL　環境推進部　部長　川上敏弘

●2015年11月14日　東京　早朝

「困ったことになった」

朝起きると、パリで同時多発テロが発生したとのニュースが飛び込んできた。私は、再来週からパリで開催される気候変動の国際会議（気候変動枠組み条約第21回締約国会議：COP21）に関連するビジネスイベントに、脱炭素化を目指す日本の企業ネットワーク（日本気候リーダーズ・パートナーシップ。以下JCLP）の一員として参加することになっている。テロのニュースを追うと、あるスタジアムで爆弾テロが起こったと報道されている。確かこのスタジアムは、私たちが参加するイベントの会場だったはずだ。ＣＯＰ21は今後の国際的な気候変動政策を方向づける重要な会議だと聞いている。一体、この状態で参加することができるのか。そもそも、各国首脳級が集まるとされる国際会議が本当に開催されるのだろうか。いずれにせよ難しい判断を迫られそうだ。

●２０１５年12月10日　フランス・パリ

ＣＯＰ21視察の全日程を無事に終えることができた。パリへの渡航そのものがキャンセルとなる懸念もあったが、海外における邦人の安全対策について外務省のエキスパートを招いたレクチャーなどを受け、何とか参加にこぎつけることができた。さすがにＣＯＰ21や関連のビジネスイベントの会場周辺は厳戒態勢だったが、会議の参加者は相当数に上ったようだ。私が参加したイベントも大半が満員だった。

驚いたのは、テロの直後にもかかわらず、世界の名だたるグローバル企業、投資家、各国の中央銀行などから、ＣＥＯや会長クラスのトップリーダーが多数参加していたことだ。企業からの登壇者は環境担当の役員ではない。グローバル企業の社長、最高財務責任者（ＣＦＯ）、最高投資責任者（ＣＩＯ）たちなのだ。実際、私自身も、バンク・オブ・アメリカ、グーグル、イケア、ＡＢＢ（スイスの重電大手）、ＢＭＷ、ケロッグ、ユニリーバ、ノルウェー政府年金基金など、数十人のトップリーダーの講演や議論を聞くことができた。

さらに驚いたのは、それらビジネスリーダーの気候変動科学への理解の深さと、気候変動を自社の経営の文脈に落とし込んで語る姿である。多くのＣＥＯらが当然のように、ＩＰＣＣ（気候変動に関する政府間パネル。最新・最良の科学の知見を取りまとめている）の報告書に書かれた内容を引用しているほか、それが自社の経営戦略とどう関連し結びつくか、脱炭素化という企業経営のバックグラウンドの大きな転換の中で自社がどういうポジションを取り、事業成長の道筋を描いているかなどの明確なビジョンを語っていた。さらに、ＣＯＰ21の国際交渉を企業の立場から盛り上げることを意図して、自社で使用する電力を１００％再生可能エネルギー（以下再エネ）に切り替える宣言をした企業も数多くあった。一体、これら海外企業の気候変動への力の入れようはどこから来ているのだろうか。

主要国の首脳や重要閣僚も数多くパリに来ていたようだ。私が出席したある会合では、米国のケリー国務長官（当時）が登壇し、気候変動は「脅威の増幅器」であるとして、国家の安全保障の観点から気候変動を食い止める重要性を語っていた。そういえば、ケリー氏はベトナム戦争への従軍で勲章を受けており、安全保障の専門家だとも聞く。そのような人が気候変動を重視しているという点は実に興味深い。

別の会合では、アイスランド大統領が自ら登壇し、自国の取り組みを語っていた。元々は石炭の産出を主要産業としていた同国が、リーマンショックを機に地熱大国へと脱皮し、すでに電力の再エネ１００％を達成していること、そして地熱による安い再エネ電力を武器に積極的に企業誘致を進めた結果、アルミ製造大手企業の誘致に成功したことなどを語っていた。ちなみに、ＬＩＸＩＬでもサッシやドア、エクステリアなどでアルミ製品を扱っているが、アルミは製造過程で多量の電力を必要としCO2の排出も少なくない。確かに、アルミの製造に用いる電力をすべて再エネで賄うことができれば、CO2排出ゼロのプロセスで製造されたアルミというものも実現可能である。しかし、このようなアルミのコスト面はどうなのだろうか。アイスランドの例は、今後ゼロカーボンのアルミが市場に出てくるという兆しなのだろうか。そして、アルミを原材料に用いた製品の競争力の一部に「CO2排出ゼロ」という付加価値が組み込まれる可能性も出てくるのだろうか。この辺りは、よりきちんと調べる必要がある。

1週間の日程であったが、非常に濃密な時間を過ごすことができた。名だたるグローバル企業が気候変動に真剣に対峙する熱量を実感し、関連情報を一度に多数獲得できたのは大きな成果だった。しかし、いまだに疑問も多い。そもそもCOP21は環境問題の国際会議ではなかったのか。なぜテロの直後という悪条件にもかかわらず、世界的企業のCEOや主要国の重要閣僚がわざわざ海を越えてパリに集ってきているのか。なぜCOP21の会場で多くのビジネスリーダーが経営戦略を語り、各国の閣僚が安全保障や一国の経済戦略の話をしているのか。

一方、日本企業の環境活動は、規制対応やリスク予防、企業イメージ向上・社会貢献の文脈で実施され、担当部署も製造部門や、総務、広報の一部門が兼任する場合もある。企業経営の本流とは少々遠い位置にあるようにも感じていた。実際、COP21に社長が参加している日本企業は1社もなかったようだ。この差は一体何なのか。いずれにせよ帰国後至急、気候変動が経営のバックグラウンドを大きく変えようとしていること、そしてグローバル企業はそれに気づいて成長戦略を再構築しようとしていることについて整理して、ＬＩＸＩＬの環境戦略のあるべき姿を考える必要がありそうだ。

モロッコ・マラケシュ（COP22）　積水ハウス株式会社　常務執行役員　石田建一

●2016年11月10日　モロッコ・マラケシュ

「いったい、どうなるんだ？」

数日前からモロッコに来ている。ＣＯＰ22に合わせて開かれる住宅関係の国際会議参加の後、ＪＣＬＰの視察団に合流するためだ。２０１５年、歴史的とされるパリ協定に各国が合意したが、今朝起きるとんでもないニュースが飛び込んできた。大方の予想を覆し、米国大統領選で共和党候補のトランプ氏が勝ったというのだ。

トランプ氏は気候変動に懐疑的で、パリ協定からの脱退を明言していた。米国は中国に次ぐ世界二位のＣＯ２排出大国である。パリ協定はオバマ政権の熱心な後押しもあって成立したという背景もあるが、その米国がパリ協定から脱退するとすれば、パリ協定はどうなってしまうのか。

●2016年11月17日　モロッコ・マラケシュ

ＣＯＰ22の視察が無事終了した。予想どおり、大半の会合ではトランプ大統領誕生の影響が盛んに議論されたが、予想に反して「影響は限定的」との意見が大勢を占めていた。聞けば、パリ協定の脱退手続きには相当の時間を要するらしく、仮にトランプ氏が脱退を決めてもそれが効力を発揮するのは２０２０年の末頃になるという。２０２０年11月には次の大統領選挙が予定されており、トランプ氏が再選すれば影響は本格化するが、再選されなければ状況が変わってくるというのだ。また米国の自治体関係者からは「米国では州や自治体政府の権限が強く、連邦政府が後ろ向きでも州政府のイニシアチブで取り組みは進む」とのことだった。本当だろうか。

日本の報道ではトランプ大統領誕生でパリ協定が瓦解するだろうとの論調も見られるようだ。実際、ＣＯＰ22の会場に来ていた日本のメディアからいくつか取材を受けたが、彼らからはこぞって「トランプ大統領の誕生でパリ協定は有名無実化するのではないか」という質問を受けた。私は、「だれが大統領になっても温暖化を止められるわけではない。トランプ大統領になっても我々は粛々と対応を進めるだけだ」と答えたが、後で聞いたところではこのインタビューは放送されなかった。彼らが欲しいのは「トランプ大統領になったから大変だ！」という意見だったのだ。

しかし、ここでの議論を聞く限りそう単純なことではなさそうだ。世界銀行のチーフエコノミストや英国の財務次官を歴任した、ニコラス・スターン氏の意見では「気候変動への対応の原動力となっているのは、科学的な知見（および実際に起きている気象災害）と、再エネの価格低下など経済合理性を伴う脱炭素ソリューションの拡大である。すなわち、『科学・自然現象』と『市場の力』が原動力で、トランプ大統領であってもこの潮流は変えられない」と述べていた。確かに、科学や自然災害は、さすがの米国大統領でも変えられないだろう。

無論、ＣＯＰという会議の性質上、ここでの議論は気候変動への対応に前向きな人だけの偏った意見であるとの見方もできる。だが客観的に見ても、今回聞いた議論には一定の妥当性があるとも感じる。なにより、これだけの政府、企業、自治体らのリーダーたちが気候変動を食い止めようと本気になっている。これは、現地に来ないとなかなか分からないことだが、彼らの本気度を過小評価すべきではないだろう。結局、社会を動かすのは人なのだから。

トランプ大統領の誕生で気候変動対策が停滞するのか、それとも引き続き脱炭素化の流れは加速するのか。どちらの見立てが妥当であるのかはすぐには判断できないが、数年後にははっきりするのだろう。ＣＯＰに来ることで我々の気候変動対策が大きく変わることはないが、一番の成果は世界の本気度を肌で感じられたことだ。

視察では、他にも興味深い知見を多く得られた。すでにパリ協定は実施のステージに入りつつあるとのことで、いくつかの会合では脱炭素社会を実現するための「投資」が主要なテーマになっていた。参加者の顔ぶれも米国の銀行や、欧州の機関投資家、世界銀行などの国際金融機関らが多数参加していた。その議論の内容も驚きだった。

世界全体でパリ協定の実現に必要な投資の相場観は２０３０年頃までの累計で約90兆ドル（約1京円）[1]。日本の年間ＧＤＰの約20倍という途方もない額だ。しかし、会合ではそれらが十分可能であり、さらには「新たなビジネスチャンス」と捉える議論がなされていた。実際、米国大手銀行の会長は「世界の資本市場の状況を踏まえれば、90兆ドルという資金を中長期スパンで調達することは十分可能」と述べ、他の参加者からは「パリ協定を実現するための技術はすでにほとんど揃っている」という声が多く聞かれた。問題は投資を脱炭素分野に振り向けるための仕組み・制度であり、それが整えば非常に大きな資金が脱炭素分野に流入する、すなわち、極めて大きな市場・ビジネスチャンスが生まれるというのだ。

別の会合では、モロッコの経済界と関係の深いフランス企業連合（日本の経団連に相当）のトップが「カーボンプライシング（炭素価格付け）は投資を脱炭素分野に振り向ける仕組みの柱であり、導入を急ぐべき」と発言していた。日本では産業界はカーボンプライシングに真っ向から反対している。企業に追加的なコストがかかるからだ。しかし、それは欧州や米国の企業も同じはずである。その点を彼らはどう考えているのだろうか。カーボンプライシングによるコストよりも、それによって生まれる脱炭素マーケットが魅力的だとでも言うのだろうか。仮にそうなら、日本企業は有望なマーケットを見落としているというのだろうか。または他に何か重要な理由があるのか。

建物の建設や使用時のＣＯ２排出は、日本の全ＣＯ２排出の約３割強を占めることから、建物の脱炭素化は非常に重要な課題である。わが社は、ＣＯＰ21において発足した建物の脱炭素化に向けた国際的な協働ネットワーク（Global Alliance for Buildings and Construction）に日本企業として唯一参加しており、今ＣＯＰ会期中に開催されたBuilding Dayでは、当社のゼロエネルギーハウスの取り組みを紹介した。世界ではまだ工業化住宅（工場で生産される部品を組み立ててつくる住宅）の普及率は低く、合理的なゼロエネルギーハウスに大いに興味を持ってもらった。

「再エネ」も大きなテーマだった。ＣＯＰ22の開催国であるモロッコでは国王自らが旗振り役となり、フランス企業らと組んで大規模な再エネ開発を進めているらしい。価格も2～4円／kWh（日本の再エネの約10分の1。化石燃料由来の電力に比べても大幅に安い）とかという数字がでていた。またモロッコに限らず、欧州、中東、米国で再エネが価格的にも競争力を持つようになってきているようだ。ともにJCLPの視察団に参加した他の企業の幹部からは「これが本当なら、CO2ゼロでかつ価格も安いエネルギーがすでに実現していることになる。エネルギー多消費産業の工場立地に影響する重要な話だ」という声も聞かれた。今後は再エネが国の立地競争力を左右する時代が来るとでもいうのか。にわかには信じがたい。しかし再エネが価格競争力を持つこと自体、数年前は信じがたかった現象であり、それはすでに世界各地で実現しつつある。事実を受け止めないと方向を見誤る。

いずれにせよ、注目すべきは開催地域であるアフリカ・中東地域からはもとより、欧州、米国などからも企業や投資家のトップリーダーがモロッコまで足を運び、気候変動の国際会議に参加しているという事実だ。この背景を理解することは、日本企業にとっても何らかの示唆をもたらすに違いない。

ドイツ・ボン（COP23）　イオン株式会社　執行役　三宅　香

●2017年11月17日

「日本は環境先進国ではなかったのか？」

ＪＣＬＰのＣＯＰ23視察団に参加するため、１週間余りの日程でドイツの古都ボンにやってきた。2017年3月にイオンの執行役に就任し、ＩＲ（投資家対応）等と共に環境分野を所管することになった。イオンでは、創業の地における公害の経験から、ＤＮＡの一部として環境保全が根付いており、環境への取り組みもトップレベルと自負している。着任間もない自分は、専門知識は不十分なものの、それを補ってくれる頼れる部下も多い。多忙なスケジュールを縫って１週間以上を海外視察に費やす価値が本当にあるのか、疑問がなかったと言えば嘘になる。

しかし、現地では冒頭から自らの認識を覆されることになった。視察の最初のプログラムは、パリ協定成立の立役者とされるクリスティアナ・フィゲレス氏（元国連気候変動枠組み条約事務局長）との対話。ＪＣＬＰ側は、私を含め日本企業の役員クラスが15名。加えて日本の省庁や自治体からも上級幹部が参加し、総勢20名強が参加した。海外で行う会合としては非常に豪勢なメンバーと言ってよい。それら日本側の参加者に対しフィゲレス氏は、礼儀正しく、東日本大震災の影響にも配慮しつつ、しかしストレートに、日本の石炭火力の海外輸出政策に対して苦言を呈された。新興国に石炭火力発電の建設を勧めることは「道義的に問題がある」とも言われた。

一体、パリ協定の立役者からなぜこんな指摘を受けているのか。日本は環境先進国ではなかったのか。日本の技術で途上国の温暖化対策を支援することが海外からも望まれているのではなかったのか。または、フィゲレス氏側に日本に対する何か誤解があるのか。様々な疑問が一気に噴出した。しかし、さすがは歴史的な合意を導いた立役者とされる人だ。日本の立場を踏まえつつ、一方で世界共通の課題としていかに気候変動に向かい合うべきかを率直に語られる姿に、その場にいた日本の参加者もみな引き込まれていたようだ。
その後も、海外の企業、大手機関投資家、シンクタンク等々との会合が続いたが、驚いたことに、それらの大半から日本の石炭火力発電政策に批判の声が上がった。一方で、「技術力、経済力を有する日本には、気候変動問題の解決の先頭に立ってほしい」という期待の声も聞かれた。海外からみると「日本は技術や経済力をなぜパリ協定が求める脱炭素化に正しく使っていないのか」と不思議に思われているようだ。

ＣＯＰ自体は政府の交渉の場だが、付近では企業や自治体ら、いわゆる「非政府団体」も参加できる大規模な会議が数多く開かれており、私もそのいくつかに参加した。トランプ政権が誕生した米国では「連邦政府が消極的でも、企業や自治体が率先して対応する」として、企業や自治体による一大ネットワークができているらしい。彼らは自ら野外会議場を設営し、そこで数多くの企業、自治体の幹部らが会合を開いていた。

イオンと同じ小売業からは、ウォルマートの役員が参加していた。ウォルマートは自社で使用する電力を１００％再エネに転換するほか、取引先と協力し、２０３０年までに取引先におけるＣＯ２の排出を合計10億トン（日本全体のＣＯ２の排出量にほぼ相当）削減するらしい[2]。

ウォルマートは年間売上高が50兆円を超える世界最大の企業だ。彼らの消費する電力も相当な量に上ることは間違いない。それを１００％再エネに転換するというのだ。イオンも再エネの導入には取り組んでいるが、コスト面の課題もあり足元の導入率は微々たるものに留まっている。仮にウォルマートが100％再エネに転換するのなら、すべての店舗に相当規模の太陽光発電を設置し、さらに別の手段も考えないと到底足りないだろう。相当な投資が必要となるはずで、社会貢献と割り切るには大きすぎるだろう。だとすればその投資はペイするのか。アメリカでは再エネがそこまで安いのか。

2030年までに取引先のCO2を10億トン削減するというのも相当大変だろう。巨大な購買力を持つウォルマートにとって、取引先への要求は常にセンシティブな事柄なはずだ。一歩間違えれば、優越的地位の乱用と批判されるリスクもあるだろう。取引先への働きかけには、十分な説明や手厚い支援策など、相当の経営エネルギーが必要になる。彼らがそこまでやるモチベーションは何なのか。いくつもの疑問が次々に浮かんでくる。

他にも、新たな視点や知識を数多く得た。英国の大手機関投資家の幹部の話によれば、社会貢献的な意味合いとは別に、純粋に中長期的なリスクとリターンの観点から気候変動を加味した投資が広がりつつあるという。IR担当役員の立場からも見過ごせない動向だ。

別の金融系シンクタンクのCEOからは、「これまで、社会変化や技術革新により、幾度となく企業や産業の新陳代謝（産業構造の変化や企業の盛衰）は繰り返されている。今回は気候変動を軸にその変化が起こっているだけで、特別なことではない」「日本は高い技術と世界有数の経済力を有する。必要なのは変わる勇気なのではないか」という指摘もあった。また、変化に気付かないと（または気付かない振りをしていると）大きな損失を被るとも。本当だろうか。一緒に視察団に参加した再エネ事業を手掛ける企業の幹部が、この話を聞いて感極まって涙するという場面もあった。当人にとって、この話は大いに納得できる話だったらしい。

仮に視察団で見聞したことが本当だとすれば、日本はまだこの重要な変化に気付いていないのではないか。日本では、気候変動は「温暖化」と呼ばれ、どちらかというと「エコ」の文脈で語られる。一人ひとりのこまめな行動に訴えるものが多く、企業や投資家の行動をそこまで大規模に変えるという認識はほとんど見られない。

一方、COP23で垣間見た海外企業の動きは、日本の感覚では説明がつかないほど大規模で、かつ本気に見えた。では、自社はどうすべきなのか。イオンはアジアを中心として国際展開を進めている。そこでは気候変動に関する社会の変化はまだほとんど見えない。では、今後これらの潮流が日本を含むアジアにも波及してくるのだろうか。グローバル化した経済において、欧米で主流化したものがアジアに全く影響を及ぼさないとは考えにくい。デジタル化などは日本より他のアジア諸国の方が進んでいるぐらいだ。気候変動と企業経営というテーマは、予想以上に重要なのかもしれない。

COP23視察団への参加は、良い意味で予想を裏切られる非常に価値の高いものだった。しかし、それ以上に多くの疑問が浮かび、その多くはまだ十分に解消されていない。イオンというアジア最大の小売企業の気候変動対策の責任者としては、この疑問を放置してはいけないと感じる。日本は環境先進国であり、自社の取り組みも十分に先進的という認識も改める必要がある。明日からまた多忙な日々が始まりそうだ。

本書の目的：現象の背景にある「文脈」の理解を通じ、経営における意思決定の精度向上を目指す

本書を執筆している2021年現在、日本、そして世界の気候変動への対応は急激に加速している。2020年9月の国連総会で中国の習近平国家主席が2060年のカーボンニュートラルを宣言し、同年10月26日には菅義偉総理が日本で2050年までのカーボンニュートラルを、2日後の10月28日には韓国の文在寅大統領が同様の宣言を行った。

さらには、2021年1月に米国大統領に就任したバイデン氏は、大統領就任初日に米国をパリ協定に復帰させる大統領令を発出した。バイデン氏は、続く4月に「気候リーダーズサミット」を主宰し、米国の目標を大幅に引き上げ、2030年までに温室効果ガスを50～52％削減するとし、これに歩調を合わせるように日本も2030年の削減目標を従来の26％から、46％、そして50％の高みに挑戦すると、大幅に引き上げた。

先行するEUでは、すでに2018年の時点で2050年カーボンニュートラルの方針が示され、2020年には法制化や具体策の準備に入っている。パリ協定の合意から丸5年を経て、欧州、米国、中国を含む東アジアという、世界の主要3極のすべてが明確に脱炭素化に舵を切ることになった。

これら政府レベルの動きに伴い、企業の気候変動やSDGs、ESG対応への機運も急速に高まっ

ている。もはや世界が脱炭素に向かうことに異論を挟む向きは少なく、各企業とも様々な取り組みに本腰を入れ始めた。

一方で、これらの潮流の本質を理解し、自信をもって取り組みを進めているという企業は必ずしも多くないだろう。むしろ様々な疑問も持ちつつも、次々にやってくるステークホルダーからの要望や海外のライバル企業の動きに背中を押され、試行錯誤しながら対応しているというのが実態ではないだろうか。誤解を恐れずに言えば、「なぜ気候変動が企業経営にとって重要か」という点を曖昧にしたまま、目の前の業務や様々な取り組みに追われているというのが実態ではないだろうか。

本書は、そのような課題の解決に向けて書かれたものだ。

さて、本書の理解を高めていただく上で、執筆協力団体である日本気候リーダーズ・パートナーシップ（ＪＣＬＰ）について簡単に紹介したい。ＪＣＬＰは、２００９年に異業種の日本企業の有志により設立された、独立したネットワークである。気候変動への危機感を共有し、脱炭素社会への移行に求められる企業となることを目的に、国際動向の把握、脱炭素経営の推進、政策提言などを行っている。

２０２１年夏時点の会員企業数は約２００社、会員企業の売上高の合計は約１２０兆円（日本の大企業の売上の約20％弱）に上る。[3] 各種の企業ランキングの上位に位置する企業や、ＥＳＧインデックス[4]にリストアップされている企業も多く加盟するほか、脱炭素経営の分野で世界を牽引する外資系企業などの参加も得て、個社では困難な課題に集団で取り組んでいる。

　筆者は、研究機関に所属し、気候変動とビジネスに関する調査研究を行いつつ、このＪＣＬＰの事務局責任者を務めている。本書で述べる内容についてもＪＣＬＰに関連する活動を通じ、多くの日本企業の経営層や担当者とともに深めてきたものである。

　ＪＣＬＰでは、２０１５年にＣＯＰ21に参加して以降、ほぼ毎年のように海外視察団を重要な国際会議に派遣している。視察を通じ、企業人自らが国際的な動向を見聞し、自社の経営にフィードバックするためだ。

　一方、視察を通じて数々の疑問も生じた。筆者やＪＣＬＰの会員各社は海外視察で外国企業や投資家にそれらの疑問を直接ぶつけることで、またＪＣＬＰの会員間でその疑問を深めることで、答えを探してきた。結果、気候変動やその企業への影響について、ある程度包括的に把握できたと考えている。

　本書は、筆者自身の知見に加え、筆者がＪＣＬＰの活動を通じ、加盟各社とともに、多くの議論や試行錯誤を経た末に獲得した知見の蓄積であり、その意味では共著とも言える。また、日々経営課題として脱炭素化に向き合う企業の視点を取り入れたことで、「なぜ企業に気候変動への対応が求められるのか、企業の役割は何か、気候変動対応は企業の業績に影響するのか、影響するのならどういう経路で影響するのか」といった問いに対して、企業人の目線からも腹落ちできる内容になっていると自負している。

また、「気候変動への対応は企業価値に影響するのか」という主要な疑問についても、読者が一定の答えを見つけられることを目指したい。本書は、気候変動への対応と業績との因果関係を精緻な形で検証した学術書はないが、本書で述べる「気候変動と企業の関わりに関するロジック」の理解に基づけば、この問いに対する答えは「これから先は、Ｙｅｓ」だと筆者は確信している。

無論、業種による濃淡はあるが、気候変動への対応の巧拙が、バランスシートや損益計算書に表われる形で影響を及ぼしてくる可能性は非常に高い。すでにそのような影響が表れている業種もあれば、これから顕在化する業種もある。その影響は国際展開しているか否かによっても変わってくる。しかし日本の政策転換の兆しも相まって、日本企業の多くにとって（それがプラスであれマイナスであれ）、これからの数年で影響がより顕在化することはほぼ間違いない。本書では、読者が各々の立場でこの問いに対し一定の理路をもって答えられるような視座を提供する。

なお執筆にあたっては、「読者の腹落ち」を意図し、以下の点に留意した。

●実際に世界で起きている事例の紹介

環境問題にまつわる議論は、ともすると観念的になりがちである。一方、企業が求めるのは、より具体的な、実際に起きている事柄や事実であろう。本書では、特に世界で実際に起きている様々な事例を紹介することにより、客観的に現状を概観する。

●様々な現象の背景にある「気候変動の文脈」の説明

最近は新聞やニュースでも、脱炭素化に関する多数の「事例」が日々掲載されている。ＥＳＧ投資、石炭火力発電からのダイベストメント（投資撤退）、カーボンニュートラル[5]宣言、ＥＶ規制、ＲＥ１００（事業で使用する電力を１００％再エネに切り替える国際的なイニシアチブ：第5章第4節で詳細を説明）からスウェーデンの環境活動家グレタ・トゥンベリさんに代表される若者の抗議活動まで、様々な事柄が報じられている。

しかし、例えば石炭火力発電の是非やダイベストメントへの解釈や評価は特に日本では意見が分かれるだろう。それらの事例を適切に解釈し自社の経営判断に活かすには、背景にある「気候変動の文脈」の理解が欠かせない。本書では、各種の事例について、「なぜそれが起こっているのか・広がっているのか」という点まで掘り下げ、読者による文脈の理解が進むことを意図した。「なぜ、日本の石炭火力が批判されているのか」「なぜ、ダボス会議で気候変動が主要テーマになっているのか」「なぜグレタさんは怒っているのか」等々、様々な現象が起きている理由が腹落ちできる、そのような内容となるよう心掛けた。

また、気候変動の文脈を理解するには、科学、気象災害、世論、政策、技術、経済や投資の考え方など、異なる分野の知見やその繋がりの理解が必要となる。「科学」や「技術」が要素として登場することで身構える読者もいるかもしれないが、そこはご安心いただきたい。筆者自身も科学者ではなく、文系の人間であり、その立場から一般の読者が十分に理解できる平易な文章で執筆することを心掛けた。一般にも理解できる言葉で、異なる分野の繋がりを概観し、気候変動と脱炭素化の全体像、そして今後求められる経営の在り方を一気通貫で解説する、これが本書の価値であると考えている。

●気候変動時代に、企業が実践すべき脱炭素経営の全体像の提示

企業に関連する気候変動のテーマ（削減目標の設定や再エネ調達、投資家対応、情報開示等）を解説する情報は増えてきている。しかし、気候変動の文脈や、その影響によるマクロ経済、投資家動向などから導かれる、企業に求められる対応を包括的に解説したものは見当たらない。企業が「脱炭素経営」への転換を求められる今、その全体像と、全体を構成する各種取り組みの様相について、その意味合いや繋がりを分かりやすく解説するよう努めた。

なぜ脱炭素経営が求めれるのか、必要な対応は何か、それらの対応がどう企業価値向上に繋がるのか、などを理解すれば、気候変動時代における企業の意思決定の質は大きく向上する。

本書が、日本企業にとって、気候変動時代の競争力を得るためのきっかけとなれば幸いである。

❖プロローグ　注釈および参考文献

1　The New Climate Economy (2016) *The Sustainable Infrastructure Imperative* URL: http://newclimateeconomy.report//2016

2　Walmart (8th May, 2019) *Walmart on Track to Reduce 1 Billion Metric Tons of Emissions from Global Supply Chains by 2030* URL:https://corporate.walmart.com/newsroom/2019/05/08/walmart-on-track-to-reduce-1-billion-metric-tons-of-emissions-from-global-supply-chains-by-2030 (Accessed: 12 April, 2021)

3　日本気候リーダーズ・パートナーシップ (n.d.)『ＪＣＬＰ加盟企業数・総売上高』URL: https://japan-clp.jp/（閲覧日：２０２１年２月３日）

4　ＥＳＧインデックスは、企業をＥＳＧの観点から評価し、その評価において優れた企業で構成された株価指数のこと。世界的に有名なＥＳＧインデックスの例としては、ダウ・ジョーンズ・サステナビリティ・ワールド・インデックスがある。
投信資料館（n.d.）『ＥＳＧ指数とは』URL: https://www.toushin.com/faq/benchmark-faq/esgindex/（閲覧日２０２１年１月21日）

5　カーボンニュートラルとは、温室効果ガスの排出量から、再エネ導入や植林などを通して実現した排出削減量を差し引くことで、人間の活動による温室効果ガス排出量を相殺する（実質ゼロにする）ことを意味する。

第3部　脱炭素経営の実践

第1部

気候変動の文脈とロジック

第1部では、気候変動の意味合いや、脱炭素化が必要な根拠など、科学的な知見を中心とする「そもそも論」を解説する。早く具体的な企業の対応を知りたいという声も聞こえそうだが、「一見すると企業にとってコストが増えるカーボンプライシング（炭素の価格付け：詳細は第3章第2節を参照）に、なぜ海外企業は賛成するのか？」などの疑問を解消するためには、この部分の理解が欠かせない。なお筆者は、海外と日本で、気候変動やその対策に関する行動や議論にギャップが生じる根本的な原因は、ここで述べる気候変動の意味合いや科学の知見に関する理解が日本で不足しているからだと考えている。この、「そもそも論」を正しく理解し、それを起点に筋道を立てて考えることができれば、今後どのような社会の変化が予想されるのか、それらの変化に自社としてどう向き合うべきかなど、多くの事柄が自ずと明らかになる。それぐらい重要なポイントなので、ぜひお読みいただきたい。

第1章　気候変動は「社会基盤を脅かす重大リスク」

1　「エコ」ではない気候変動：気候変動への対応は、「営業許可証」である

一般的に、日本では気候変動は「地球温暖化」と呼ばれる。読者は「地球温暖化」と聞いて、その内容や対策についてどういうイメージを持たれているだろうか。おそらく、少なくとも最近までは、地球温暖化は環境問題であり、連想する色はグリーン、対策のイメージはこまめな取り組みや植林活動、意識啓発など、言わば「エコ」のイメージが強いのではないだろうか。

一方で投資家が石炭等の事業から投資を引き揚げたり、政府が思い切った政策を次々に導入したりと「エコ」で考えると収まりの悪いような事柄が報じられ、何となく違和感を感じたまま、しかし事実として変化を感じている。そういう方も多いだろう。まずはその違和感を解消するため、気候変動のもたらすリスクやその社会的な意味合いを見ていこう。

一般的な気候変動のリスクとして想起されるのは猛暑や洪水等の気象災害だろう。しかし最新の科学の知見を取りまとめるＩＰＣＣ（気候変動に関する政府間パネル）[1]は、それら気象災害に加え、食料、健康、貧困、移住や紛争など、より幅広い観点からリスクを指摘している。また別の国連の報告書では、子供の人権に悪影響を与えるという点で気候変動に警鐘を鳴らしている。[2]

ここでは、世界では気候変動がどのように捉えられているか理解するため、日本ではあまり語られない、健康、移住、紛争（安全保障）、人権などへのリスクを見てみよう。

【BOX①　気候変動と地球温暖化】

気候変動か、地球温暖化か、どちらが適切な用語かについては、国際的には気候変動（Climate Change）がより広く用いられており、国連などでの正式な呼称も気候変動で統一されている。例えば、この問題を取り扱う国際条約は「気候変動枠組み条約」であり、本書で度々登場するパリ協定における記述も「気候変動」で統一されている（パリ協定では地球温暖化（Global Warming）という用語は一度も出てこない）。気候変動の定義は「地球の大気の組成を変化させる人間活動に直接または間接に起因する気候の変化であって、比較可能な期間において観測される気候の自然な変動に対して追加的に生ずるもの」（気候変動枠組み条約による）であり、温暖化が意味する気温の上昇だけでなく、台風の大型化や乾燥化等の広範な気候変化を含む概念と解されよう。一方の地球温暖化は、その名のとおり気温の上昇を指す。すなわち気候変動は、地球温暖化と、その結果生じる様々な変化を含むより広い概念だと言える。

本書では、問題の本質を適切に表すという意味で、特に理由がない限り「気候変動」という用語を用いる。

なお、日本で地球温暖化という呼称が一般的なのは、日本政府がこの問題への対策を規定する政策や法律で「地球温暖化」という用語を一貫して用いていることによるものだろう。過去には米国などでも「地球温暖化」を用いていたケースもあるが、現在では稀である。後述するよう「地球温暖化」という用語は、その影響の範囲を狭める面があるほか、「あたたかくなる」という、やや牧歌的なイメージを想起させるため、そろそろ日本でも「気候変動」を正式な呼称として定着させることが必要ではないだろうか。

●健康へのリスク

「ランセット・カウントダウン（The Lancet Countdown）」は、医学分野で最も権威のある学会誌とされる「ランセット」が主宰する、気候変動による健康への影響を分析する国際共同プロジェクトである。大学やＷＨＯ等の国際機関を含む世界の35の機関から分野横断的に選出された１２０名以上の専門家（公衆衛生の専門家、医師らに加え、気候学者、経済学者ら）がメンバーとして参加し、多角的に気候変動と健康の関連性を分析している。パリ協定が採択された２０１５年以降毎年報告書を発行しており、２０２０年の報告書では、健康医療の観点から見た気候変動のリスクや求められる対応について、５分野・43項目にわたる最新の研究結果が公表された[3]。

この報告書を読むと、気候変動による健康被害を最も受けるのが、高齢者などの社会的弱者や低・中所得国の人々であるということが分かる。気温上昇による高齢者の熱関連死は、過去20年間で53・７％上昇し、２０１８年の１年間だけで29万６０００人の高齢者が、暑さを原因として死亡したとされる。

また、極端な気象現象の頻発などによって、1981~2019年の主要穀物の収量ポテンシャルが最大で5・6%減少したほか、海面温度上昇による漁獲量減少で低・中所得国の人々の重要なタンパク源が喪失されることや、心疾患を抑えるとされるオメガ3脂肪酸の摂取不足による健康被害なども懸念されている。加えて、気候の変化が、感染症が拡散しやすい状況をもたらしており、デング熱やマラリアの感染が確認されている地域の拡大が報告されている。

本書執筆時点では、世界の関心は新型コロナウイルス感染症（COVID-19。以下コロナ）に向けられているが、国連環境計画（UNEP）は、コロナを踏まえた報告書「次のパンデミックを防ぐ」で、気候変動が感染症を増加させる要因の一つであると指摘した[4]。気候変動は病原菌の発生や繁殖に影響する。特に気温の上昇は、病原菌やその宿主であるマダニ、ハエ、コウモリなどの生息地域や生存期間を拡大するため、公衆衛生や感染症の状況に影響を与える。また、気温の上昇で北極圏の永久凍土が融解することで、凍土に閉じ込められた多数の病原菌が地表に露出し、新たな感染症のリスクが増大する可能性も指摘している。

実際、2020年にはシベリアで最高気温が38℃に達し、多数の病原菌が眠るとされる永久凍土の融解が進んだ。無論、凍土に眠っている病原菌の感染力やそれらが高温状態で存在しうるかなど、まだ不明な点も多いが、気候変動によって未知なる感染症が現れるリスクは目前に迫っているのかもしれない。

ランセットや国連機関は、「気候変動を放置すれば、過去の努力の結果である公衆衛生分野の進歩が水泡に帰する可能性がある」と指摘し、その脅威の重大性を訴えている。また、目下のコロナ禍も踏まえ、「気候変動と感染症の両者において大事なのは、脅威の大きさに見合った緊急性をもって行動することだ」として、対応の強化を訴えている。

気候変動は、感染症を含む健康・医療問題に大きな影響を与えるのである。

●移住リスク

住むところを追われる、すなわち移住のリスクも気候変動の重要な側面である。海面上昇による移住などは想像しやすいが、それ以外にも気温の上昇で特定の地域が人の生存に適さなくなるという指摘もある。

2015年に科学誌Nature Climate Changeに掲載された論文[5]では、気候変動がこのまま進めば、あと数十年でペルシャ湾岸地域に人が住めなくなるというリスクを警告した。

人体には許容できる温度と湿度の組み合わせの限界がある。この限界値は「湿球温度」と呼ばれる指標で測定され、例えば気温46度かつ湿度50％（湿球温度35℃）の状況下では、人間は6時間で死に至るとされる。今後、ペルシャ湾岸がそのような過酷な環境となってしまう可能性があるというのだ。

仮にそうなれば、そこに住む人々は移住を余儀なくされる。ペルシャ湾岸にはイラン、イラク、サウジアラビアなど大国が位置し、それらの国の総人口は約1億8000万人に上る[6]。仮にその5分の

1が何らかの移住リスクに晒されるとすると、その規模は3000万人以上。ちょっと想像しにくいかもしれないが、例えば2015年にシリアなどから欧州に押し寄せた移民・難民の数は、最大で年間130万人程度である[7]（これは、「欧州難民危機」と呼ばれ、欧州で右傾化が見られるなど大きな社会問題となった）。気候変動が進むと、欧州の移民・難民問題の桁が上がる。まさに脅威だ。

ペルシャ湾岸だけではない。南京大学、米ワシントン州立大学ら共同研究チームが2020年に発表した報告書[9]では、今後50年間で、アフリカ、アジア、南米、オーストラリアを含む世界各地の居住地域が酷暑により生存不能な状態に陥り、最大で35億人（2070年の予想世界人口の3分の1）の人々に影響を与えるとする。生存不能になると予測される地域の多くは貧困地域と重なり、人々は冷房設備を整える余裕がない上に、屋外での労働制限により収入減に直面する（なお、先程触れた医学誌ランセットの報告書によれば、気温上昇は屋外での労働可能時間を減少させ、野外労働人口の多いインド、カンボジア、インドネシアでは、すでに国内総生産（GDP）の4～6％に相当する被害が出ている）。

これら地域の人々は、生きるための最終手段として「移住」を迫られるだろう。こうなると、経済成長はもちろん、経済の基盤である社会の安定すら脅かされる。仮に日本が直接そうならないとしても、アジアで生じるこの問題が日本に影響を及ぼすことは想像に難くない。また、気温の上昇は地域によって異なり、一部の地域ではより早い段階で影響が出てくる可能性もある。すでに生死にかかわる熱波などは各国で頻発してきており、もはや遠い将来の話ではなくなってきている。

生活の基礎である居住が脅かされることも、気候変動の重要な側面の一つだ。

●紛争・安全保障へのリスク

移住とも関係し、懸念されているのが紛争や安全保障への影響だ。衣食住の不安定化や人の移動は、古来より諍(いさか)いを招く最大の原因である。国連などでは、「気候変動は衣食住などの社会基盤を損ね、移住の増加などで安全保障にも悪影響を及ぼす」として、「気候安全保障（Climate Security）」と呼ばれる概念が定着している。

気候安全保障は、2005年のG8サミットで、ホスト国の英国が提起し[10]、2007年には国連の安全保障理事会でも取り上げられた。その後現在に至るまで度々議題として登場し、直近では2021年1月に米国の国防総省が「気候変動は国家安全保障上の脅威」との認識の下、軍事演習や次期国防戦略等に気候変動リスクを反映させる計画を発表した[11]。米国は気候安全保障について以前から研究を行っており、国防総省・海軍大学校・民間シンクタンクなどが気候変動の社会的・地政学的リスクの存在を明らかにしてきたが、特にこの10年間、米軍および米情報機関は、気候変動による自然災害の増加が、米国のみならず全世界に展開する米軍基地や軍の作戦行動にも影響を与えること、そして世界各地で資源争奪戦などの紛争を引き起こす可能性があるという認識を高めている[12]。

なお、気候変動が、紛争や暴力の直接の契機かどうかという点はまだ議論があるが、それが「脅威を悪化・倍増させるもの（threat multiplier）」であるという認識は、安全保障の専門家の間でも定着しつつある。なお、米国のバイデン大統領は、上院議員時代に気候変動対策の強化を訴える決議案などを提出しており、その中で気候安全保障への懸念を表明している[13]。気候安全保障は、米国大統領も懸念する気候変動の重要な側面だ。

この気候安全保障に対応した民間企業の動きも出てきている。米国の警備会社大手のピンカートンは、気候変動による治安悪化に関するリスク分析サービスの提供を始めた。同社は、要人警護なども請け負う民間警備会社の草分け的存在で、19世紀にはリンカーンの大統領就任前の暗殺防止、カーネギー鉄鋼会社の労働者ストライキの制圧を行ったことで知られる。同社の経営陣は、「気候変動と紛争は、実際の被害において何も違いはない。世界がより危険な状態になることが予測され、今まで以上に対応のノウハウが求められている」と述べている。また、世界が干ばつに見舞われた場合「クライアントが食料や水などを持っていれば略奪などのターゲットとなる。ピンカートン社はどんな犠牲を払っても顧客を保護することが仕事だ」とも述べている[14]。

恐ろしい話だが、このようなサービスが出てくるほど、気候変動は危険な問題として捉えられているのだ。日本でも、イオン株式会社が、自社が率先して対策を実施する理由として「小売業は平和産業。安心して暮らせる社会がないと企業も成長できない」という考え方を挙げているが、気候変動は、まさに「平和」を脅かす重大問題と言える。

●人権・人道問題への影響

気候変動は、基本的人権や人道上の問題としても捉えられている。国際的な人権問題を扱う国連人権理事会は、2017年に人権と気候変動に関する決議案を採択し、気候変動が、「生命、食料、居住、衛生といった基本的な人権に悪影響を及ぼす」と警鐘を鳴らした[15]。

この、気候変動の人道的な側面をきっかけに、その重大性に気づく人は少なくない。例えば、アイルランド大統領や国連人権高等弁務官を歴任したメアリー・ロビンソン氏は、2010年に気候変動問題に取り組む財団を自ら設立し、現在もこの分野で活発に活動している。ロビンソン氏はインタビューで、「国連人権高等弁務官に就いたばかりの頃は気候変動には関わっていませんでした。私は科学者でも環境法律家でもありませんでしたから。関心を寄せるきっかけとなったのは、食べ物や安全な水、健康、教育や住居といった国民の権利に気候変動が大きな影響を与えていることを知ったときでした[16]」と述べている。

2019年に逝去された医師の中村哲氏もそうだ。中村氏は、アフガニスタンの医療問題に向き合う中で、問題の本質が医療ではなく安全な水にあると見抜き、自ら灌漑事業を進めた、まさに人道主義を実践した日本人である。

その中村氏が晩年に最も声高に訴えていたのが気候変動だ。中村氏が2019年に雑誌「世界」に寄稿した論考「大旱魃に襲われるアフガニスタン　気候変動が地域と生活を破壊している」では、2016年以降、過去見られないような異常な乾燥化によって300万人が餓死線上に追いやられ、実際に生活や命が壊されていく様を目の当たりにし、「一連の出来事は、事情を知る者にとって世界の終末さえ彷彿とさせる」と表現している。また、仮に不確実性があったとしてもこの問題を放置すべきではないと強く警告した。

中村氏の文章は、以下の言葉で締めくくられている。「おそらく温暖化とその対策は人類史的な分岐点である。〈中略〉地球規模で進行する冷厳な事実を考えるとき、我々の進むベクトルがいずれに向いているかで、破滅か安定かの道筋が決まっていくのであろう」[17]。人道問題に生涯を捧げ、問題の本質を見抜いた上で行動を起こしてきた中村氏の気候変動への洞察は、科学者や軍事関係者が警告するそれと一致する。

ロビンソン氏も中村氏も、ともに環境問題の専門家ではない。むしろ元々は関心が薄かったこともうかがえる。しかし、気候変動がもたらす人道的な脅威を理解してからは、自身の活動の軸に気候変動を据えられている。

気候変動が人道問題であるもう一つの側面は、気候変動の原因を作った人と被害を受ける人が異なるといった「公平・公正」の問題だ。端的に言えば、問題を引き起こしたのは多量のＣＯ２を排出して豊かさを謳歌した先進国の現役世代であるのに対して、その深刻な被害を受けるのはＣＯ２の排出が非常に少ない生活を送る途上国の貧困層の人々や、社会の意思決定に参加できない子供や若者であるという「理不尽さ」の問題である。

この問題は「気候正義」と呼ばれるが、裏を返せば、この問題を放置することは「不適切」「不正義」であるとする認識が広がっているのである。国連の人権専門家は、ほとんどCO2を排出しない貧困層が、気候変動の最大の被害者であるとした上で、「(CO2を多く排出する)富裕層は、酷暑、飢餓などの気候変動の被害から免れる手段を持つが、そうでない人々は被害から逃れられない」として、このような理不尽が生じるリスクを「気候アパルトヘイト」という強い言葉を使って警告した。

スウェーデンの若者であるグレタさんら、若者のスローガンも「気候正義求をめる(What we want? Climate Justice!)」である。彼らの主張はこうだ。「大人は子供に勉強しろという。しかし、気候変動がこのまま悪化すれば私たちに未来はない。そういう状態で何を勉強しろというのか。また、大人は問題を分かっていて放置している。私たち子供は状況を変えようと思っても選挙権がない。だから外に出て、大人に変化を求めるしかない」。日本ではこれら海外の若者の行動は「極端」であると受け止められる向きも多い。しかし、多くの科学者をはじめ、気候変動について一定の知見を持つ人々の多くは、若者の行動は至極まっとうだと考えている。

ここまでをまとめてみよう。

「衣食足りて礼節を知る」という言葉がある。気候変動はその「衣食住」を危うくする。そのような状態では、他を思いやる心など、人の「善なるもの」も削り取られていく。そういう社会では人々は安心して暮らせなくなる。経済や企業の発展も望めないだろう。

気候変動は一般的にイメージされる環境問題の範疇を超え、社会の安定や平和を根本から揺るがすリスクである。これが、現在世界で起こっている変化を理解する上での、気候変動に対する適切な認識である。

さて、本書は脱炭素経営に関心のあるビジネスマンを対象としている。よって、気候変動の本質が、企業にとって何を意味するのかについても触れておこう。

これまで、企業が気候変動に取り組むこととは「社会に良いことをしている。場合によっては褒められる（加点要素）」であった。それが今、「やらないと社会から認めてもらえない、場合によっては批判の的になる（減点要素）」へと、その意味合いが180度転換したのである。脱炭素化に逆行するような事業や経営を行う企業は「人道に反し、不正義である」「（企業にも影響を与える）重大なリスクを理解していない」とみなされるのだ。実際、脱炭素化に逆行するとみなされた企業は、NGOに批判され、若者を中心とした消費者の支持を失いつつある。また、多くのグローバル企業が取引先に脱炭素化を求め、機関投資家は気候変動に逆行する決定を下した経営層の再任に反対票を投じ始めた。これは、適切な気候変動対応を行うことが「営業許可証」になってきているということに他ならない。少し大げさに感じられるかもしれないが、次節では、このような気候変動への認識が、どの程度世界で共有されているかについて、さらに深掘りしてみよう。

2　気候変動への認知に関する〝グローバルスタンダード〟

●「言葉」が変わってきた

近年、気候変動を表す言葉に変化が見られ始めている。先ほど「地球温暖化」という用語が、問題の本質を必ずしも伝えられていないのではと述べたが、「気候変動」という用語も同様の問題があるというのだ。例えば、２０１９年、英国の大手新聞であるガーディアンは、気候変動ではなく「気候危機（Climate Crisis）」を、同じく地球温暖化ではなく「地球過熱化（Global Heating）」を用いることを推奨するとしてガイドラインを改定している。[18]以降、同紙をはじめ様々なメディアで気候危機という用語が頻繁に見られるようになった。メディアだけでなく、政府機関などでもこの傾向は見られる。

実際、米国のバイデン大統領が署名した気候変動に関する大統領令の名称は「Tackling the Climate Crisis at Home and Abroad（国内外における気候危機への対応）」だ。[19]他にも、各国の政治家やビジネスリーダーらが気候危機という言葉を用いる場面が目に見えて増えてきている。

「気候非常事態」という言葉も出てきている。例えば、約１９００に上る地方自治体が、危機感を持って気候変動に対応することを宣言しているが、その宣言の名称は「気候非常事態宣言」だ。[20]他にも、先に述べた「気候アパルトヘイト」、「気候難民」、「気候正義」など、この問題の深刻さを表現する言葉が次々と出てきている。もちろん「気候変動」という用語は現在でも広く使われており、不適切な言葉ではない。しかし、深刻度を表現する新たな言葉が出てきているという事実と、その背景にある認知の変化は、現在の急速な変化を読み解く上で重要なカギとなる。

●政治・経済界のリーダーの認識　世界経済フォーラムの議論

次に、世界の政治・経済のリーダー層における気候変動の認知について、世界経済フォーラムを例に見てみよう。世界経済フォーラムは世界の政財界のトップリーダーが集い、時々の世界の優先課題について話し合う、通称「ダボス会議」として知られる。近年、このダボス会議でも気候変動は常に主要議題となっている。（以下、会議の主催者団体を「世界経済フォーラム」、開催される会議自体は「ダボス会議」と呼ぶ）。

世界経済フォーラムは、The Global Risk Reportと題する報告書を毎年発表しており、この中で、ダボス会議に参加する各界のリーダーや専門家ら約750人に対して、様々な問題（リスク）の中で何が最も重要と考えているかを調査している。具体的には、国家財政の破綻といった経済リスクから、内戦や大量破壊兵器の使用、社会保障制度の崩壊やデジタル技術の格差拡大など、様々な社会的リスクの選択肢から、それらが顕在化する可能性（Likelihood）と顕在化した際の影響の大きさ（Impact）の2軸で、各界のリーダーが認識する優先課題を明らかにしている。

この調査において、気候変動（気候変動対策の失敗というリスク）は、2016年以降常にトップにランキングされている。[21] 例えば、2020年の調査結果では、問題が顕在化する可能性で2位、問題が起こった時の影響で1位、総合評価で1位という結果だ。また、ランキング全体を俯瞰してみると、異常気象や自然災害、人為的な環境破壊による被害など、気候変動と関わりが深いリスクが軒並み上位にランキングされている。

調査では、様々なリスク同士の関係性についても聞いているが、気候変動と関係性が強いリスクとして、移民問題、水・食料問題などが明示されている。また、気候変動が異常気象を経由し感染症と関係していると認識されていることも分かる（図1－1参照。2021年の調査では、より直接的に感染症と気候変動の関連が明示された）。

つまり、世界の政治・経済のリーダーが集うダボス会議では、気候変動が最重要課題として取りざたされ、かつ移民、水・食料、健康という、他の重要課題と紐づけられて理解されているのである。

実際、近年のダボス会議では、数多くの国家元首や経済人が気候変動を優先課題としたスピーチを行っている。国連関係者や欧州各国の首相らはもちろん、インドのモディ首相をはじめとする途上国の首脳も気候変動を最優先課題に挙げている（モディ首相は「最も重大な文明への脅威はテロ、保護主義、そして気候変動だ」とし、パキスタンの首相も気候変動対策が「今後の世界を決する」と述べている）[22]。

また、著名な投資家のジョージ・ソロス氏も、気候変動が移民問題に関係することにも触れ「文明への脅威」として警笛を鳴らした（ソロス氏は、独裁主義および気候変動と戦うことを使命とした大学を設立すべく、約1兆円を投じることも発表している）。

図 1-1　世界的なリスクの相互関係マップ
(Global Risks Interconnection Map)

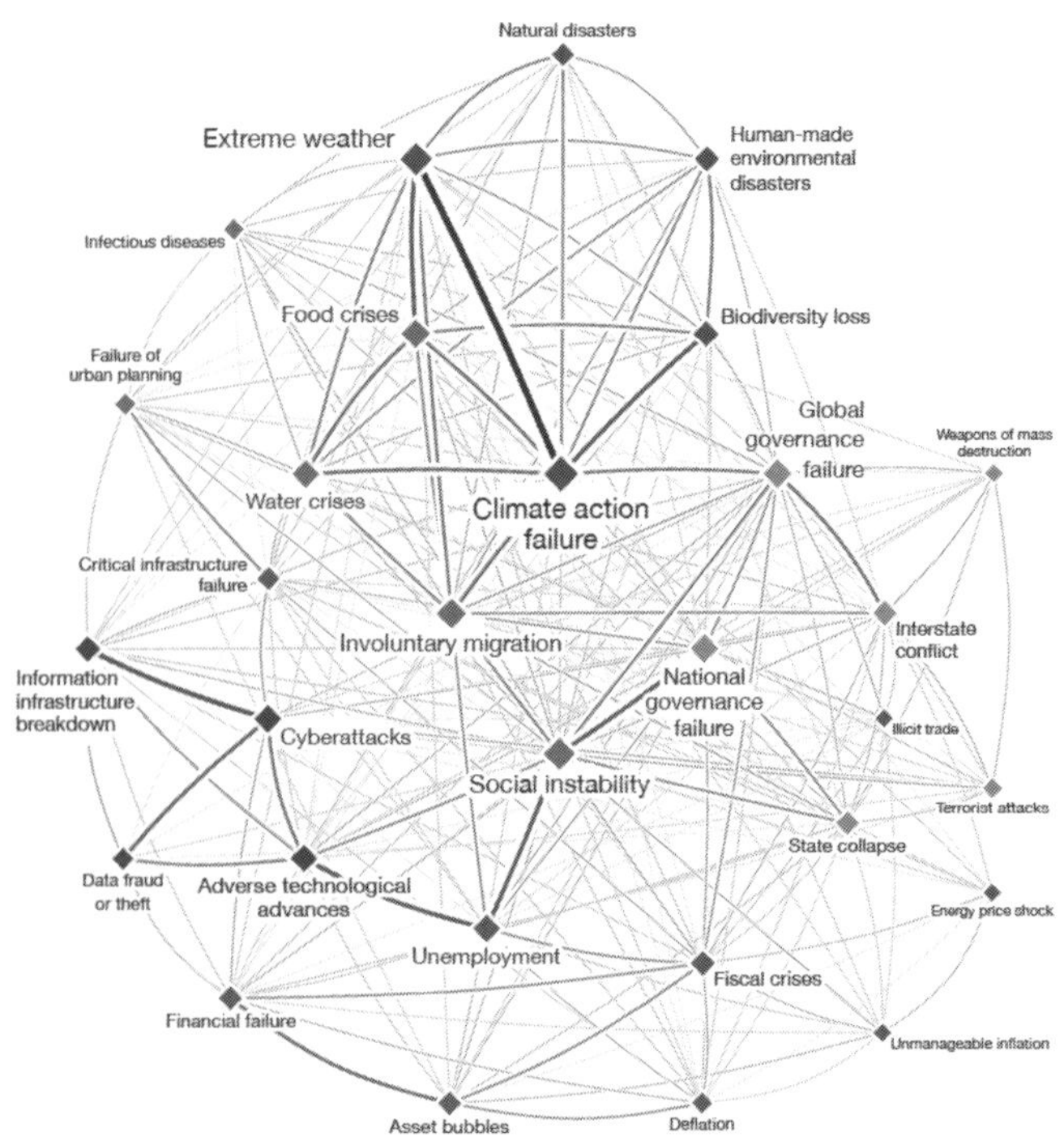

出典：World Economic Forum (2020)
The Global Risks Interconnections Map 2020

他にも、各界のリーダーがそのスピーチで気候変動の脅威に触れた例は枚挙にいとまがない。これらの大半は「環境問題」ではなく「文明への脅威」として気候変動の重要性を語っている。ＪＣＬＰが参加した国連気候サミットやＣＯＰ（国際的な気候変動交渉が行われる会議）における各国のリーダーや企業経営者らの認識も、ダボス会議のそれと同様であった。

社会を揺るがす最大の脅威、それが気候変動に関する認識のグローバルスタンダードである。

●市民社会の認知の高まり

市民を中心とした社会全般の気候変動に関する認知（世論）についても触れておこう。最初にお断りしておくと、市民の認識、すなわち「世論」の把握はなかなか難しい。世論調査でも、質問の聞き方ひとつで結果の様相はがらりと変わる（日本でも政権の支持率が新聞社によって10％近くも異なるのはご承知のとおりだ）。「気候変動は大事な問題だと思いますか？」と聞かれれば、国を問わず大半の人が、「ＹＥＳ」と答えるだろうが、その解釈は難しい。

上記を踏まえた上で、国連が実施した大規模な世論調査の結果を紹介したい。２０２１年1月、国連開発計画（ＵＮＤＰ）と英オックスフォード大学は、世界50カ国を対象とし、選挙権のない18歳以下の若者も含めた計１２００万人に対する世論調査の結果を公表した。調査では「気候変動が世界的な緊急事態であるかどうか」等について聞いており、回答者の64％が、「世界的な緊急事態である」と回答し、そのうち「すべての必要な対策を、即時に取るべき」と回答したのは、59％に上った。[23]

この回答からは、気候変動の緊急性や重大性を理解している人が一定程度に上ることがうかがえる。もちろん、解釈の難しさはあるが、様々な世論調査を見ていると、確かに気候変動がより深刻かつ緊急の課題であるという認知は徐々に広がっていると感じる。傍証になるが、気候変動の危機を訴える若者の活動（デモ、マーチ）に参加した人数は、世界で数百万人に上るとされる。

筆者自身も、２０１９年にニューヨーク市で行われたグローバル気候マーチを現地で目の当たりにしたが、その規模には驚いた。マーチに参加した人は20万人以上とされ、市内の大通りが数百メートルにわたって人で埋まっていた（この日は学校が休校し、児童生徒の参加を許容していたとも言われている）。

ここでもニューヨーク市は特殊であり、米国民の約半数が気候変動に懐疑的なトランプ氏を支持している点を忘れてはならないが、だとしても、この規模のマーチは同じニューヨーク市でも過去に見られなかったことである。これら国連の調査や、実際に行動を起こしている市民の規模感、拡大傾向を考えると、世論も着実に変化してきていると考えるのが、客観的な見方と思われる。

読者の皆さんの周りはいかがだろうか。筆者の感覚では、日本の世論も盛り上がりつつあるが、気候変動を社会の驚異と捉えるグローバルスタンダードとはやや異なる印象を受ける。しかし、その距離は徐々に縮まっており、日本でも認知が変わっていくのは時間の問題だろう。

【BOX② Google画像検索に見る、日本と海外のトーンの違い】

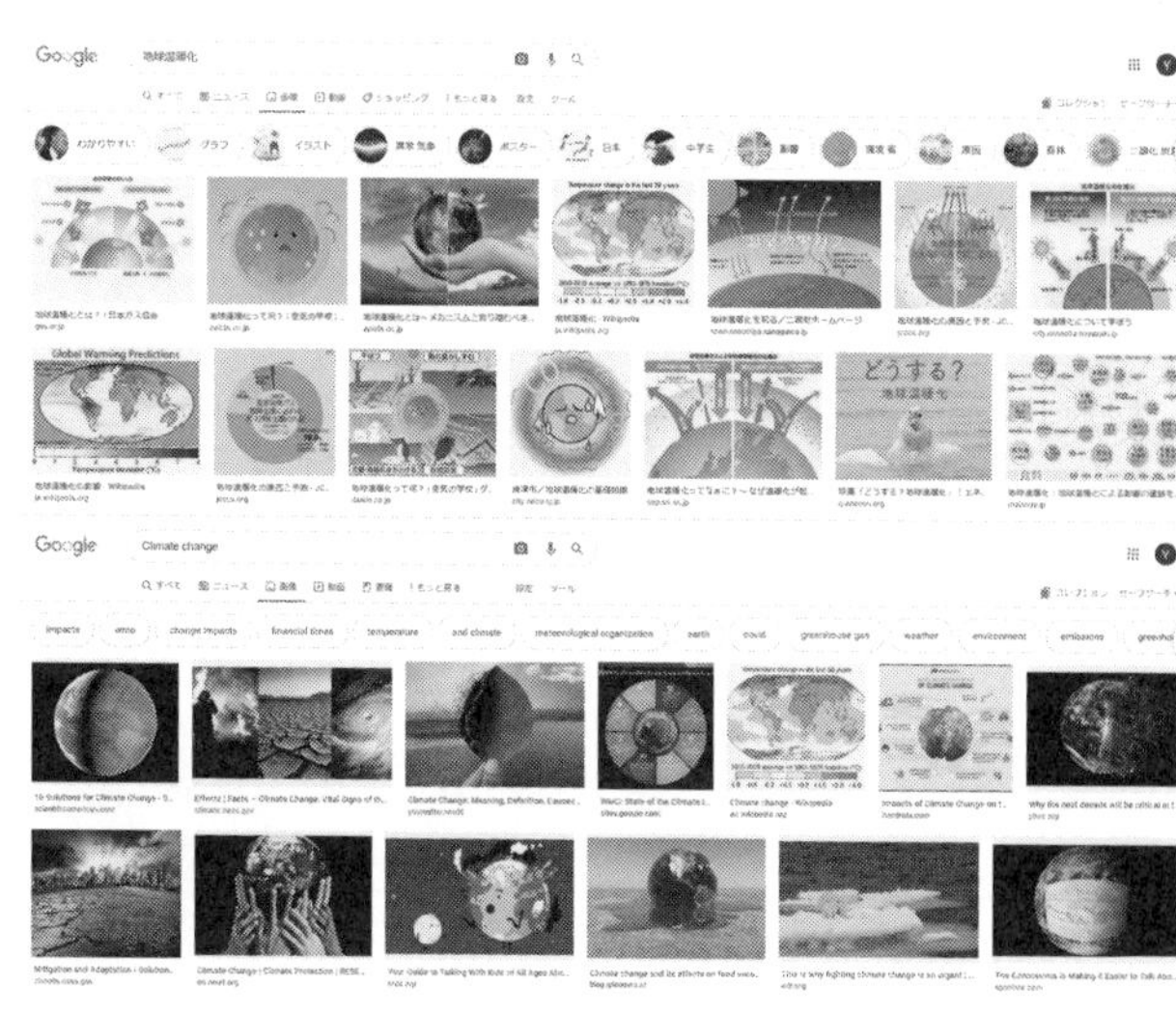

出典：2021年1月17日　Google画像検索

BOX①で見た通り、日本では「地球温暖化」、国際的には「気候変動」という用語が一般的に用いられているが、日本と海外におけるこの問題のトーンの違いを少し深掘りしてみよう。

日本語で「地球温暖化」と入力して画像検索をすると、子供向けの地球温暖化の解説（ひらがなが多く、子供に語りかけるような言葉で説明がある）や、こちらも子供向けと思しき、「かわいらしい、汗をかく地球」の絵が出てくる。

一方、英語で「Climate change」と入力すると、より深刻なトーンのイメージ図が多く出てくる。また、図表やその解説も専門用語が出てくるなど大人向けと思しきものが多い。無論これらは一例であるが、日本の地球温暖化と国際的な気候変動の持つ言葉のニュアンスの違いを垣間見ることができる。

なお、日本では環境省が、萌えキャラを使い、

CO_2の少ないライフスタイルの促進を意図したキャンペーンを実施している。キャンペーンは、気候変動自体の理解促進を目的とするものではないが、深刻な気候変動への対応を呼びかける際の表現としては、やはり「ちぐはぐ」な印象は否めない。気候変動を熟知した環境省でもこのようなトーンで発信しているところに、日本の気候変動への一般的な認知の特性が表れているのではないだろうか。

今後、日本でも、脱炭素化へのギアをもう一段上げる必要があるが、そのためには、やはり健全な危機感を社会全体で共有する必要がある。その際、気候変動に関する言葉遣いや表現についても振り返ってみる必要があるだろう。

出典：環境省 COOL CHOICE 公式Twitter掲載画像

気候変動が盛り上がりを見せた時期は過去にもあった。しかし政治・経済のリーダーの間で、気候変動が「環境問題」としてではなく「社会の脅威」として認識されたことは、この数年で起こった新たな現象と言える。実はここにも、ビジネスに対する重要な示唆が隠されている。それは、政治・経済のリーダーにおける認知の向上は、各国や国際的な政策転換の先行指標であるということだ。

政治・経済のリーダーが危機感を共有し、市民がそれを支持するという土壌ができたならば、その次に来るのは政策の転換だ。実際、現在も非常に速いスピードで各国が次々に新たな政策を検討・導入しているが、その背景にはこのような認知の変化があるといってよい。政策の変化はマーケットの変化に直結する。この認知の変化も、企業にとって重要なシグナルなのである。

❖第1章　注釈および参考文献

1 Masson-Delmotte, V., Zhai, P., Pörtner, H., Roberts, D., Skea, J., Shukla, P.R., …, Waterfield, T. (2018) *Special Report: Global Warming of 1.5 °C* The Intergovernmental Panel on Climate Change URL:https://www.ipcc.ch/sr15/

2 Committee on the Rights of the Child (2019) *Concluding observations on the combined fourth and fifth periodic reports of Japan* URL:https://tbinternet.ohchr.org/Treaties/CRC/Shared%20Documents/JPN/CRC_C_JPN_CO_4-5_33812_E.pdf

3 Watts, N., Amann, M., Arnell, N., Ayeb-Karlsson S., Beagley, J., Belesova, K., … Costello, A. (2020) *The 2020 report of The Lancet Countdown on health and climate change: responding to converging crises* The Lancet, Vol.397. URL: https://www.thelancet.com/article/S0140-6736(20)32290-X/fulltext

4 Randolph, D.G., Refisch, J., MacMillan, S., Wright, A.Y., Bett, B., Robinson, D.,…, Kappelle, M. (2020) *Preventing the next pandemic - Zoonotic diseases and how to break the chain of transmission* The United Nations Environment Programme(UNEP) & The International Livestock Research Institute(ILRI) URL:https://www.unep.org/resources/report/preventing-future-zoonotic-disease-outbreaks-protecting-environment-animals-and

5 Pal, J.S. & Eltahir, E. A. B. (2015) *Future temperature in southwest Asia projected to exceed a threshold for human adaptability,* Nature Climate Change

6 国連による２０１９年の統計を基に湾岸諸国（サウジアラビア、ＵＡＥ、バーレーン、クウェート、オマーン、カタール、イラン、イラク）の人口を合計。 United Nations, Department of Economic and Social Affairs Population Dynamics, (2019) *World Population Prospects 2019* URL: https://population.un.org/wpp/(Accessed:25 January, 2021)

7 Pew Research Center (2016) *Number of Refugees to Europe Surges to Record 1.3 Million in 2015* URL:https://www.pewresearch.org/global/2016/08/02/number-of-refugees-to-europe-surges-to-record-1-3-million-in-2015/ (Accessed:27 January,2021)

8 Pew Research Center(2018) *U.S. Unauthorized Immigrant Total Dips to Lowest Level in a Decade* URL:https://www.pewresearch.org/hispanic/2018/11/27/u-s-unauthorized-immigrant-total-dips-to-lowest-level-in-a-decade/ (Accessed:3 Feburary, 2021)

9 Xu,C., Kohler, T. A., Lenton, T. M., Svenning, J.C., & Scheffer, M. (2020) *Future of the human climate niche* The Proceedings of the National Academy of Sciences (PNAS) URL: https://www.pnas.org/content/117/21/11350 (Accessed: 29 January,2021)

10 環境省中央環境審議会地球環境部会気候変動に関する国際戦略専門委員会（２００７）『気候安全保障（Climate Security）に関する報告』 環境省URL: https://www.env.go.jp/earth/report/h19-01/04_ref02.pdf（閲覧日：２０２１年２月25日）

11 Newsweek（２０２１年１月28日）『バイデン、気候変動対応へ大統領令　外交・国家安全保障の柱に』 URL:https://www.newsweekjapan.jp/stories/world/2021/01/post-95507.php（閲覧日：２０２１年４月12日）

12 U.S. Department of Defense（2021）*Statement by Secretary of Defense Lloyd J. Austin III on Tackling the Climate Crisis at Home and Abroad* URL:https://www.defense.gov/Newsroom/Releases/Release/Article/2484504/statement-by-secretary-of-defense-lloyd-j-austin-iii-on-tackling-the-climate-cr/ (Accessed: 25 Feburary, 2021)
Yale Climate Connections（2019）*A brief introduction to climate change and national security*
URL:https://yaleclimateconnections.org/2019/07/a-brief-introduction-to-climate-change-and-national-security/

(Accessed:25 Feburary, 2021)

13 Congress.Gov (n.d.) *S.Res.312 - A resolution expressing the sense of the Senate regarding the need for the United States to address global climate change through the negotiation of fair and effective international commitments.* URL:https://www.congress.gov/bill/109th-congress/senateresolution/312/cosponsors?searchResultViewType=expanded (Accessed:26 Feburary, 2021)

Govtrack(n.d.) *S.Res. 30 (110th): A resolution expressing the sense of the Senate regarding the need for the United States to address global climate change through the negotiation of fair and effective international commitments.*URL:https://www.govtrack.us/congress/bills/110/sres30/text (Accessed:26 Feburary, 2021)

14 Shannon, N.G.(10 April.2019). *Climate Chaos Is Coming — and the Pinkertons Are Ready* The NY Times URL:https://www.nytimes.com/interactive/2019/04/10/magazine/climate-change-pinkertons.html (Accessed:26 Feburary, 2021)

15 United Nations General Assembly (2017) *Resolution adopted by the Human Rights Council on 22 June 2017 35/20.* Human rights and climate change URL:https://www.hurights.or.jp/archives/newsinbrief-ja/section3/HRC_RES_35_20.pdf

16 Oba, M.『「気候変動が、最大の人権問題なのです」——真の公平性の実現に取り組む76歳の元アイルランド大統領、メアリー・ロビンソン。【世界を変えた現役シニアイノベーター】』 Vogue, ２０２０年７月６日 URL:https://www.vogue.co.jp/change/article/innovative-senior-mary-robinson（閲覧日：２０２１年２月26日）

17 ＷＥＢ世界『追悼・中村哲さん　「大旱魃に襲われるアフガニスタン」』　２０１９年12月９日URL:https://websekai.iwanami.co.jp/posts/2916（閲覧日：２０２１年２月26日）

18 Carrington, D. (17 May, 2019). *Why the Guardian is changing the language it uses about the environment* The Guardian, URL:https://www.theguardian.com/environment/2019/may/17/why-the-guardian-is-changing-the-language-it-uses-about-the-environment (Accessed:26 Feburary, 2021)

19 The White House (2021, January 27). *Executive Order on Tackling the Climate Crisis at Home and Abroad* URL:https://www.whitehouse.gov/briefing-room/presidential-actions/2021/01/27/executive-order-on-tackling-the-climate-crisis-at-home-and-abroad/(Accessed: 26 Feburary, 2021)

20 Climate Emergency Declaration (18 February, 2021). *Climate emergency declarations in 1,890 jurisdictions and local governments cover 826 million citizens* URL:https://climateemergencydeclaration.org/climate-emergency-declarations-cover-15-million-citizens/ (Accessed: 26 Feburary, 2021)

21 World Economic Forum (2021) *The Global Risks Report 2021 16th Edition* URL:http://www3.weforum.org/docs/WEF_The_Global_Risks_Report_2021.pdf World Economic Forum (2020) *The Global Risk Report 2020* URL:http://www3.weforum.org/docs/WEF_Global_Risk_Report_2020.pdf

22 World Economic Forum (25 November, 2020). *Leading by doing - Pakistani PM Imran Khan on the urgent need for climate action* URL:https://www.weforum.org/agenda/2020/11/leading-by-doing-pakistani-pm-imran-khan-on-climate-change/ (Accessed:26 Feburary, 2021)

23 Flynn, C., Yamasumi, E., Fisher, J., Snow, D.,Grant, Z., Kirby, M.,…, Russell, I. (2021) The Peoples' Climate Vote United Nations Development Programme & University of Oxford, URL:https://www.undp.org/content/undp/en/home/librarypage/climate-and-disaster-resilience-/The-Peoples-Climate-Vote-Results.html

❖【図表参考資料】

図1-1：World Economic Forum (2020) *The Global Risks Interconnections Map* 2020 URL:https://reports.weforum.org/global-risks-report-2020/survey-results/the-global-risks-interconnections-map-2020/

第2章

気候危機の回避には「破壊的な変化」が求められる

気候変動の脅威を回避するにはどうすればよいのか。第2章ではその点に注目し、求められる変化（温室効果ガス削減）の規模感と時間軸について解説したい。これは、先に結論をざっくり言えば「２０３０年までの、あと10年弱という時間軸において、世界全体のＣＯ２排出を、約半分にし、その後の約20年で、排出をゼロにする」ということが求められるというものである。企業の視点からは、この規模感・時間軸に整合する脱炭素ソリューション（製品・サービス）は、今後成長する可能性が高く、投資に値する有望分野ということになる。

逆にこの点を見誤ると、のちに投資や保有資産が不良債権化するなどのリスクが高くなるだろうし、すでにそのようなことは一部で起こっている。

戦略コンサルティング会社のマッキンゼー&カンパニーは、「企業が成長するかどうかの最大の要素は、その企業が対象とする市場の成長率と関係している」と述べている[1]が、脱炭素経営において、気候変動に伴う市場変化の見極めは特に重要だ。

なお、日本では、この規模感と時間軸に関する情報が十分に浸透していないため、議論が混乱しているケースが多々見られる。例えば「ＣＯ２が少ないクリーンコール（高効率な石炭火力発電）で世界に貢献する」という考えが、特にパリ協定成立後しばらくの間はよく聞かれた。実際、日本は２０

20年まではインフラ輸出戦略の一環としてアジア諸国に対する石炭火力発電の建設支援を推進していた。[2]

一方、国連や英国政府高官らは「クリーンコールなどというものは存在しない」と指摘し、日本の姿勢は国際的に強い批判を浴びた。結果、日本政府は姿勢を改め、それら石炭事業に多くの経営資源を投入した企業も方針を見直さざるを得なくなっている。このようなギャップが生じる原因は、この変化の規模感と時間軸の理解の有無であると言える。

他にも、ハイブリッドを含めたガソリン車規制への賛否や、将来(2050年近く)のイノベーションに過度に依存することの是非なども、この「規模感と時間軸」が重要な判断基準となる。企業が自社の削減目標を立てる際も同様だ。この部分を理解すれば、「自社はどういうスピードで、どこまで脱炭素を進めるべきか」「今後成長するマーケットはどこにあるか」「投資すべき有望技術は何か」について、一定の理路を基に検討できるようになるだろう。

1 気候危機の回避へ、気温上昇1・5℃以内が求められる

まず、危機の回避には「気温の上昇を止めないといけない」という部分から始めよう。最新の科学的知見を取りまとめるIPCC(気候変動に関する政府間パネル)は、このままでは今世紀末には産業革命前に比べて最大4・8℃気温が上昇するとし、また、すでに約1℃上昇していると指摘してい

る。[3]

このままでは、どこかの段階で危機的な状況に陥る可能性が高いことから、その「どこかの段階」に至る前に気候変動を食い止めようとして国際社会が合意したのがパリ協定である。パリ協定には「世界的な平均気温の上昇を産業革命以前に比べて2℃より十分低く保つとともに、1・5℃に抑える努力を追求する」と明記されている。[4] これが現段階で国際社会が合意している危機回避の目安だ。

さらに、パリ協定合意後にIPCCが発表した「1・5℃特別報告書」で、2℃と1・5℃とで、どのくらい影響に差があるのかという点が明らかにされて以降は、1・5℃に気温上昇を抑制することがスタンダードになってきている。なぜ1・5℃なのかについても、少し触れておこう。

まず、IPCC自体は、実は「気温上昇を何度に抑えるべき」という見解は持たない。理由は、IPCCが科学的知見の取りまとめを使命としているのに対して、「何度に抑えるべきか」は、多分に価値判断を伴うものだからだ。

例えば、海面上昇の被害を受けやすい島嶼国や、元々熱波や干ばつのリスクが大きい中東・南アジアなどでは、たとえ1℃の上昇であってもその被害は甚大である。前章でみた中村医師の寄稿文でも、すでにアフガニスタンでは深刻な影響が顕在化していることが見て取れる。一方、寒冷な地域では、1℃の上昇による生活への影響は比較的小さいだろう。場合によっては便益がもたらされるケースもあるとされる。

ものの見方や考え方によってもこの問題への立場は異なってくる。例えば経済学者であれば、対策を実施する場合のコストと、対策をしない場合の被害を比較し、費用便益の点から望ましい目標を決めるべきと考えるだろう。

一方、ＳＤＧｓなど、より人道的な立場からは、「誰も取り残さない」という視点に立ち、１・５℃よりもさらに厳しい基準が必要と考えるかもしれない。このように、「気温上昇を何度に抑えるべきか」は、何らかの価値観に基づく判断とならざるを得ず、よって科学ではなく各国が相互理解の上で合意するという性質のものとなる。

次に、「１・５℃」が望ましいという方向に至った背景だが、筆者が知る限り大きく二つある。一つは「許容しがたい状況を避ける、対策のコストより便益が大きい」という考え方だ。２００７年に発表されたＩＰＣＣの第４次報告書では、気温上昇が１９９０年に比べて２〜３℃以上だと全世界的に便益より損失のほうが大きくなる可能性が非常に高いとしており、国際社会が、まずは２℃目標が合意される土台を提供した。[5] その後、ＩＰＣＣ第５次報告書、１・５℃報告書の発表を経て、気候変動の影響について理解が進み、さらには健康、食料、水資源、気象災害など、多くの側面で２℃よりも被害が少ないとして、[6] １・５℃を目指すべきという方向性が強化されてきている。

もう一つは、気温上昇がある臨界点を超えると、様々な自然の連鎖反応が生じ、不可逆的に気温上昇が進んでしまうというリスクの存在だ。2018年に米国科学アカデミー紀要に発表された論文[7]は、気温上昇で永久凍土の融解が進むと、凍土に固定されていたメタン（CO2よりも強い温室効果を持つ）などが放出され、さらに気温が上昇するといった「自然のフィードバック」を引き起こし、それらが連鎖反応を起こす可能性を指摘した。結果、気温上昇がある臨界点を超えると、たとえ人間社会が温室効果ガスの排出をゼロにしたとしても、自然の作用によって気温が4～5℃上昇してしまうリスクがあるとしている（ホットハウス・アースと呼ばれる）。

要は、ある気温を超えてしまうと、自然界でドミノ倒しのスイッチが入り、人間の手に負えなくなるということだ。そしてこの論文では、そのスイッチが入る臨界点を「2℃前後」と指摘している。つまり、2℃では不十分な可能性があるのだ。この指摘は現時点では仮説とされ、連鎖反応やスイッチが入る温度などには不確実性が残る。今後さらなる科学的な検討が待たれる部分だ。

しかし、水が摂氏100℃を超えると液体から気体に変化するように、ある臨界点を超えると劇的に様相が変化するという現象は自然界には多数ある。正のフィードバックにより加速度的な変化が生じるという現象も同様である。この仮説は長年気候科学を牽引してきたエキスパートによって提示されたものであり、不確実性があるからといって無視してよいものではないだろう。

1・5℃と2℃とでは、その被害の大きさに差が出ること、そして危機に至るドミノ倒しのスイッチを入れないよう保守的に考えること。これが、気温上昇を1・5℃以内に抑えようという国際的な潮流の背景だ。

図 2-1　気候変動による環境の激変や連鎖反応の可能性がある事象

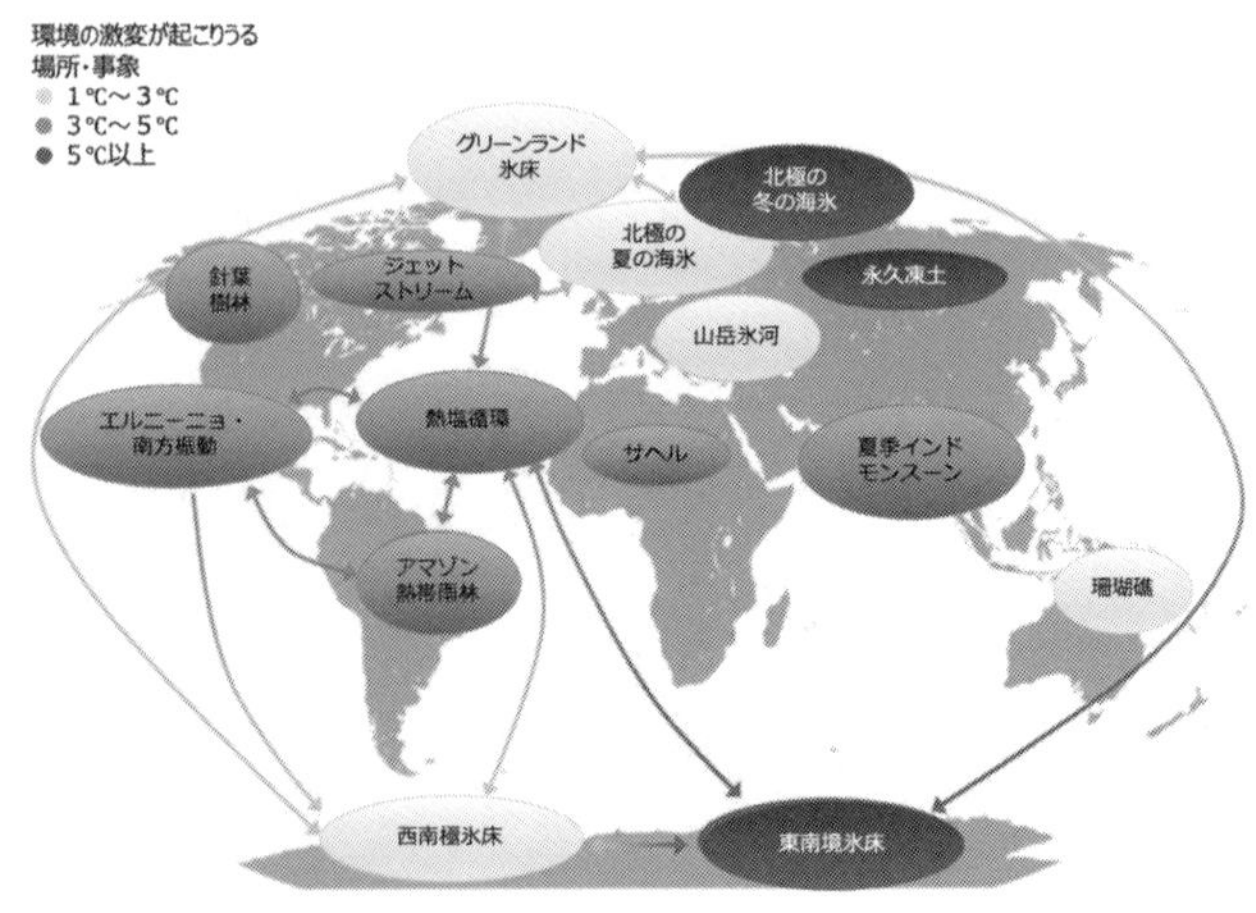

出典：Steffen, W.他（2018）*Trajectories of the Earth System in the Anthropocene* PNASを参考にIGES加筆

なお、２０２１年から22年にかけて、ＩＰＣＣの第６次報告書が発表される。ＩＰＣＣの報告書は、最新の気候科学が取りまとめられており、その後の国際交渉や各国の政策にも影響を与える重要文書だ。読者の皆さんにも、ぜひ新しい報告書に目を通していただきたい。

では次に、何をどうやれば気温上昇を１・５℃に抑えられるのか。その点を見ていこう。

2 気候変動時代の最重要ＫＰＩ：炭素予算（カーボンバジェット）

科学の話が多く、少し退屈されている読者もいるかもしれない。しかし今から説明する事柄は、脱炭素経営にとって、言わば最重要ＫＰＩに相当する部分である。ここが理解できれば、求められる対策の規模感や時間軸が腹落ちでき、自社の削減目標を設定する際の考え方や、今後の成長市場や衰退市場の見極めについても理解が進む。今しばらくお付き合い願いたい。

さて、どうすれば気温の上昇を1・5℃に抑えられるのか。その点についてもすでに科学的知見が大枠を示してくれている。

図2－2をご覧いただきたい。これはＩＰＣＣの1・5℃報告書で示された「ＣＯ2の累積排出量と気温上昇の関係」を表した図である。詳細は割愛するが、縦軸は産業革命以降の気温の上昇幅を示し、横軸は人間がこれまで排出してきたＣＯ2の累積量を示している。

図中の左下から右上に伸びている線は、これまでの累積量と気温上昇の実績値や、各種のモデルから推計された今後の予想（範囲と中央値）を示している。線は右肩上がりになっており、累積排出量と気温の上昇が正の比例関係にあることが確認できる。

このシンプルな図は、二つの重要な事柄を示している。第1に、問題となる気温の上昇は、人間が過去から現在にかけて排出した（そして今後排出される）ＣＯ2の「累積量」に比例するという点だ。ポイントは「累積」という部分である。ＣＯ2をはじめとする温室効果ガスは、いったん放出される

図 2-2　1876 年以降の CO_2 累積排出量（$GtCO_2$）

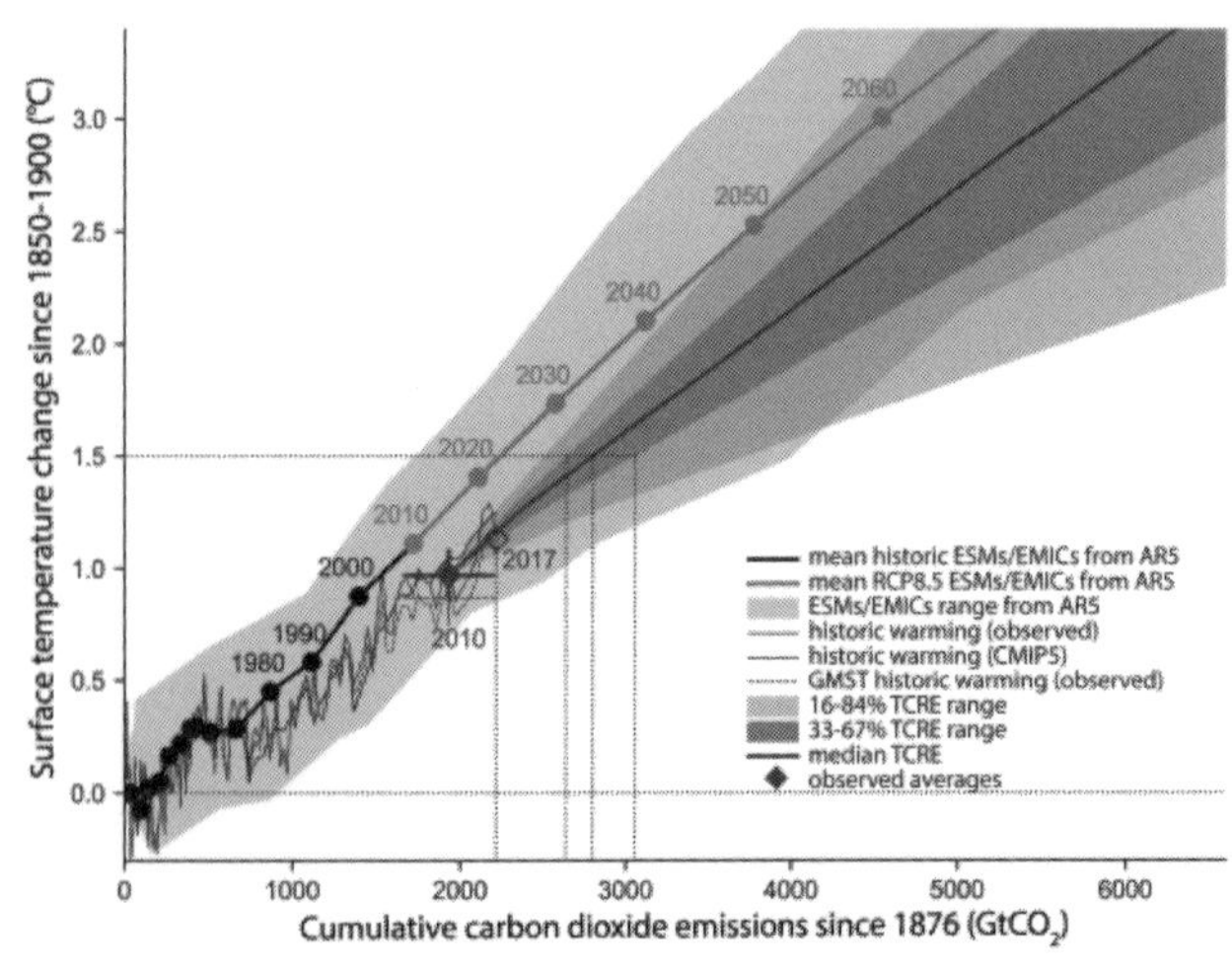

出典：Masson-Delmotte, V. 他（2018）Special Report: Global Warming of 1.5 °C The Intergovernmental Panel on Climate Change, IPCC（IPCC1.5℃特別報告書）

と非常に長い期間大気中に留まるため、出せば出すほど溜まっていく。産業革命が起こったのち、現在に至るまで世界各国が排出してきたＣＯ２の総量が、気温を上昇させているのだ。

そのため１・５℃目標を達成しようとすれば、この溜まった量に対して上限を課さなければならない。この上限が、炭素予算（Carbon Budget）と呼ばれる重要な概念である。企業でも予算は重要な制約要因だが、それになぞらえて、ＣＯ２の累積排出量が一定を超えると深刻な影響が顕在化するということを分かりやすく表現したものだ。なお、厳密には気温の上昇にはＣＯ２以外の温室効果ガスも関係するため、それらも勘案して炭素予算を考える必要があるが、読者の皆様には、まずはこの炭素予算の概念を理解いただければ十分である。

第2に、人間社会は過去すでに多くのCO2を排出しており、残された炭素予算は非常に少ないということだ。図で言えば、2017年までの累積排出量は約2200Gtであり、それが約1℃の気温上昇を引き起こしている。

では、1・5℃に気温上昇を抑える際の累積排出の上限はと言えば、おおよそ2600Gt程度で、これまで排出した2200Gtを差し引くと、残りは約400Gtとなる。最近の世界の年間CO2排出量はおおよそ40Gt前後だが、[8] このままではあと10年で予算を使い切ってしまう。

なお、仮に1・5℃ではなく2℃以下を目指すと仮定しても、上限値があることには変わりはない（IPCCの報告によると、66%の確率で2℃未満に抑える際の累積排出上限は約2900Gtであり、[9] 2017年を基準とした残りの炭素予算は700Gt、予算を使い切るまでにおおよそ17年程度）。

この炭素予算は極めて重要なので、図2－3を用いて捕捉しよう。

スタンフォード大学のロブ・ジャクソン教授らは、より直感的に理解できるように、2020年時点の炭素予算をバケツに見立てて解説している。[10] バケツから水が溢れると予算オーバー、すなわち1・5℃を超えることを意味する。すでにバケツの容量の92%ほど水が溜まっており、水が溢れるまで残り8%分だ。この例では、バケツの1%分が、世界の年間排出量に相当するので、あと8年で溢れる。このようなイメージだ。

図2-3　2020年時点の炭素予算状況のイメージ

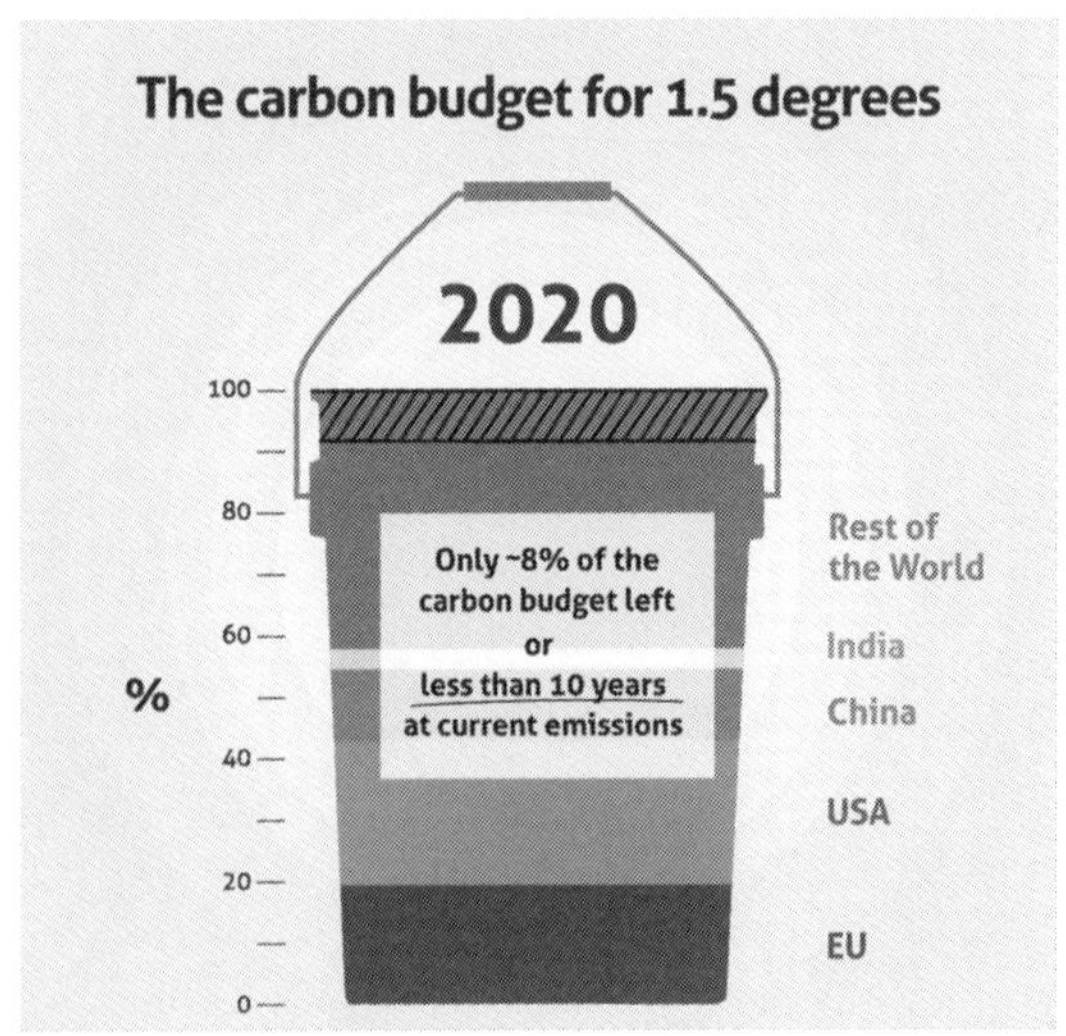

出典：International Science Council (2020) *Global Carbon Budget 2020 Finds Record Drop in Emissions*

無論、この炭素予算にも不確実性があるが、現状の世界全体の排出レベルが続く限り、あと10年以内に1・5℃の炭素予算を使い切るというのが相場観である。

まとめると、気候危機を回避するための最重要KPIに相当するのが、この炭素予算、および炭素予算から導かれる10年以内という時間軸である。気候変動が「危機・非常事態」と呼ばれ、国連などが2030年までの今後10年を「Decisive decade（決定的な10年）」とする理由が、ここにある。

各国が削減目標を引き上げているのも、グローバル企業が次々に脱炭素化のスピードを上げているのも、若者が危機感を露わにしているのも、そして、石炭火力発電所の新設が強く批判されるのも、すべてこの炭素予算の概念が起点になっている。そして、炭素予算から逆算した結果、短期間に大きな変化を起こさないと取り返しがつかなくなるという切迫感が、国際的な脱炭素化への動きを加速させているのである。

この状況にどう対応すればよいのか。率直に言って1・5℃という目標の難易度は極めて高い。IPCCも、端的に言えば「やってやれないことはないが、それには相当大規模な変化をかなりのスピードで起こさないといけない」として、その難しさを認めている。だからといって真剣に向き合うことから逃げれば、遠からず社会が脅かされる可能性が高いのも事実だ。今、我々が置かれているのは、そのような非常に厳しい状況なのである。

では、国際社会はこの事態にどう対応しようとしているのか。そしてこの炭素予算は市場や企業にとって何を意味するのか。続いてそれらを見てみよう。

3　炭素予算（カーボンバジェット）の市場への含意

あなたは、限られた予算で何かを達成するよう会社から指示を受けたとしたら、どのように進めるだろうか。おそらく、まずは「業務の目的と、その達成に向けた方策を明らかにする。その上で予算を効率的・効果的に配分できるよう、対応策の内容や優先順位を吟味する」などを考えるだろう。それらを考えず「とにかく、できることをやる」と考える人は少ないのではないか。気候変動対策も同様だ。残された炭素予算をできるだけ効率的・効果的に使い、それを使い切る前にCO2を出さない社会に転換する。それが今求められていることである。

単純化した例でイメージを湧かせてみよう。現時点で残された炭素予算を仮に100tとし、それを毎年10tずつ使っている（CO2を出している）とする。このままだとあと10年で予算を使い切る。やるべきことは、予算が枯渇する前に、使う量をゼロにすることだ。

そこで私たちは考える。毎年10t使っているが、どこか減らせる部分はないだろうか。10tを5tにできれば、単純計算で予算を使い切る期限が20年へと延びる。期限が延びれば、新しい知恵や技術も出てきてさらに減らせるだろう。いきなり半分の5tにするのは厳しいが、毎年1tずつ減らしていくのではどうだろう。初年度は炭素予算を10t使うが、次年度は9t、その次は8tという具合に、様々な対策でどんどん減らしていく。これだと最初の5年間で40tの炭素予算を使うが、残りはまだ60tある。5年後には年間5t使うだけで済むので、その時点での残り時間は「60÷5」で12年だ。

その後も年間1tずつ減らしていけば、スタート時点から8年後には年間2tで済む。その時の残りはまだ48tであり、期限は24年に延びた。すでにやれることは全部やってきているので、最後の2tをゼロにするのは難易度が高いが、期限までの時間が延びたので、その間に新たな方策を生み出し、ゼロにしていく。

このように、温室効果ガスを段階的に減らすことで、炭素予算を使い切るまでの時間を稼ぎつつ、稼いだ時間で排出ゼロにもっていく、といったイメージだ。実はパリ協定では、このイメージとほぼ同じことを目指している。

上記の単純化した例では、毎年1割減という仮定を置いたが、実際に1・5℃目標の達成に求められる削減は毎年約7～8％とされる（なお、7～8％の削減というと、新型コロナにより経済活動が停滞した2020年の世界のCO2減少の幅とほぼ同等[11]で、極めて厳しいものである）。そのようにして時間を稼ぎ、2050年までの約30年間で（炭素予算が枯渇する前に）世界全体の排出ゼロを達成することを目指さないといけない。これが、近年先進国を中心に、2030年の目標の引き上げや、「2050年カーボンニュートラル」の宣言が進む背景である。

もう一つ大事な点がある。排出を減らす際、「どこから（何から）先に減らしていくか」という点だ。裏返して言えば、「どこに炭素予算を優先的に配分するか（今後しばらく排出を許容するか）」ということであり、限られた資源の効率的な配分を検討するという視点である。炭素予算をどう配分するのが望ましいかについては、様々な考え方があるが、基本的な考え方は次のようなものだ。

例えば、冬場の室内でTシャツを着て過ごすために使用する暖房によるCO2と、病院で医療機器を動かす際の電力によるCO2、どちらを先に減らすべきかは明白だろう。また、現実的な脱炭素の代替策が確立していないセメント製造からのCO2と、すでに再エネという代替手段がある電力のCO2の、どちらを先に減らすのが合理的かと言えば、これも明白だろう。

つまり、ある事柄の①価値や必需性、②代替手段の有無、などを基本軸として様々な活動を評価し、より効率的・効果的に炭素予算が配分されるように優先順位を考えるのが一般的だ（なお、この点についても一定の価値判断を伴うため、必ずしも明確な基準が確立されているわけではない）。

では、炭素予算やその配分といった事柄が、市場やビジネスにどう影響するのか見てみよう。まず、これまで何度も言及した石炭火力発電である。

●炭素予算による石炭火力発電への含意

図2－4をご覧いただきたい。縦軸は電力1kWh当たりのCO2排出量、横軸が様々な発電方式である。縦軸の目盛で0・1とある部分に沿って横に伸びる線は、IEA（国際エネルギー機関）が推計した2℃目標の達成に求められる1kWhあたりの排出量の上限値である。

ちなみに、上限値は100g／kWhとなっている。この値は、ざっくり言えば今後の人口や経済予測などから推計された世界の電力需要と、その需要を炭素予算の範囲内で満たすという条件から求められたものである。炭素予算を起点として考えることで、電力に求められるCO2のスペックが明らかになるのだ。どの発電方式が2℃目標に適合するかは一目瞭然だ。最も高効率と言われる石炭ガス化複合発電の1kWh当たりのCO2排出は600g前後、炭素予算から導かれる基準の約6倍である（ちなみに平均的なガス火力発電のそれは約400g）。

なお、この図はやや古いため2℃目標を目安にしているが、1・5℃目標だとさらに厳しい基準となる。化石燃料を用いた発電は基本的に2℃や1・5℃と整合しないのだ。これが、なぜ高効率であ

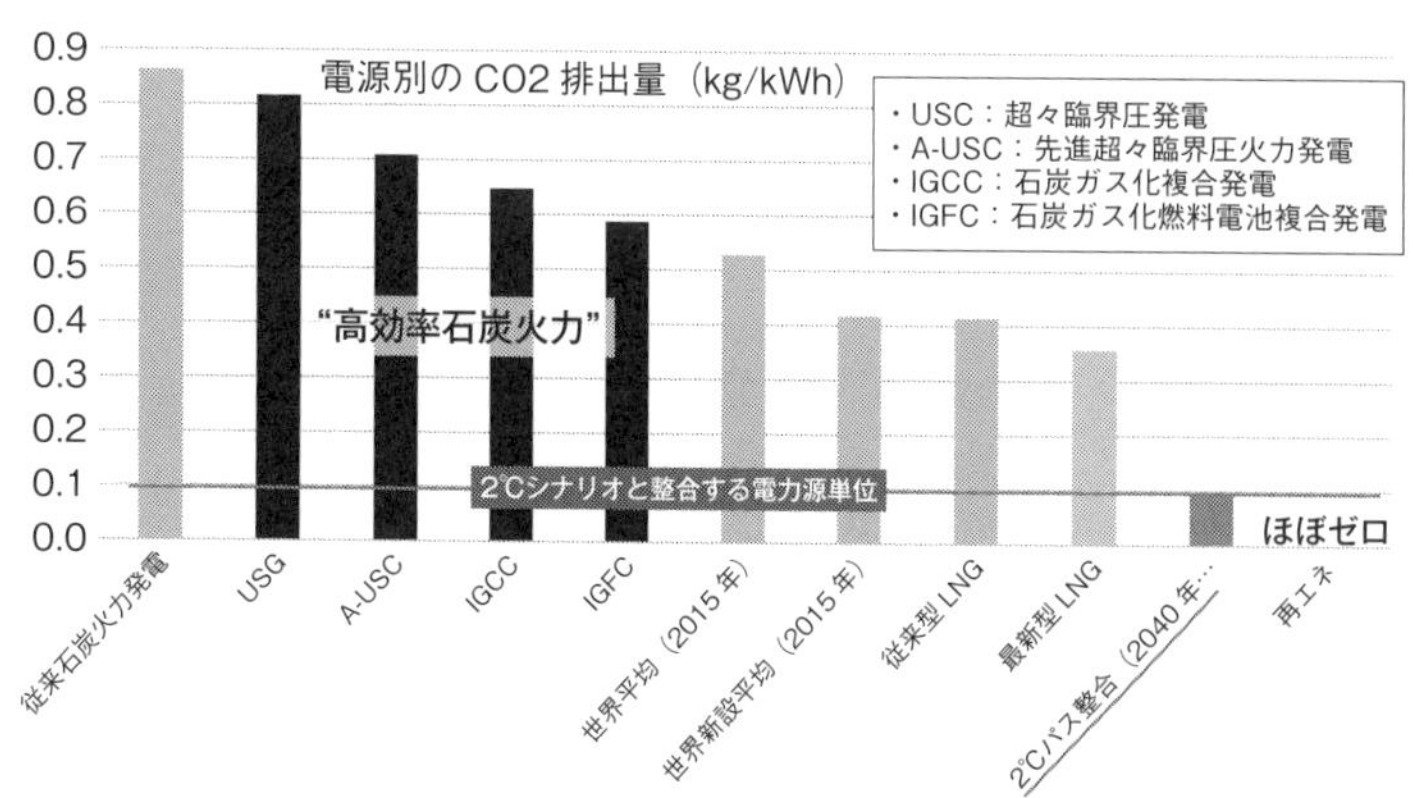

出典：IEA World Energy Investment 2016，経済産業省次世代火力発電に係る技術ロードマップ技術参考資料集（2016），環境白書・循環型社会白書・生物多様性白書（2016）を参考にIGES作成

ってても石炭火力発電は認められないのか（そしてなぜ再エネ１００％を企業が志向しているか）の理由である。[12] なお、程度の差はあるが、ガス火力発電も炭素予算が求める基準を満たせない。今後は、ガスを含めた火力発電の新設は、その是非が厳しく問われるだろう。

次に、削減の優先順位の点から石炭火力発電を見てみよう。まず、大量のＣＯ２を出す価値（必需性）があるかについてだが、電力は病院で医療用機器の動力に使われるようなものから、誰もいない部屋でつけっぱなしの電灯に使われるまで、その必需性は様々だ。経済的な価値でみれば、石炭火力発電はＣＯ２排出量当たりの付加価値が低い部類に位置する。

図２－５は、業種ごとの総資本営業利益率と炭素排出量の関係を示したものである。横軸が、ＣＯ２排出１ｔ当たりの経済的な付加価値（炭素生

図2-5　CO2大量排出上位11業種における炭素生産性と総資本営業利益率の関係

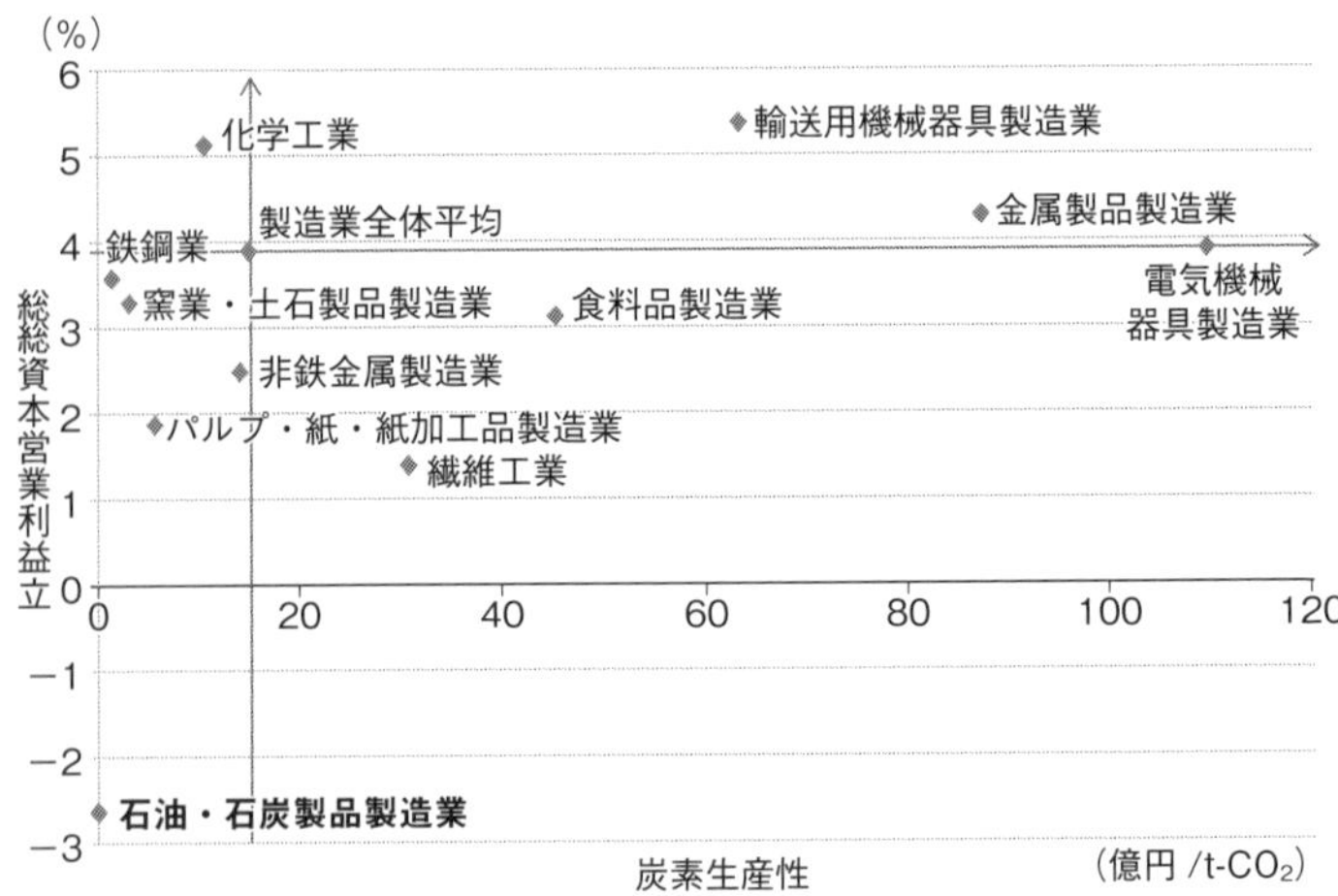

出典：諸富　徹（2020）『資本主義の新しい形』

産性と呼ばれる）を示している。ご覧のとおり、炭素生産性が最も低いのが、石炭・石油業界だ[13]。もちろん、付加価値の高い製品やサービスを作るためにも電力などのエネルギーが必要だが、その価値は、用途に依存すると言えよう。また、電力にはすでに再エネという代替案が存在する。まだ再エネで代替できない分野もあるが、多くは代替可能だ。

代替案があり、付加価値も必ずしも高くない。したがって「この非常時に、なんともったいない炭素予算の使い方をするのか」と見られるのが石炭火力発電なのである（それ以外にも約40年以上の運転を想定して投資回収・利益確保を見込んでいるため、一度建設されてしまうと長期にわたり多量のCO2排出が継続される「ロックイン」問題も取りざたされている）。

さて、やや横道にそれるが、日本では石炭火力発電の是非について多くの議論が聞かれるので、少し補足したい。現状、日本を含む多くの国が電力供給の少なくない部分を石炭火力で賄っている。気候変動の関係者もその事実は十二分に認識しており、それらを明日からすべてストップせよとまでは言っていない（少なくとも筆者はそうは考えていない）。しかし早期に（炭素予算を参考にすれば先進国は２０３０年頃までに）石炭火力に依存した体質から脱却する必要があることは間違いない。

そういう文脈において、一度建設すれば40年間も稼働することが見込まれる石炭火力発電を、今後新たに建設することは、明らかに「やってはいけないリスト」のトップに来る愚行とみなされる。これが日本の石炭火力発電への姿勢が海外から批判を受けていた理由である。

また、「途上国の電力不足の解消は良いことではないか」「日本の石炭火力は中国のものよりも効率が良く、世界全体でみれば、ＣＯ２削減に貢献できる」との声も聞かれる。しかし途上国の電力不足を補っても、気候危機が顕在化すれば、より深刻な事態が途上国を襲う。また炭素予算の観点からは「多少でも減ればよい」ということが解ではないことが分かる。必要なのは気候危機の引き金を引かないよう、炭素予算から導かれる規模・スピードで脱炭素化を進めることだ（石炭火力の脱炭素化の議論についてはＢＯＸ③を参照）。

【BOX③ 石炭火力発電の脱炭素化?】

この分野に詳しい方は、「石炭火力発電所で炭素回収・固定化（Carbon Capture & Storage 以下ＣＣＳ）を利用すればよいのでは」と思われるかもしれない。ＣＣＳは脱炭素化には必要だ。ＩＰＣＣもＣＣＳを１・５℃シナリオ実現のために必要な対策の一部に位置付けている。しかしそれはセメントや鉄鋼など今のところ技術的に他の選択肢がない（または非常に限られる）分野での活用といった限定的な位置づけであり、電力にＣＣＳを大規模に用いるというようなことは想定されていない。ＣＣＳは相当なコストがかかるため、よほどの必需性や付加価値を生む分野でないと費用対効果の点で他の選択肢（例えば再エネと蓄電池等との組み合せ）に劣るからである。実際、ＣＣＳは国際的に２０００年代前半から盛んに取りざたされてきた。しかし、本書執筆時点で、世界中を見渡してもＣＣＳ付きの石炭火力発電所はたった1基しか稼働していないとされる※。

費用対効果を度外視すれば、炭素予算の観点からは「ＣＣＳ付きの石炭火力発電は有り」かもしれない。しかしそれには、遅くとも２０３０年までには全ての石炭火力発電にＣＣＳが具備されるという条件が付くだろう。筆者らは大手電力会社を含め、様々なエネルギー関係者から情報を得る機会も多いが、我々が知る限りそのような対応がとられるという話は全く聞かれない。

※Global CCS Institute（2021）*CO2RE: The CCS Database. Facilities Database*
URL: https://co2re.co/FacilityData（Accessed: 23 March, 2021）

余談だが、ＪＣＬＰのメンバーは、ＣＯＰ23の海外視察に出かけた際、気候変動の文脈における石炭火力発電の位置づけについて身をもって知らされた。当時は日本がアジア諸国らに積極的に高効率石炭火力発電の建設を支援していたため、「日本から来た」と言えば、必ず日本の石炭火力への姿勢に疑問が呈された。

海外から見た日本は、技術力、経済力ともに備えた脱炭素のトップランナーになりうる国である。かつては環境先進国と目され、「日本なら困難な脱炭素社会への道筋を示せるのではないか」との期待は今も少なくない。その日本がなぜ石炭火力発電に固執するのかと、皆不思議に思っていたのだ。

ちなみにＪＣＬＰには石炭火力発電を主たる事業としている企業はいないし、各社が真剣に脱炭素化に向き合っている。しかし「日本企業です」というだけで、石炭で脱炭素に逆行するというイメージが想起されてしまっているようであった。その時の悔しさや、視察団の重苦しい空気はいまだに忘れられない（視察団に参加したメンバーの間では「日本は、スマホの時代に、〝優れたＦＡＸ〟を作り続けているのではないか……」という自虐的な笑い話も交わされた）。

なおＣＯＰ23への視察団の模様は、ＮＨＫスペシャル『脱炭素革命の衝撃』で詳細に伝えられ、世界の動きが初めて日本に知られるきっかけの一つとなった。今思えばＪＣＬＰの企業自身も多くを学び、脱炭素化への決意を新たにした貴重な通過点だったのかもしれない。

●炭素予算の金融機関や投資家への含意

次に、炭素予算の金融分野への含意を見てみよう。近年、投資家や各国の中央銀行らが、気候変動のリスクに関心を高めているのはご承知だろう。中には、リスクが高いとされる石炭関連資産から投資を引き揚げる（ダイベストメントと呼ばれる）、投資ポートフォリオ全体の炭素排出量を削減していくという動きも見られるが、これらのダイナミックな動きの起点になっているのも、炭素予算だ。

図2－6の大きな円と、その中にある小さな円をご覧いただきたい。大きな円は、世界の国や企業が保有する化石燃料資産の総量、言わば化石燃料の在庫である。小さな円は、炭素予算から導かれる、利用可能な化石燃料の上限である。小さな円の面積は、大きな面積の約2割以下である。つまりこの図は、炭素予算を踏まえると、全世界の化石燃料資産のうち、約8割が「不良在庫化する」というリスクを示している。長期投資を行う年金基金を中心として、機関投資家はこのリスクに反応しているのだ。

無論、世界全体が順調に脱炭素化に向かうかどうかには不確実性がある。しかし気候変動が脅威であり、その回避に世界が合意していることを踏まえると、このリスクを踏まえた投資判断を行うことは理にかなっている。少なくとも今後も世の中が全く変化せず、これらの在庫がすべて利益を生むとの前提に立つほうがはるかに危うい投資判断となるだろう。

「気候変動を踏まえると、これから社会が脱炭素化に向かう。そうなった場合、不良在庫化する資産がある。どの程度が不良資産になるかは分からないが、すべての在庫がさばけるとは考えにくい。そ

図2-6　80%の確立で2℃目標を達成するのに残された炭素予算の目安

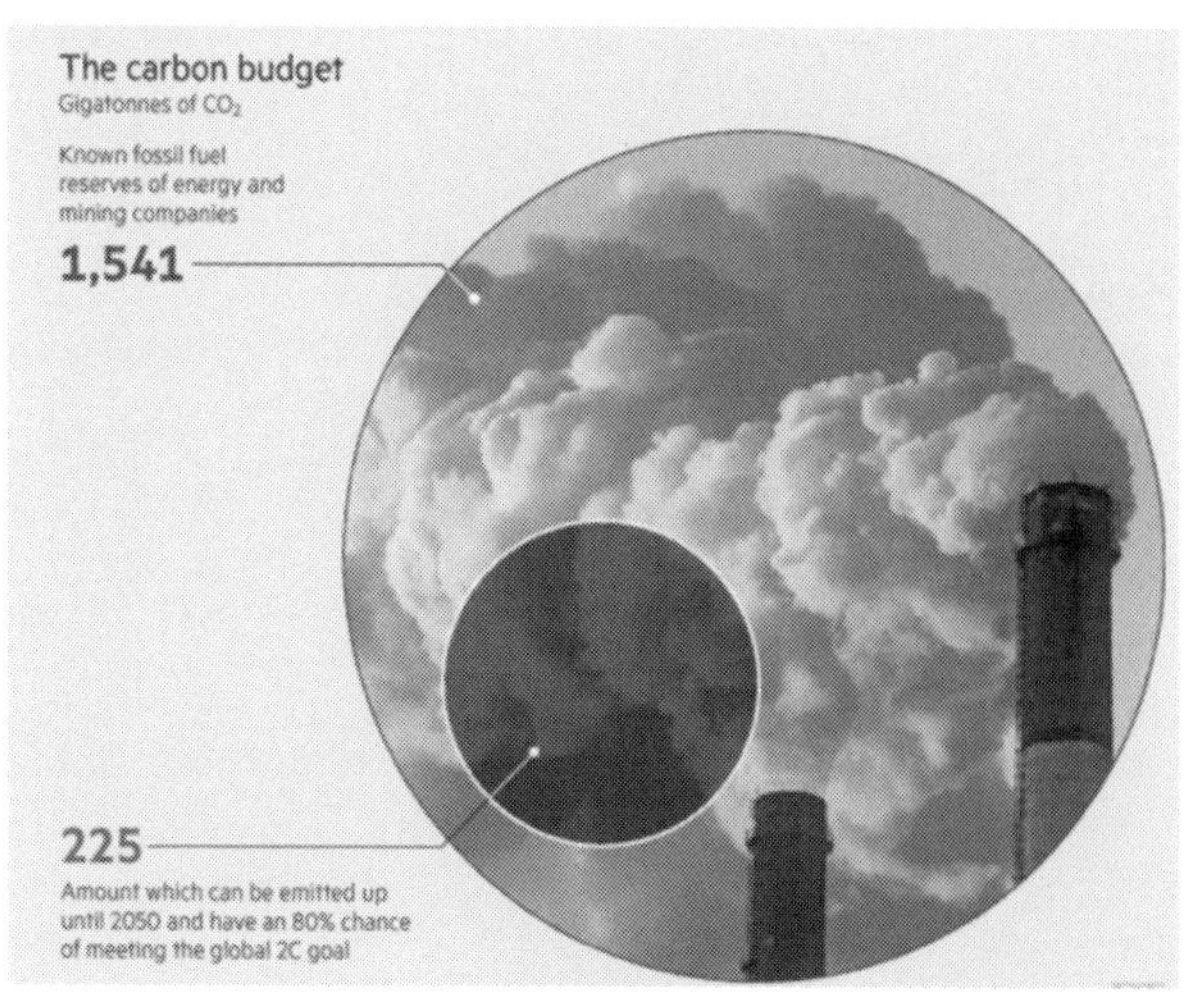

出典：Clark, P.（1 October,2015）. *Mark Carney's climate warning splits opinion* The Financial Times

うであれば、少なくともリスクが高い在庫からは手を引こう」、そのように考えるのである。ちなみに、その「最もリスクが高い在庫」が、石炭火力発電に関連する資産だ。

石炭関連資産から撤退するという投資家の行動は、一見すると極端に映るかもしれないが、炭素予算を踏まえた立場からは理にかなっている。

なお、図2－6は2015年10月に英経済紙The Financial Timesに掲載されたものである。[14]やや古い資料であり、炭素予算も2℃目標ベースになっているが、注目すべきは、パリ協定の合意前に、このような情報が世界的に著名な経済紙に掲載されていたことだ。その後、パリ協定の合意でこの議論はさらに加速した。

筆者の受け止めでは、日本でＥＳＧなどを通じて金融の変化が顕在化したのは２０１８年以降だが、海外では大分以前からこのような分析の蓄積が進んでおり、その結果、現在の大きな変化に至っている。

なお、この炭素予算の観点から投資や資産のリスクを評価するアプローチは、英国のシンクタンクであるカーボントラッカーが２０１１年７月に発表したレポート「カーボンバブル」に端を発している。[15] カーボントラッカーは、科学者らの知見によって炭素予算の概念が示されて以降、それが与える金融やビジネスへの影響について分析してきている。彼らの主張は、「現在のマーケットでは、炭素予算を勘案せずに資産の〝値付け〟が行われている。これは資産価値の過大評価、すなわちバブルであり、是正しないと金融システム全体のリスクとなる」というものである。

カーボントラッカーは自らの分析に基づいた意見書を継続的にイングランド銀行（英国の中央銀行）に提出し、同銀行で当時総裁を務めたマーク・カーニー氏らの動きにも影響を与えた。カーニー総裁は、２０１５年に気候変動財務リスク情報開示タスクフォース（ＴＣＦＤ）を立ち上げた際の発起人であるが、このＴＣＦＤでも、「移行（政策）リスク」として、脱炭素社会への移行に伴って資産価値等が減損するリスクは重視されている。ＴＣＦＤに至る道筋においても、やはり炭素予算が関係しているのだ（詳細は第５章第７節を参照）。

ＪＣＬＰでは、２０１５年以降、折々にカーボントラッカーからレクチャーを受けている。金融機関出身者、科学者、法律家らが関わった彼らの分析には説得力があり、特に最初にレクチャーを受けた2015年には、参加者一同「目から鱗の落ちるような」体験をしたことを覚えている。その後、今日に至るまで、気候変動が投資やビジネスに及ぼす影響の評価手法は進化しているが、炭素予算を起点としたアプローチは、現在も重要な基礎となっている。

●炭素予算の自動車分野への含意

最後に、現在注目を集めている自動車分野への含意を見てみよう。炭素予算と今後の人口予測や自動車台数の予測などを組み合わせることで、1・5℃目標に整合する走行距離当たりCO2排出量の相場観が導かれる。石炭火力発電とほぼ同様のイメージだ。もちろん厳密な数値などには不確実性は残るが、[16] 1・5℃目標に適合する自動車のスペックについての重要な参考情報だ。

炭素予算の概念を自動車分野に適用した例として、EUのタクソノミーが挙げられる。EUタクソノミーとは、端的に言えば、政府が投融資を行う際に、「脱炭素の観点からの投資適格性」を判別するためのガイダンスである。例えば、発電分野で投資適格となる基準としてkWh当たりのCO2排出量の上限を、自動車分野では走行距離当たりの排出量の上限（閾値）が示されている。ここでも、炭素予算を起点として将来の基準値が導かれている。

図2－7では、[17] 電力の基準として100g－CO2／kWhと示されているが、これは先に示したIEAが炭素予算から導出した基準とまさに一致する。同様に、自動車についても走行距離当たりのCO2という指標で、2025年までは50g／km、2026年以降は、なんと0g／kmとなって

図2-7　気候変動の緩和に貢献する経済活動の特定方法（EUタクソノミーによるガイダンス）

Type of activity	Technical screening criteria	Examples
1. **Activities that are already low carbon**. Already compatible with a 2050 net zero carbon economy	Likely to be stable and long-term	• Zero emissions transport • Near to zero carbon electricity generation • Afforestation
2. **Activities that contribute to a transition to a zero net emissions economy in 2050** but are not currently operating at that level.	Likely to be subject to regular revision, tending towards zero emissions.	• Building renovation; • Electricity generation <100g CO_2/kWh（電力） • Cars <50g CO_2/km（乗用車）
3. **Activities that enable those above.**	Likely to be stable and long-term (if enabling activities that are already low carbon) or subject to regular revision tending to zero (if enabling activities that contribute to transition but are not yet operating at this level).	• Manufacture of wind turbines • Installing efficient boilers in buildings

出典：EU Technical Expert Group on Sustainable Finance（2019）*Taxonomy Technical Report* を参考にIGES加筆

いる。50g／kmという数字がどの程度なのかというと、２０２１年時点で最もＣＯ２が少ないハイブリッドカーの最高性能レベルのものが64g／kmであり、[18] それよりもさらに厳しい基準だ。

２０２６年以降は燃料に化石燃料を使う限りは事実上達成不可能な基準になっており、ＥＶまたはグリーン水素等を用いた自動車以外は、新たな投融資の対象として望ましくないというメッセージだ。これは欧州各国が次々に打ち出している２０３０年以降のガソリン車の販売規制とも整合していると言える。

このように、自動車に関連する脱炭素化の政策にも、炭素予算が影響していると言える。

補足となるが、「石炭火力発電からの電力でＥＶを動かしても、それは解決にはならないのでは」という疑問を持たれる方も多いだろう。

その点、例えば欧州では電力分野でも炭素予算の観点から厳しい基準が設けられており、電力の再エネ化とセットで、ＥＶシフトが脱炭素化の道筋として示されている（実際、欧州のタクソノミーの文書などでも、ＥＶに関連して再エネ比率の想定などが書かれている）。

また、米国でも、ＥＶ規制で先行するカリフォルニア州は、並行して再エネ拡大に対してもスピード感をもって動いている。米国全体では、バイデン大統領が２０３５年には非化石電源（再エネおよび原子力発電）を１００％にすることを目指すとすでに発表している。

中国は、確かに現時点で石炭火力比率が非常に高いが、それでも２０３０年頃には再エネ比率を４割まで伸ばそうとしている模様である。[19]

自動車の製造、走行時、廃棄時などのＣＯ２排出量を総合的に評価した場合でも、多くの場合は、すでにＥＶのほうがガソリン車よりも大幅にＣＯ２が少ないという調査結果も出ている。[20] いずれにせよ、炭素予算から自動車を考えた場合、化石燃料を使い続ける形での燃費改善では限界があること、再エネとＥＶの両方の拡大という方向性が有望視されていることは言えるだろう。日本は、他の主要国に比べ、電力の脱炭素化、車両のＥＶ化ともに遅れており、その差が広がれば日本の産業界にとって重要なリスクとなる可能性がある。この点は章を改めて解説しよう。

以上のように、炭素予算を起点に考えることで、脱炭素に適合する事業と、そうでないものがある程度判別できる。先に「伸びる市場でビジネスを行えるかどうかが重要」というマッキンゼーの分析に触れたが、脱炭素社会への転換期に、伸びていく事業、縮小していく事業が、炭素予算から見えてくる。これが、企業、そして投資家にとって、炭素予算が最重要ＫＰＩである所以である。読者には、ぜひ「炭素予算をベースに物事を考える」という視点をお持ちいただきたい（炭素予算を踏まえた各企業の温室効果ガス削減目標の設定については、第5章第3節を参照）。

❖第2章　注釈および参考文献

1　Viguerie,P., Smit, S., Baghai, M. (2009)『マッキンゼー式最強の成長戦略』

2　２０２０年7月、政府は日本のインフラ輸出戦略を決める「経協インフラ戦略会議」にて、石炭火力発電所を輸出する際の公的支援条件を厳格化することを正式に決定した。これにより石炭火力の輸出支援は原則禁止となったものの、石炭火力を選択せざるを得ない国に対しては高性能石炭火力の輸出に限って支援が認められている。
首相官邸（n.d.）『経協インフラ戦略会議』 URL: https://www.kantei.go.jp/jp/singi/keikyou/kaisai.html（閲覧日：２０２１年3月2日）

3　Pachauri, R. K., Allen, M. R., Barros, V. R., Broome, J., Cramer, W., Christ, R.,…van Ypersele, J.(2014) *AR5 Synthesis Report: Climate Change 2014* The Intergovernmental Panel on Climate Change URL: https://www.ipcc.ch/report/ar5/syr/
Masson-Delmotte, V., Zhai, P., Pörtner, H., Roberts, D., Skea, J., Shukla, P.R., …, Waterfield, T. (2018) *Special Report: Global Warming of 1.5 °C* The Intergovernmental Panel on Climate Change URL: https://www.ipcc.ch/sr15/

4　United Nations Climate Change（2015）*The Paris Agreement* URL:https://unfccc.int/process-and-meetings/the-paris-agreement/the-paris-agreement.
なお、産業革命前から2℃以内に気温を抑制するという方針は、厳密には２０１０年のＣＯＰ16におけるカンクン合意によるものである。

5 Bernstein, L., Bosch, P., Canziani, O., Chen, Z., Christ, R., Davidson, O.,…, Yohe, G. (2007) *AR4 Climate Change 2007: Synthesis Report* The Intergovernmental Panel on Climate Change URL: https://www.ipcc.ch/report/ar4/syr/
なお、ここでの気温上昇の起点は１９９０年。本書を含めて一般的に用いられる産業革命前からの気温上昇とは異なることに留意が必要。産業革命前から１９９０年頃までに０・５℃気温が上昇しているとされるため、１９９０年からの気温上昇２～３℃は、産業革命前から２・５～３・５℃以上となる。

6 環境省（２０１９年７月）『ＩＰＣＣ「１・５℃特別報告書」の概要』
URL: https://www.env.go.jp/earth/ipcc/6th/ar6_sr1.5_overview_presentation.pdf

7 Steffen, W., Rockström, J., Richardson, K., Lenton, T. M., Folke, C., Liverman, D.,…, Schellnhuber, H. J.(2018) *Trajectories of the Earth System in the Anthropocene* The Proceedings of the National Academy of Sciences, URL:https://www.pnas.org/content/115/33/8252

8 International Science Council (2020) *Global Carbon Budget 2020 Finds Record Drop in Emissions* URL:https://council.science/current/news/global-carbon-budget-2020-drop-in-emissions/ (Accessed: 2 March, 2021)

9 Pachauri, R. K., Allen, M. R., Barros, V. R., Broome, J., Cramer, W., Christ, R.,…van Ypersele, J.(2014) *AR5 Synthesis Report: Climate Change 2014* The Intergovernmental Panel on Climate Change
URL: https://www.ipcc.ch/report/ar5/syr/

10 International Science Council (2020) *Global Carbon Budget 2020 Finds Record Drop in Emissions* URL:https://council.science/current/news/global-carbon-budget-2020-drop-in-emissions/ (Accessed: 2 March, 2021)

11 McGrath, M. (11 December, 2020). *Climate change: Covid drives record emissions drop in 2020* BBC, URL: https://www.bbc.com/news/science-environment-55261902 (Accessed: 2 March, 2021)

12 「原子力発電所はどうなのか」との疑問をお持ちの方も少なくないだろう。本書で原子力発電所の是非を論じることは控えるが、一部に脱炭素の観点から原子力発電を活用しようという意見があるのは事実である。しかし、福島原子力発電所の事故以降は安全対策コスト等により原子力発電の経済的利点は見直そうという動きが世界的に起きているほか、ドイツのように事故が起こったときのリスク等を加味し脱炭素の手段としては原子力発電を位置付けない国もある。問題が起こってしまうと取り返しがつかない、放射性廃棄物の処理問題などで将来に禍根を残すという意味で、気候変動と原子力発電の持つ問題には共通項があると言えるだろう。

13 諸富　徹（２０２０）『資本主義の新しい形』

14 Clark, P. (1 October,2015). *Mark Carney's climate warning splits opinion* The Financial Times, URL: https://www.ft.com/content/edc9bae6-678f-11e5-97d0-1456a776a4f5 (Accessed: 13 April, 2021)

15 Carbon Tracker Initiative (2011) *Unburnable Carbon: Are the World's Financial Markets Carrying a Carbon Bubble?* URL: https://carbontracker.org/reports/carbon-bubble/

16 気候変動に関連する議論は将来の事柄を含むため、様々な不確実性が付いてまわる。この不確実性に対する考え方としては、不確実性の幅を把握した上で、コンサバティブに（悲観的な場合の想定に立って）考える、また、対応の費用対効果を考えた上で適切な意思決定を行うという姿勢が一般的だろう。また、「一度発生すると取り返しがつかない」という類の不確実性に対しては、最悪の想定に備えるという姿勢が基本となる。東日本大震災を契機に、原子力発電所の安全対策が強化されたことは記憶に新しいが、気候変動に関しても同等またはそれ以上の姿勢で臨む必要がある。

17 EU Technical Expert Group on Sustainable Finance（2019）*Taxonomy Technical Report* URL:https://ec.europa.eu/info/sites/info/files/business_economy_euro/banking_and_finance/documents/190618-sustainable-finance-teg-report-taxonomy_en.pdf

18 トヨタのハイブリッドカーヤリスのＣＯ２排出量を参照。
トヨタ自動車（２０１９）TOYOTA Environmental Challenge 2050 URL:https://toyota.jp/pages/contents/yaris/001_p_001/pdf/spec/yaris_ecology_201912.pdf（閲覧日：２０２１年３月23日）

19 China Solar Thermal Alliance (10 February, 2021).『国家能源局关于征求２０２１年可再生能源电力消纳责任权重和２０２２－２０３０年预期目标建议的函』
URL: http://www.cnste.org/html/zixun/2021/0210/7551.html (Accessed: 24 March, 2021)

20 Transport and Environment (2020) *How clean are electric cars?*
URL:https://www.transportenvironment.org/sites/te/files/T%26E%E2%80%99s%20EV%20life%20cycle%20analysis%20LCA.pdf
Knobloch, F., Hanssen, S. V., Lam, A., Pollitt, H., Salas, P., Chewpreecha, U., Huijbregts, M. A. J., Mercure, J.F. (2020) *Net emission reductions from electric cars and heat pumps in 59 world regions over time,* Nature Sustainability, URL: https://www.nature.com/articles/s41893-020-0488-7

❖【図表参考資料】

図２-１：Steffen, W., Rockström, J., Richardson, K., Lenton, T.M., Folke, C., …, Schellnhuber, H.J. (2018) *Trajectories of the Earth System in the Anthropocene* PNAS, URL:https://www.researchgate.net/publication/326876618_Trajectories_of_the_Earth_System_in_the_Anthropocene

図２-２：Masson-Delmotte, V., Zhai, P., Pörtner, H., Roberts, D., Skea, J., Shukla, P.R., …, Waterfield, T. (2018) *Special Report: Global Warming of 1.5 °C* The Intergovernmental Panel on Climate Change, IPCC URL:https://www.ipcc.ch/sr15/

図２-３：International Science Council (2020) *Global Carbon Budget* 2020 *Finds Record Drop in Emissions* URL:https://council.science/current/news/global-carbon-budget-2020-drop-in-emissions/ (Accessed: 2 March, 2021)

図２-４：IEA（2017）*World Energy Investment* 2016 URL:https://www.iea.org/reports/world-energy-

investment-2016
経済産業省(2016)『次世代火力発電に係る技術ロードマップ技術参考資料集』URL:https://www.meti.go.jp/committee/kenkyukai/energy_environment/jisedai_karyoku/pdf/report02_02_00.pdf
環境省（2016）平成27年版環境白書・循環型社会白書・生物多様性白書

図２-５：諸富　徹（2020）『資本主義の新しい形』

図２-６：Clark, P. (1 October,2015). *Mark Carney's climate warning splits opinion* The Financial Times URL:https://www.ft.com/content/edc9bae6-678f-11e5-97d0-1456a776a4f5

図２-７：EU Technical Expert Group on Sustainable Finance（2019）*Taxonomy Technical Report* URL:https://ec.europa.eu/info/sites/info/files/business_economy_euro/banking_and_finance/documents/190618-sustainable-finance-teg-report-taxonomy_en.pdf

第 2 部

変化を迫られる投資と経営

第1部では、気候変動の脅威と、それを避けるために求められる変化の規模感・時間軸について述べた。次に、それらがもたらす企業への影響と対応について、海外の事例なども踏まえながら見ていこう。

第3章　気候変動の企業への影響（リスク）

早くから気候変動のビジネスや金融への影響の検討を進めてきたイングランド銀行のマーク・カーニー総裁[1]は、気候変動によるビジネスへのリスクを[2]、①気象災害等による物理的リスク（以後物理的リスク）、②脱炭素社会へと政策が転換・移行することによるリスク（以後政策リスク）、そして、これら二つのリスクと関連する形で、③訴訟や賠償といった事柄に関連する責任リスク（Liability risk）、の三つに分類している。[3]

本書では、広く企業全体に関連する重要なリスクとして、物理的リスクと政策リスクについて解説する。なお、リスクという言葉は正確には「不確実性」を指すが、日本では一般的に「負の事柄が起こる確率・可能性」というニュアンスで使われることが多い。本章で述べるリスクも、どちらかというと気候変動に関連して発生する負の影響に注目した整理となっている。これは、物理的なリスクの本質が「被害・損失」であること、そして損失の回避を重視する金融セクターの視点を踏まえることが脱炭素経営にとって必要だからだ。

一方で、リスクはチャンスの裏返しでもある。特に政策の転換については、新たな市場の創出や拡大というポジティブな側面もある。脱炭素社会に適合する製品やサービスを見極め、自社の強みをそれらの成長分野に活かすなら、それは成長の機会にもなる。実際、気候関連財務情報開示タスクフォース（以後ＴＣＦＤ。金融システムの安定化を図る金融安定理事会によって設立された、気候リスク情報開示の枠組みを検討する組織。詳細は第5章第7節を参照）では、リスクとともにチャンスについても開示することが推奨されている。では、早速見ていこう。

1 物理的リスク

気候変動による物理的リスクとは、台風、洪水、旱ばつ、山火事といった自然災害により、企業の保有する設備やサプライチェーンが被害を受ける可能性を指す。一般に、これらの物理的リスクは、急性（台風・洪水など）と、慢性（降雨パターンや気温上昇など継続的に生じるもの）に分類されるが、慢性化する山火事のように、両者にまたがるリスクもある。豪雨による店舗や工場の操業停止などはすでに日本でも発生しており、その頻度や強度が増していることは読者も感じておられるだろう。これらのリスクは実感としてもイメージしやすい。

一方、この物理的リスクがもたらす中長期的、間接的な影響まで見据えると、それは想像以上のインパクトをもたらす可能性があり、現在の金融規制当局らの気候変動対応の急速な強化にも密接に関わっている。すでに多く論じられている直接的な気象災害の被害などについては割愛し、ここではより立体的に物理的リスクとその含意を見ていこう。

まず、物理的リスクによる損害保険への影響である。企業にとっても近年の気象災害の影響は深刻だが、その損失は保険でカバーされることも多い。よって、物理的なリスクが顕在化した場合、その経済的な被害を最終的に引き受けるのは損害保険会社であるとの見方もできる。

この構図も踏まえ、世界有数の保険会社であるアクサグループのＣＥＯは、「気温上昇が４℃になるような世界では、保険が掛けられなくなる」として、保険業自体の存続について危機感を露わにしている。[4] 損害保険は、シンプルに言えば、保険の対象物が一定の確率で被害を受けることを想定し、その被害を補償するのに十分な資金を、数多くの被保険者から少しずつ集める、ということで成り立っている。つまり、被害の確率、保険料、保険件数などが重要な変数となり、それらのバランスの上で成立している。

一方、気候変動が悪化すれば、被害の発生確率が上がり、伴って保険支払額も増加する。保険会社は、ある程度までは保険料の値上げや加入時の審査の厳格化などで対応するだろうが、被害確率が大きくなりすぎると、厳しい審査にパスできて、かつ高額の料金を支払える人しか保険に入れなくなるため、保険を支える仕組み自体が崩れかねない。無論、保険制度には再保険（保険会社のために保険を提供するもの）や、一部公的機関の関与などもあり、実際にはより強固な仕組みで支えられているが、それでも気温の上昇が４℃レベルまで行くと、保険が成り立たないというリスクをアクサのＣＥＯによる言葉は示唆している。

また、損害保険への影響も相まって、不動産の価値にも影響が及ぶのではという懸念も出てきている。例えば、以前よりも高い頻度で水害が起こることが予見される土地は、人々から敬遠されるだろう。日本でも、近年水害に襲われたエリアにある土地の公示価格が下落しており[5]、その兆しはすでに見えている。

また、保険会社が審査を厳格化することで保険が掛けられない場合、その土地の価値は大きく損なわれる。例えば、住宅ローンを組む場合、担保となる住宅に保険を掛けることが求められるため、保険に入れない土地の価値は著しく減少する。不動産の価値が減少すれば、金融機関の融資にも影響する。

すでに融資を行っている先の担保価値が下がるなら、それをリスク管理に反映させる必要があり、新たに融資する場合には貸し出しの判断にも影響する。

少し「風が吹けば桶屋が儲かる」的に聞こえるかもしれないが、我々が対応を誤ればそれらが何らかの形で顕在化する可能性は高く、その場合のダメージは決して小さくはないだろう。実際、日本でも2019年以降複数回にわたり損害保険料が値上がりしているほか、これまでは最長10年であった損害保険の期間を5年に短縮するなど、すでに変化が見られる[6]。近年山火事やハリケーンの被害が深刻化・慢性化しつつある米国では、その兆しはさらに顕著だ。以下、物理的リスクを起点とした保険や金融への影響について、その具体的な事例を見てみよう。

●米国における物理的リスクの事例とその影響

近年、米国カリフォルニア州において、大規模な山火事が頻発している。2020年の同州における山火事は歴史的規模とされ、空が深いオレンジ色に染まった風景がテレビで報道されたことを覚えておられる読者もいるだろう。このカリフォルニア州では、保険会社が山火事増加への対応として保険料率を精査した結果、保険の解約、更改の見合わせ、新規契約の停止などが頻発するようになっている。

少しデータが古いが、山火事のリスクが高い地域における保険契約の更改見合わせ件数は、２０１５年に８７９６件、２０１６年１万１５１件と増加し、保険料も、それまでは年間８００ドル程度だったものが、契約の更新時に２５００ドルから５０００ドルに大きく値上がりするケースも散見された[7]。

２０１７年以降の契約更新における見合わせ件数などのデータはまだ見当たらないが、年を経るごとに山火事は大規模化しており、特に２０１７年や２０２０年の被害規模は、２０１６年をはるかに上回っており、保険への影響も大幅に増加したとみられる。実際、この深刻な事態を受け、カリフォルニア州政府は、損害保険料の高騰を防ぐ新たな規則を提示したほか、住宅保険のキャンセルや延長拒否を１年間禁ずる措置などを打ち出さざるを得ない状況になっている[8]。

保険への影響は、山火事に留まらない。調査機関First Street Foundationは、現在の洪水リスクは過小評価されており、適切に評価した場合の全米での住宅への想定被害額は、現時点で年間約２００億ドル（約２・１兆円）であり、２０３０年には３２３億ドル（約３・４兆円）に増加するとし、対応にはリスクの高い住宅の保険料を４・５倍に引き上げる必要があるとした[9]。これらを受け、連邦洪水保険制度を管轄する連邦危機管理庁も、現在保険料の見直しを進めている模様だ。

さらに、この保険への影響が与える金融全般への影響についても議論が活発化している。米政治紙POLITICOと大手新聞The New York Timesは、ともに気候変動によって住宅ローン危機が発生すると警告している。

PLITICO紙は、米国で洪水危険地帯における住宅建設と、それらの住宅に対するローンを担保とした証券の発行が増加しているが、一方で保険が掛けられている新規住宅数は減少傾向にあると示した。また、住宅ローン担保証券の約半数は、連邦住宅抵当公庫（ファニーメイ）、および連邦住宅金融抵当公庫（フレディマック）が発行しているため、当該住宅が洪水被害を受けた場合、この2社が経営危機に陥りかねないとしている。

また、The New York Times紙は、気候リスクを理解している銀行は、ファニーメイやフレディマックの債権の売却を進めているとして、「気候変動が進んだ場合、リーマンショックより大規模な住宅ローン危機が発生する」との複数の専門家の見解を報じている。[10]

余談になるが、サブプライムローンのリスクを先読みして巨万の富を手にした不動産デリバティブのアナリスト、デイブ・バート氏（サブプライムローン問題を描いた映画「マネー・ショート」のモデルの一人）も、気候リスクに注目している。彼は、経済専門チャンネルである米CNBCのインタビューの中で、「今、気候リスクに関連して住宅ローン市場で空売りが可能」と述べている。バート氏は、米国の住宅所有者の3分の1近くが気候リスクに対して脆弱だが、それらは適切に反映されておらず、住宅債権の価値は過大評価されているとする[11]。ある資産の価値が、実は想定していたよりも低いという問題は、まさにサブプライムローンと共通している。

なお、気候変動の物理的なリスクが十分に見えないという状況は、金融においては非常に重要な意味を持つ。不適切な資産配分（投資）が行われてしまうからだ。冒頭で触れたイングランド銀行のカーニー元総裁は、この問題を国際的な金融安定化についてのルールを話し合う金融安定理事会で指摘したが、このことがのちに気候リスクの情報開示制度（ＴＣＦＤ）の検討に繋がってゆく（金融機関の動向は第４章で詳しく解説する）。

●労働生産性への影響

次に、別の物理的リスクの例として、気温上昇による労働生産性への影響を見てみよう。国際労働機関（ＩＬＯ）は、２０１９年に発表した報告書で、「気候変動による熱ストレスによって世界的に労働生産性が大幅に低下する」という見通しを示した。

報告書では、２０３０年までに世界の労働時間は２・２％低下（約８０００万人の雇用喪失に匹敵）し、その結果２兆４０００億ドルに上る損失が出る可能性があるとしている。影響が大きい農業では、２０３０年までに労働時間が60％、同じく建設業では19％減少するとみられ、ごみ収集、輸送、観光業なども深刻な打撃を受ける。

地理的には、南アジアと西アフリカの影響が深刻だ。途上国では、熱ストレスによる経済的損失を受けやすく、それによって移住が促される可能性もある。ショッキングなのは、この予測が、「1・5℃目標が達成できた場合」を想定していることだ。気温上昇が1・5℃を上回れば、当然被害はさらに拡大する。ILOは、この労働生産性の低下によって貧困の撲滅も困難になるとして、政府や企業は新たな対策を講じる必要があると指摘している。

米国のダラス連邦準備銀行も、気温上昇による各国の労働生産性への影響を試算している。日本の労働生産性への影響を見ると、対策を強化しない場合（気温の上昇が2・6～4・8℃）、1人当たりGDPが2030年にマイナス1・1％、2050年にはマイナス3・7％と試算されている（2100年はマイナス10・7％）[12]。気候変動の影響で労働生産性が下がれば、今後予想される人口減少と相まって日本経済にとって大きな打撃となる。

以上のように、気候変動の物理的リスクは、直接的な気象災害による被害だけでなく、むしろ、損害保険への影響、資産価値の低下、労働生産性の低下など、複合的なものとして捉える必要がある。また、気温上昇の幅が大きくなるにつれて、物理的リスクは大きくなる。よって、まずは1・5℃目標の達成に全力を尽くすことが必要だ。しかし、1・5℃目標が達成できたとしても避けられないリスクもある。物理的なリスクの複合的な影響を理解し、今から対応を検討する必要があるだろう。

2 政策リスク

１・５℃の炭素予算という概念を、実質的な市場や企業への影響に変換する、それが政策だ。また、政策の変化によって、様々な製品やサービスの市場が拡大、または縮小し、企業にも直接的な影響を与える。この、政策変化による企業への潜在的な影響が、政策リスクだ。

日本でも２０５０年カーボンニュートラル[13]、そして２０３０年目標を大幅に引き上げたのはご存じのとおりだ。また、カーボンプライシング（炭素価格付け）と呼ばれる、炭素の排出に対してコストを課す政策の議論も国内外で活発化している。これらの政策は、業界や国によっても異なるが、いずれにせよ市場の変化を通じ、直接的に企業の業績に影響を与えていく。

ここでは、政策リスクの代表例として、欧州の脱炭素化に向けた政策パッケージ「グリーンディール」と、その下で検討が進む国境調整措置、および自動車のＬＣＡ規制について見てみよう。欧州のグリーンディールに注目するのは、それが１・５℃目標に整合する政策転換を意図していること、そして影響が欧州のみならず、日本の企業競争力や産業立地競争力に大きな影響を及ぼす可能性があるからだ（なお、米国の政策も極めて重要だが、本書執筆時点ではその全貌や詳細が明らかでないことから、また別の機会に譲りたい）。

●欧州グリーンディールの概要

２０１９年12月、欧州委員会（欧州連合の行政機関に相当）の委員長に就任したフォン・デア・ライエン氏は、脱炭素化を目指す政策パッケージ「欧州グリーンディール」を発表した。グリーンディールは、２０３０年の温室効果ガス削減目標の引き上げや、２０５０年に向けたカーボンニュートラル[14]への対応（法律、政策、投資等の具体的行動およびロードマップ）の大枠を示したものである。注目すべきは、その野心度の高さ、分野横断の網羅性、そして規模だ。

具体的には、すでに世界で最も野心的とされた２０３０年の目標値（１９９０年比で40％削減）を、55％削減に引き上げ[15]、その実現策として、エネルギー分野はもちろん、産業部門（製鉄やセメント等）、建築・住宅部門、運輸部門（含む海運・空運）、農業・食部門などのほか、脱炭素化で縮小を余儀なくされる石炭産業等における雇用問題への対応までを網羅している。また、２０３０年までの10年間に総額1兆ユーロ（約１３０兆円）を投入するとし、具体的な資金調達スキームを示すほか、カーボンプライシングの拡充や各種税制の改革なども盛り込まれている。[16]

欧州が、このグリーンディールを「新たな成長戦略」と位置付けていることも注目される。グリーンディールは、今後欧州がインフラや制度を大きく転換させることを意味するが、それを域内の繁栄や競争力の強化に結びつけるという明確な意図が読み取れる（ＢＯＸ⑤参照）。補足になるが、欧州委員会がこのような意欲的な政策を打ち出した背景には、フォン・デア・ライエン氏が委員長に就任する約半年前に行われた欧州議会選挙で、緑の党ら意欲的な気候変動政策を支持する政党が躍進したことも影響したとみられている。[17] 気候危機への認知が拡大した結果、政治における優先順位が上がり、政策が前進した具体例と言えるだろう。

●自動車のLCA規制

グリーンディールでは、陸運（自動車・鉄道等）、海運、空運を含む運輸部門全体の脱炭素化も示されており、２０５０年に部門全体のCO２排出量を現在から90％削減、自動車部門は排出をほぼゼロにするという目標が設定されている。

この方針に沿い、すでにEUおよび域内各国は、ガソリン車規制の導入などに動いているが、特に日本でも注目されるのがLCA規制と呼ばれるものである。これは、従来の自動車規制の対象が、燃費や走行時のCO２という「走行時の環境負荷」であるのに対し、それを「自動車の原材料の調達から製造、廃棄に至るまでの環境負荷」に拡大するものだ。欧州委員会は２０２４年以降にこのLCA規制を導入することを目指して検討を進めているが、[18] これが導入されると、日本の自動車産業の競争力はもとより、日本全体の立地競争力にまで影響が及ぶ可能性がある。

なお、欧州の自動車メーカーを中心に、すでにLCA規制への対応を準備する動きも見られるが、規制自体がまだ検討段階にあるため、詳細な内容には明らかにされていない。[19] よってここでは、欧州委員会等で検討に用いられている資料や、欧州の自動車メーカーの動向を参考に、その影響について検討するが、一部推察が入ることをあらかじめご了解いただきたい（実は「LCA規制」という呼称も、正式なものではない)。

まず、LCAという用語について補足しよう。LCAは、ライフサイクル・アセスメント(Life Cycle Assessment)の略である。ライフサイクルは、「一生」を意味し、原料の調達から、製造、使用、廃棄(またはリサイクル)に至る、製品やサービスの全体を通じた環境負荷の評価をLCAと呼ぶ。元々はコカ・コーラ社が、容器の環境負荷の低減に向け「瓶が良いのか、缶が良いのか」を検討する際に用いられたとされる、環境分野ではおなじみの手法だ。

近年、EVへの期待が高まるにつれ、「EVで使う電気が石炭由来の場合、CO2は減らないのではないか」「バッテリーを製造する際に多量のエネルギーが消費されているのでは」などの疑問が出てきている。それらへの対応として、車体やバッテリー等の設備からガソリン・電力などの動力源に至るまで、その製造から廃棄までの全過程のCO2を評価するLCAが求められているのだ。

欧州委員会では、2020年に自動車のLCAについて約450ページにわたる詳細な報告書をまとめている。報告書では、①自家用車・トラックなどの種別、②ガソリン車・ハイブリッド車・EV・燃料電池車などの種別、で様々な車種を分類し、それぞれ車両製造、燃料製造、走行、廃棄処理の各プロセスから排出されるCO2を総合評価している。また、EVについては、EU各国の電力事情を勘案した国別評価や、今後電力が再エネにシフトすることを織り込んだ2030年、2050年時点の評価など、様々な想定での評価を行っている。

図3-1　ライフサイクルアセスメント（LCA）から見たCO2規制の対象

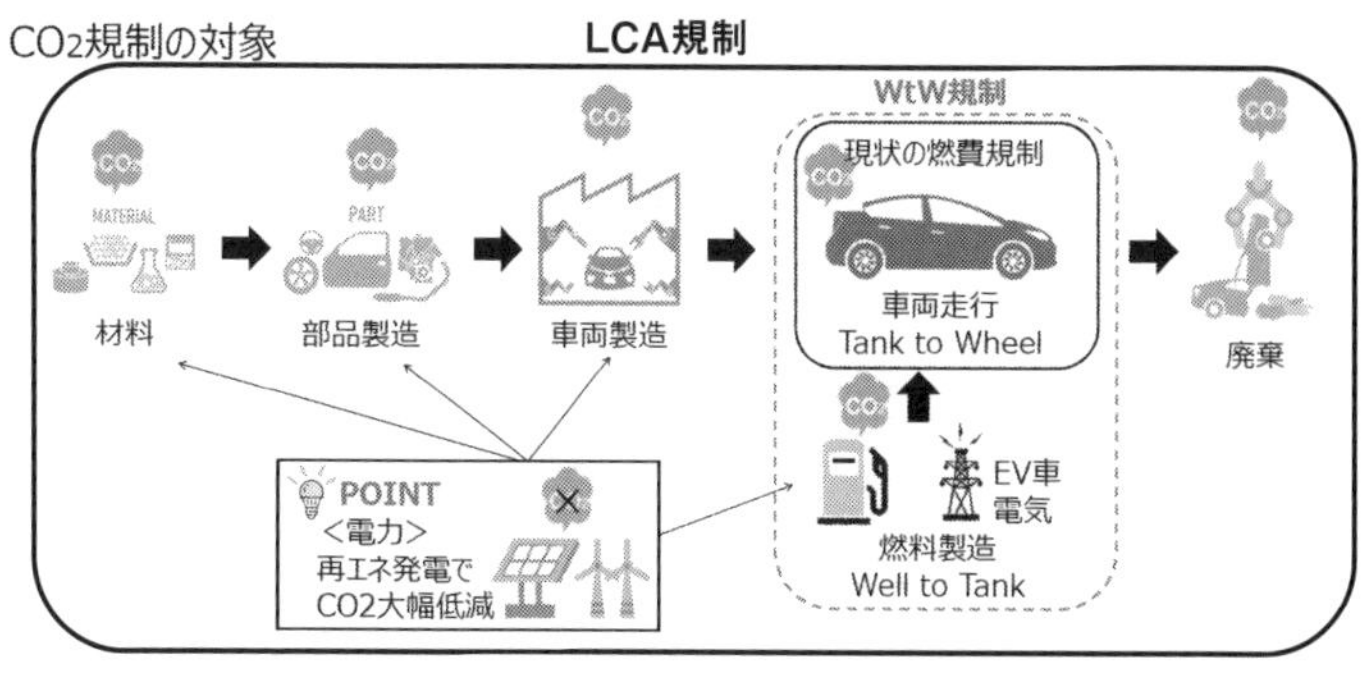

出典：経済産業省2030年モビリティービジョン検討会資料（2020年９月）『2030年に向けたトヨタの取組みと課題』

評価の結果を見ると、ライフサイクル全体で最もＣＯ２が少ないのはＥＶで（一般的なガソリン車に比べ半分弱程度）、次いで燃料電池車、ハイブリッド車の順になっている（ＥＵ平均）。ライフサイクルの各プロセスで見ると、ガソリン車はガソリンの製造時と走行時、ＥＶは車両製造時と電力発電時のＣＯ２が大半を占める。ＥＶは、車両製造時のＣＯ２はガソリン車の約２倍だが、走行時のＣＯ２がほぼゼロであることから、トータルで優位という結果だ。また、電力の脱炭素化が進展する２０３０年時点では、ＥＶのＣＯ２排出量はさらに半減すると推計されている[20]。

欧州委員会は、これらの評価も踏まえつつ、ＬＣＡ全体のＣＯ２排出量に規制基準を設けることで、自動車部門の脱炭素化を進める意向とみられる。具体的には、２０２３年までに規制の内容を検討し、２０２４年以降に何らかの規制を導入する見通しだ[21]。

図3-2　欧州系自動車会社のライフサイクル・アセスメント(LCA)に関連する対応

企業	対応
BMWグループ(ドイツ)	自動車1台当たりのサプライチェーン全体のCO2排出量を2030年までに20%削減するなど、ライフサイクル全体でCO2排出量を削減するための目標を設定。
ダイムラーグループ(ドイツ)	2039年から販売する乗用車のCO2排出実質ゼロを発表。サプライヤーにもカーボンニュートラル実現を求め、2039年に未達の企業はサプライヤーから除外する方針。
フォルクスワーゲン(ドイツ)	"グリーンアルミニウム"の採用、新車製造に関わるサプライヤーの選定にあたり、CO2排出量を勘案。2050年までに自動車製造を含むサプライチェーンのCO2排出をゼロにする。
ルノーグループ(フランス)	自動車のライフサイクルのカーボンフットプリントを2022年までに2010年比で25%減、自動車使用時のCO2排出量を2030年までに50%削減。
ボルボ・カーズ(スウェーデン)	自動車のライフサイクルにおけるCO2排出量を2025年までに40%削減。2040年までに気候中立を目指す。

出典：各社ウェブサイトを参考に地球環境戦略研究機関(IGES)作成

なお、EVのバッテリーには先行してLCA規制を導入する見込みで、LCAベースのCO2排出量の開示義務化(2024年以降)、CO2排出量上限の設定(2027年以降)などの計画をすでに発表している。[22]

これを受け、欧州系の自動車会社も準備を始めている。ドイツのダイムラーグループは、同社に素材や部品を納入するサプライヤーにカーボンニュートラルの達成を求め、2039年時点で未達の場合は取引から除外すると発表した。他の自動車会社もサプライチェーン全体の脱炭素化への対応に次々に乗り出している(図3-2)。

【BOX④　EVと燃料電池水素自動車の棲み分け】

筆者は自動車の専門家ではないが、脱炭素の文脈におけるEVと燃料電池車の棲み分けについての議論を紹介しておこう。日本では燃料電池車への期待も高いが、燃料電池に用いる水素を脱炭素化するには、やはり再エネが必要である。この場合、まずは再エネ電気を使って水素を作り、さらに自動車走行時に水素を電気に変換することになる。つまり、再エネ電気を直接動力に変えるEVに比べ、エネルギー変換の工程が二つ多くなる。エネルギーは他の形態に変換するたびにロスが生じるため、燃料電池車はエネルギー効率の面で不利にならざるを得ない。工程が増え、エネルギー効率で劣るということはコスト面でも不利になる。水素については、価格の安い豪州の褐炭（低品位の石炭）を用いて安価に製造する構想もあるが、褐炭からCO２を取り除く過程でコストが高いCCSを用いるため、再エネに比べると価格競争力に劣るというのが大方の評価だ。仮にCCSを用いずに褐炭から水素を作ると、ガソリン以上にCO２排出が増え、意味がなくなってしまう。よって、EVで代替できる軽量・近距離輸送（乗用車、バス等）はEVに、EVでは対応が困難な大型・長距離輸送（大型トラック等）は燃料電池車に、という棲み分けが進むというのが一般的な議論だ。この考え方自体は、炭素予算を踏まえた、経済的、工学的な合理性の帰結であるため、日本でも同様の棲み分けが進むと考えるのが自然だろう。

なお、脱炭素化におけるハイブリッドカーの役割についても議論があるが、高効率石炭火力発電と同様、炭素予算の観点からはガソリンを用いる限りハイブリッドカーであっても１・５℃目標には整合しないだろう。内燃機関を用いる自動車が１・５℃目標に整合するためには、ガソリンではなくC

O2を排出しない新たな燃料を用いるなど、これまでとは次元の異なる対応が必要だ。あと10年が勝負という気候変動の緊急性に鑑みると、輸送手段の脱炭素化には、スピード感をもってEVに転換し、同時に再エネ拡大を急ぐことが妥当だろう。

このLCA規制がもたらす日本企業への影響を考えてみよう。LCA規制と並行して、すでにガソリン車の販売禁止への動きも進んでいることを踏まえると、走行時のCO2排出はゼロに近いレベルを想定した基準が設定される可能性がある。再エネ電力への転換が進む欧州では、EVに再エネを用いることで走行時のゼロエミッションを達成する方向とみられるが、いずれにせよ走行時の排出をゼロにできるような選択肢は今のところEV（大型車両では燃料電池車）が最有力であり、この点からもEVシフトは避けられないだろう。この部分は比較的分かりやすい（EVと燃料電池車の棲み分けについてはBOX④参照）。

問題は製造時のCO2だ。EV化で走行時の排出をゼロにしても、その車体やバッテリーを作る際に多量のCO2を出していればLCA基準は満たせない。日本の電力は石炭由来のものが多く、したがってCO2を多く排出するが、この状態ではEVや燃料電池自動車でも、日本で製造する限りは基準を満たせなくなる可能性がある。車種にかかわらず、日本製の自動車が欧州市場で販売できなくなるというリスクが生じるのだ。

また、単に製造時の排出を削減すればよいという話でもない。排出基準のクリアは市場に参入する条件であり、参入した後には海外メーカーとの激しい競争がある。仮に日本で自動車を製造する際に再エネを用いることで規制をクリアしたとしても、そこで用いる再エネのコストが高ければ、国産車の価格競争力に影響する。つまり、ＬＣＡ規制が入ると、「ＣＯ２削減（そしてゼロ）を、いかに安いコストで実現できるか」が、競争力の変数になるのだ。

日本では、主なＣＯ２削減手段である再エネのコストが未だ高い（欧州に比べて約2倍強[23]）。対する欧州は着々と再エネ化を進め、すでに最安電源が再エネという国が増えている。また、２０２０年の欧州再エネ比率は約40％に達し、２０３０年には50～60％を実現するとみられ[24]、これに伴い、再エネの価格もさらに安くなる可能性もある。欧州以外でも、米国、中国などで、すでに再エネが最安電源となっている（図３－３[25]）。

このことは、日本という国が、製造拠点の立地として不利になりつつあることを示唆している。実際、日本の自動車産業が、再エネが安い地域に流出しかねないとの懸念も聞かれる。日本自動車工業会の豊田会長（トヨタ自動車社長）は、２０２１年3月の記者会見で、「ＬＣＡでの評価が進めば、特に輸出用の自動車について、再エネ導入が進んでいる国や地域への生産拠点のシフトが予想される」「日本の再エネ導入が進まなければ、最悪、４８２万台の自動車生産、70万～１００万人の雇用に影響が出る可能性がある」と強く警鐘を鳴らした[26]。ＬＣＡ規制の影響は、自動車会社のトップが懸念するまでに現実味を帯びている。

なお、このＬＣＡ規制への対応は、自動車会社だけなく、部品や素材を納入する企業にとっても重要な課題となっており、各社が対応を急いでいる状況だ。[27]

ここまでの議論をまとめよう。自動車のLCA規制は、各国の脱炭素化の進展度（再エネをはじめとするCO2ゼロで生産を行う基盤の優劣）を自動車の製造コストに転化する。したがって自動車関連企業は、安価な再エネが入手できる場所に生産拠点を求めるようになり、各国の立地競争力にも影響を及ぼす。これが、LCA規制が持つ含意である。言うまでもなく、自動車産業（素材や部品を含む）は日本の主力産業である。欧州向けに限っても、自動車産業の輸出額は、毎年約2兆円に上る。[28]

ここでは欧州の例を取り上げたが、米国、中国でもEV化やLCAを基準とした政策の議論が進んでおり、この潮流の日本への影響は重要な意味を持つだろう。

なお、政策とは別に、民間企業が牽引する形で、製品やサービスのライフサイクル全体のCO2をゼロにしようという動きも出てきている。アップルやユニリーバらをはじめとする大手グローバル企業が、自社のサプライヤーに再エネ100%化を求め始めており、LCA規制に対応する欧州自動車会社による同様の動きとも相まって、大きな潮流となっている。これら取引先に脱炭素化を求める企業による日本企業との取引額の合計は、年間7・5兆円に上るとも言われ[29]、すでに多くの日本企業が再エネ調達を要請されている。

脱炭素政策の進展の度合いが、各国おけるCO2削減コストを左右し、それが企業競争力、そして

図 3-3　各国の最安電源（金額は 1 千ｋ W 当たり。2020 年時点）

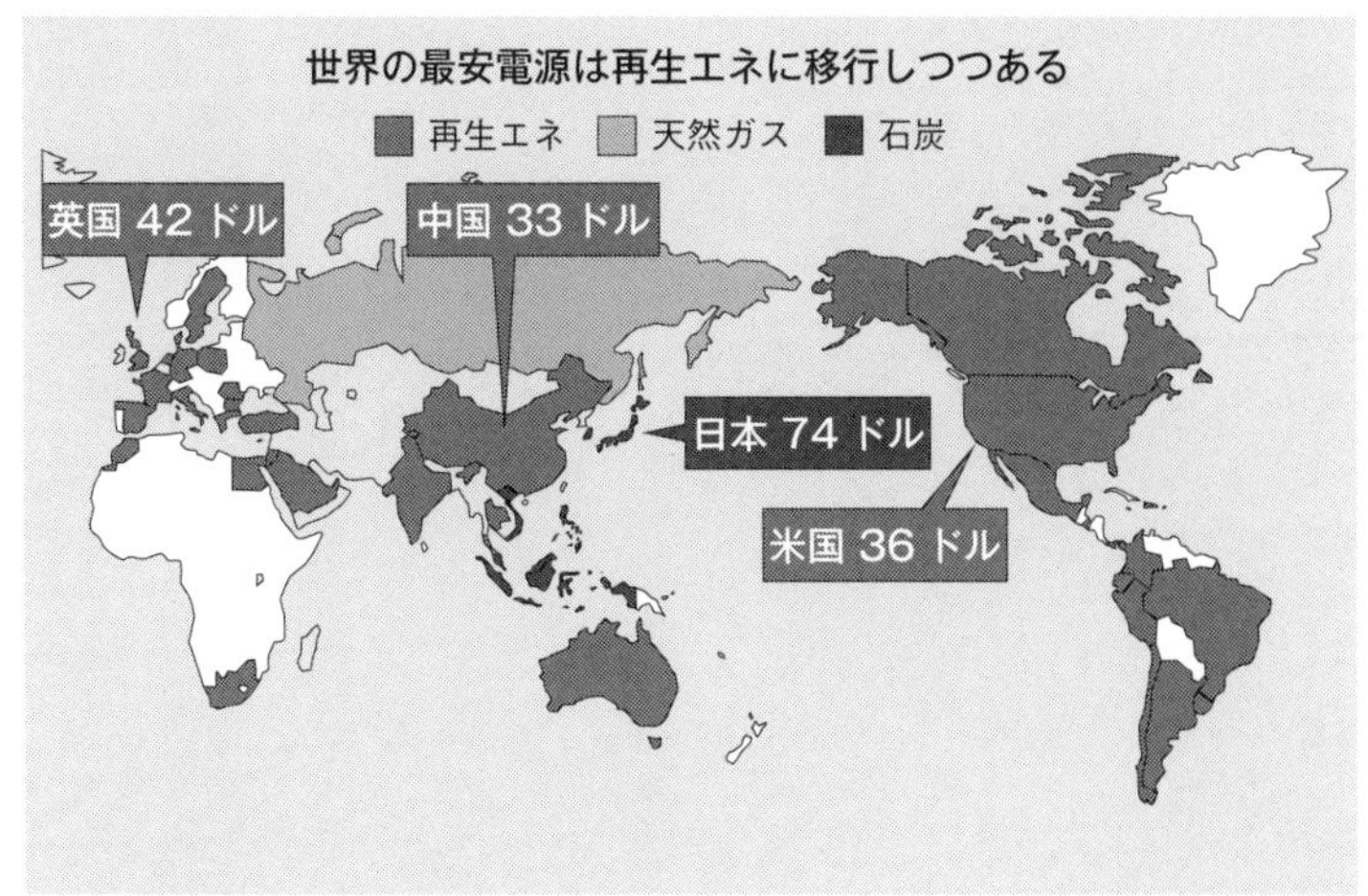

（注）金額は1000キロワット時あたり、白はデータなし
出典：ブルームバーグを参考に日本経済新聞社作成

図 3-4　各国の電力 1kWh 当たり CO2

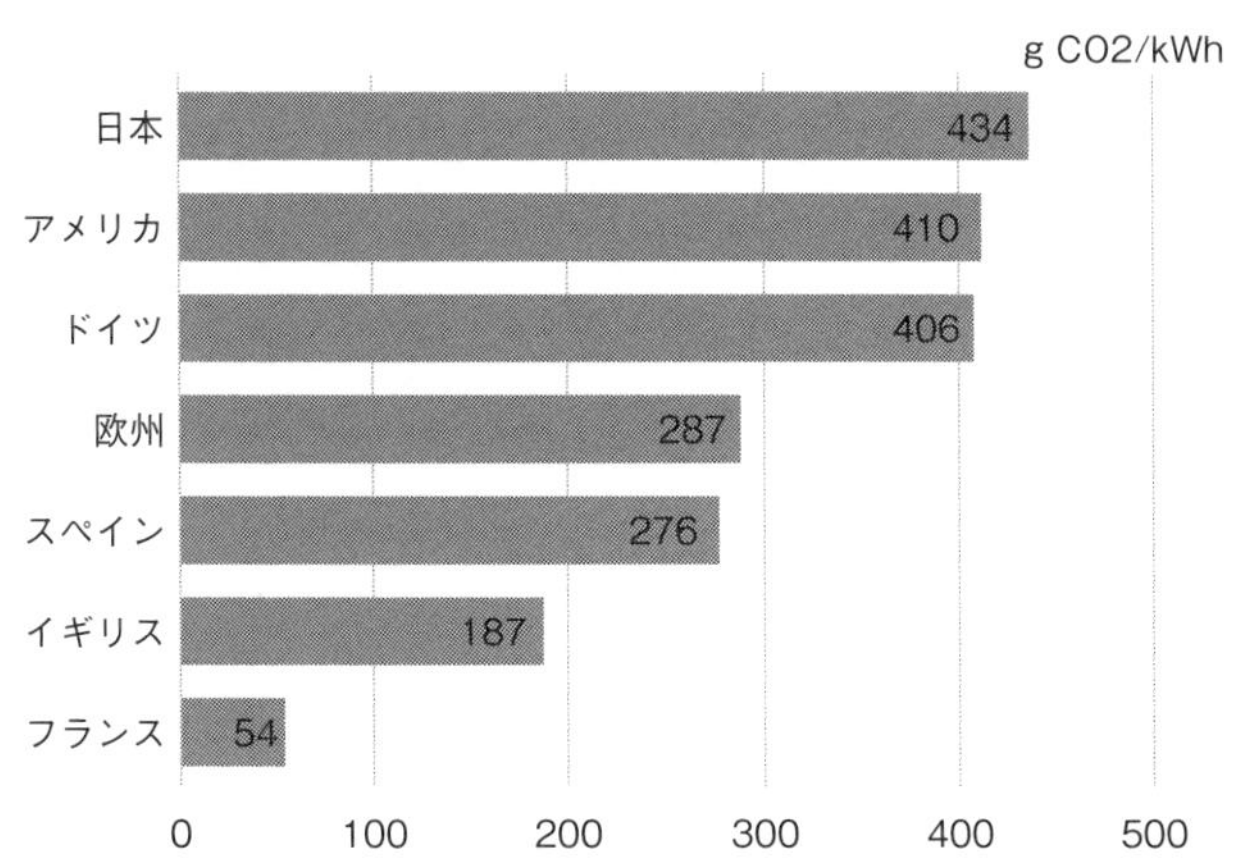

出典：ブルームバーグNEF（2021年3月31日）『世界の脱炭素　変化とスピード　経済対策としての脱炭素』

立地競争力に影響するのである。

【BOX⑤ 気候変動政策は、欧州のビジネス戦略なのか】

欧州の意欲的な政策が日本で報じられるにつれ、一部で「気候変動政策は欧州のビジネス戦略である」という議論を目にするようになった。それらは、欧州自身が先行する脱炭素分野で自分たちに有利なルールを作ろうとしているなどを主張するものが多い（「欧州の良からぬ企み・陰謀」というニュアンスの議論も少なくない）。

このような意見に対する筆者の見解はこうだ。欧州が脱炭素化を自らの強みに結びつけようとしているのは事実だ。これは陰謀と言わずとも、グリーンディールをはじめ様々な文章に公に書かれている。また、欧州がルール作りを先導しようとしているのもそのとおりだろう。しかし、彼らがルール作りの根拠としているのは、炭素予算を含めた気候変動の科学等であることは認識すべきである。さらに、欧州自身が脱炭素化を進める上で痛みを伴う改革を進めていることも忘れてはならない（タクソノミーは炭素予算を踏まえた基準となっているし、グリーンディールでは痛みを伴う改革で影響を受ける人々の救済策に予算が組まれている）。

そもそも、国家間や企業間では、競争は通常の状態である。重要なのは、現在「科学の声を踏まえた気候危機への対応と、自らのビジネス利益を合致させたものが勝者になる」という競争の土俵（ルール）ができつつあり、それを主導しているのが欧州であることだ。実際、1・5℃目標に整合した政策の導入が進むにつれ、ＣＯ２を出さないバリューチェーンを構築できた企業や国は優位になるだろう。しかし、そのこと自体には、世界の多くが賛成する「大義」がある。筆者は、数多くの海外の企業と対話を重ねるにつれ、彼らの気候変動に対する危機感と、それを競争力に繋げるというしたたかさを目の当たりにし、「脱炭素という大義と、自らのビジネスを合致させた企業が勝つ」という新たな競争軸の到来を肌で感じている。

日本がこの競争においてどう振る舞うべきかの議論は本書の範疇を超えるが、欧州勢のルールの背景や根拠を理解して損はない。「敵を知り己を知れば百戦危うからず」である。

●国境炭素調整措置（国境炭素税）

グリーンディールで注目されるもう一つの政策が、国境炭素調整措置（Carbon Border Adjustment Mechanism　国境炭素税などとも呼ばれる）である。フォン・デア・ライエン欧州委員長は、グリーンディールを発表した際に、脱炭素化とＥＵの競争力を両立させる重要政策として国境炭素調整措置に言及し、注目を集めた。

この国境炭素調整措置を理解するには、背景となるカーボンプライシングと、それに付随する懸念事項である炭素リーケージについて理解することが必要だ。まずはそちらから説明しよう。

●背景①カーボンプライシング（炭素価格付け）

カーボンプライシングとは、排出されるＣＯ２に課金することを通じ、〝ＣＯ２を出さないこと〟に対する経済的なインセンティブを働かせ、社会全体で費用効率的に削減を進めるための経済政策である。代表的なカーボンプライシングには、炭素排出当たりの課金額を設定する「炭素税」と、炭素排出量の上限を定め、その上限を超えないように排出枠を取引する「排出量取引」があるが、それぞれの詳細は割愛し、ここではカーボンプライシングの意義や大枠について簡単に説明する。なお、理解を容易にするために、ここでカーボンプライシングと言った場合は、炭素税をイメージしていただくとよいだろう。

カーボンプライシングが必要な最大の理由は、それがＣＯ２を出さない行動を経済的に報いる仕組みだからである。１９９７年に京都議定書が合意されて以降、日本では、国民に削減を呼びかける「チームマイナス６%」（クールビスはこの時に始まった）や、経団連の自主行動計画などに代表されるよう、市民や企業の自主的な努力によってＣＯ２を削減するという考え方で対策が行われてきた。一方で、実際のＣＯ２などの排出は、京都議定書発効以降も２０１３年まで継続して増加し、最近になってやっと減少に転じたという状況だ。ＣＯ２削減が本格的に叫ばれ始めた１９９７年以降の20年間で、日本の排出量は約３%しか減っていない[30]。客観的に見て、「失われた20年」と呼ばれても仕方ない状態だ。実際、ＣＯ２削減の現場を担う省庁や企業の環境担当者らからは「消費者がＣＯ２の少ない製品やサービスを通常より高い価格でも買ってくれればよいのだが、なかなかそう上手くはいかない……」「様々な啓発活動をやってきているが、結果としてＣＯ２は必ずしも減っていない……」という〝ぼやき〟もずっと聞かれてきた。市民や企業の気候危機への認知は非常に重要だが、企業も消費者も基本的には経済原理で行動するのもまた事実だ。相田みつを氏ではないが「人間だもの」である。

また余談だが、ＪＣＬＰが２０１５年のＣＯＰ21を視察した際、イベントに登壇していたユニリーバ社のポール・ポールマン会長（当時）は、「消費者の意識に逃げるな」と語っていた。当時、一部で脱炭素化が進まないことを消費者の意識の低さに求める議論も少なくなかったが、世界有数の一般消費財メーカーのトップが、消費者意識に頼る考えに警鐘を鳴らしていたことは非常に印象深く、今でも覚えている。

これらの現実を直視した上で社会全体を脱炭素に方向づけるためには、やはりＣＯ２の排出削減に対する経済的インセンティブを創り出す仕組みが必要なのである。カーボンプライシングは、企業や消費者が自らの行動に伴って排出されるＣＯ２の量に応じてコストを支払う制度であり、人や企業が持つ経済合理性と、脱炭素化への行動とを一致させる。その結果、企業も脱炭素製品やサービスの開発に投資しやすくなり、消費者は排出が少ない製品を価格的にも選びやすくなる。

例を挙げよう。ある食品製造企業が年間１００ｔのＣＯ２を出している。主な排出源は熱源としてのボイラーだ。現在使っているボイラーは、価格は最安だが、省エネ性能はやや悪い。そこに炭素税が課されると、この企業は、従来の設備費用、燃料費に加えて、炭素税を含むコストをボイラー関連費用として計上するようになり、次の設備更新では炭素税を加味したトータルコストが最小となる選択肢を選ぶだろう。

この際、炭素税導入以前は割高だった高効率ボイラーが最安となるケースも出てくる。無論、トータルコストで高効率ボイラーが割高なら導入されないが、高効率ボイラーが選ばれるケースは以前より確実に増える。また、ボイラー製造企業にも変化が起こる。これまでは限られた顧客にしか売れなかった高効率ボイラーだが、炭素税導入後はより多くの顧客に売れるようになる。そうすると、「これからは高効率ボイラーが売れ筋になる」という状況が生まれ、ボイラーメーカーはより多くの経営資源を高効率ボイラーに投じるだろう。その結果、さらなる技術の改善やスケールメリットによる価格低下が進み、より幅広い顧客が高効率ボイラーを購入できるようになる。この例のように、価格インセンティブの付与をきっかけに、脱炭素に向けた好循環を創出するのがカーボンプライシングだ。

また、費用対効果が優れる順に対策が導入される（社会全体で効率的な削減が実現できる）ことや、環境政策の基本的な考え方である汚染者負担原則（ＢＯＸ⑥参照）にも合致するため、カーボンプライシングは脱炭素化の実現に向けた中核的な政策と考えられている。

【BOX⑥　汚染者負担原則】

環境政策の基本的な考え方に、「汚染者負担原則（Polluter-Pays Principle）」がある。これは、環境に影響を及ぼす物質等を排出する主体がその対策の費用を負担すべきという考え方で、元々は公害問題への対応という文脈で１９７２年にＯＥＣＤが提唱したものだ。この考え方が提唱された背景には、公害対策を課す国とそうでない国で企業の負担に差が出てしまうと、国際競争上の不公平が生じるという問題意識があった。近年、この原則が気候変動にも適用されつつあり、ＣＯ２を排出する主体が費用を払うという考え方を補佐するものとなっている。現在の国境調整措置の議論にも通じる原則と言えよう。

余談だが、日本では再エネを調達する際に「非化石証書」などを購入する必要があるが、これは、「脱炭素化への行動をしない人や企業は、費用を払わない」ということである。逆に言えば「脱炭素に努力する人や企業が、追加的なコストを支払う」ということである。削減する企業だけが自主的にクレジットを購入することも同様だ。これは汚染者負担の原則に反するほか、「脱炭素に向けて努力をするほど、コストがかさむ」という構造である。

カーボンプライシングによって脱炭素製品やサービスが経済合理性を持つように誘導し、イノベーションや市場の活性化を図る国が増加する中、日本では逆のインセンティブが働いている。このことは、日本が再エネなどで海外から後れを取っている大きな要因の一つであろう。

●背景②炭素リーケージ

カーボンプライシングは、直感的には企業にとってコストアップ要因と捉えられるため、特に産業界からは様々な批判や懸念も少なくない。その代表的なものが炭素リーケージの問題だ[31]。炭素リーケージとは、企業らがカーボンプライシング等の厳しい政策を導入した国を敬遠し、より政策が緩い国へと生産拠点などを移転してしまう現象だ（リーケージとは〝漏れること〟を意味する）。一見すると企業が悪者に見えるこの現象だが、国際競争に晒される業種ほど、「否応なく行わざるを得ない」という状況に置かれるのも事実だ。この炭素リーケージによって、カーボンプライシングを率先して導入した国が不利になるという懸念は根強い（日本でも主要な経済団体が、炭素リーケージへの懸念を主な理由としてカーボンプライシングに対して消極的な立場を取ってきている[32]）。

無論、企業が生産拠点をどこに置く（移転する）かは、当該国の政情、市場規模、土地代、人件費のレベルなど様々な要素から総合的に判断され、エネルギーや炭素コストのみによって生産拠点を移すという判断が下されることは極めて例外的と言える。実際、炭素リーケージが起こっているかどうかを確認するため、過去多数の学術的な分析が行われているが、これまで炭素リーケージが実際に起こったという事例は確認されていない[33]。

しかし、欧州のように今後さらにカーボンプライシングを強化しようという場合には、やはりこの問題への懸念は付きまとう。特にエネルギー多消費産業や、製造プロセスで多量のＣＯ２を排出する鉄鋼やセメント業などでは、工場の移転、またはそこまで行かずとも生産量の調整等を行うなど、何らかの形で炭素リーケージが起こる懸念は大きい。

筆者が初めて炭素リーケージへの懸念を直接耳にしたのは、２０１９年にスウェーデンの大手鉄鋼会社ＳＳＡＢの幹部の話を聞いた時だ。重厚長大産業の脱炭素化を検討するエネルギー移行委員会[34]のメンバーでもあるＳＳＡＢは、２０３５年までに水素還元法によるＣＯ２を排出しない鉄鋼を商用化することを目指し実証炉の建設を始めた（実証炉は２０２０年に稼働済み。２０２１年に世界初の本格的なプラント建設を開始）。一方で、水素還元法は、従来の製法に比べてコストが増加し、競争力への懸念がある。

試算によれば、ＣＯ２を出さない鉄鋼がコスト競争力を持つには、１ｔのＣＯ２に対して約60ドル[35]（日本円にして約６０００～７０００円）の課金が必要とされる。従来型の鉄鋼１ｔ当たりのＣＯ２排出量[36]と、現在の鉄鋼価格[37]を参考に推定すると、脱炭素型の鉄鋼は、従来型のものに比べ、おおよそ２割ほど割高になる計算だ。これは、価格競争の点からは相当なインパクトだろう。

カーボンプライシングの強化を見据えた場合、国際競争に晒され、かつ炭素排出が大きい業種にとっては、炭素リーケージへの懸念は現実味を帯びてくる。なかなか厄介な問題である。各国が協調してカーボンプライシングを導入すれば炭素リーケージも起こらず、気候危機も防げるのだが、個別の利害で見れば、「自国だけはカーボンプライシングを導入しない」という選択がプラスに「見えて」

しまう（結局は気候危機が顕在化し、皆が被害を受けるのだが）。

炭素リーケージは、各人（各国）が利己的に行動すると、結果として他人と協力したときよりも悪い結果を招いてしまうという、ゲーム理論でいう囚人のジレンマの問題だ。この場合、構造を変えるような何らかの対応がなければ、残念ながら全体の利益を損なう結果（ここでは気候危機）に否応なく行きついてしまう。

似たような現象として、各国の法人税などの引き下げ競争がある。これは、企業が税率の低い国に本社や工場を移転することで税負担を回避するという行動をとり始めたため、各国が法人税等を下げる方向で競争してしまい、結果として税収が落ち込み、必要な財源の確保が困難となるといった問題だ。奇しくも現在、コロナ対応、そして脱炭素への巨額の政府支出の必要性から、米国らが主要国に対して国際的な最低法人税率を定めるなどの協調行動を呼びかけている[38]。

なお、この件でリーダーシップを取っている米国のイエレン財務長官は、法人税引き下げによる消耗戦を「底辺への競争（Race to the Bottom）」と称しているが、言いえて妙であろう。問題の構造は、炭素リーケージも同じである。

●炭素リーケージへの対応策：国境炭素調整措置

このカーボンリーケージ問題の打開策が、「国境炭素調整措置」である。制度の概要はこうだ。仮にA国の炭素税が1t当たり1万円、A国の貿易相手であるB国は0円（炭素税なし）としよう。こ

図3-5　国境炭素調整措置の仕組み（イメージ）

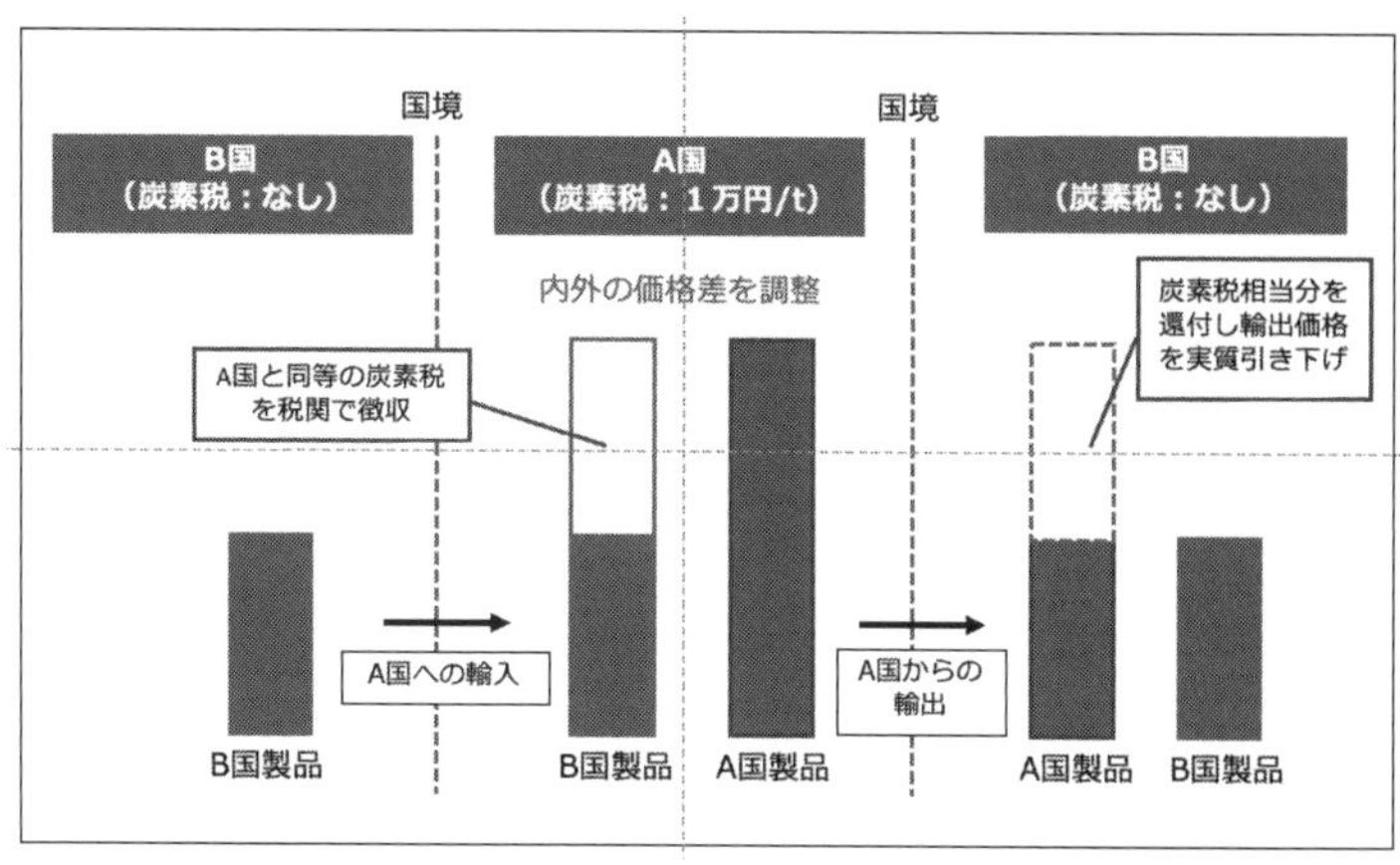

出典：ICHINOYA LLC（2021）『EU 炭素国境調整措置の概要と鉄鋼業界に与えうる影響』を参考にIGES作成

の状態を放置すればＢ国の製品のほうがコスト上有利になり、炭素リーケージのリスクが高まる。仮に炭素リーケージが起こらずとも、Ａ国で生産された製品はＢ国製の製品より割高になるだろう。

これではいずれＡ国内の市場はＢ国の製品に席巻される。そこでＡ国は、Ｂ国製品を輸入する場合、その製品が製造時に排出したＣＯ２に対してＡ国と同等の炭素税を税関で徴収し、Ａ国市場における競争条件をそろえるのだ。逆のパターンも同様である。Ａ国製品をＢ国に輸出する場合は、輸出時に炭素税相当分を還付し、同じ条件で戦えるようにするのだ（図３−５）。

国境炭素調整措置には注目すべきもう一つの肝がある。これは、Ｂ国からの輸入品に課させる国境での課金収入は、Ａ国政府に入ることだ。厳密には制度設計次第だが、仕組み上はそうなると考えられる。この場合Ｂ国は、自国で炭素税を課した場合に得られる収入をＡ国に奪われることとな

図3-6　EU国境炭素調整措置導入までのタイムライン

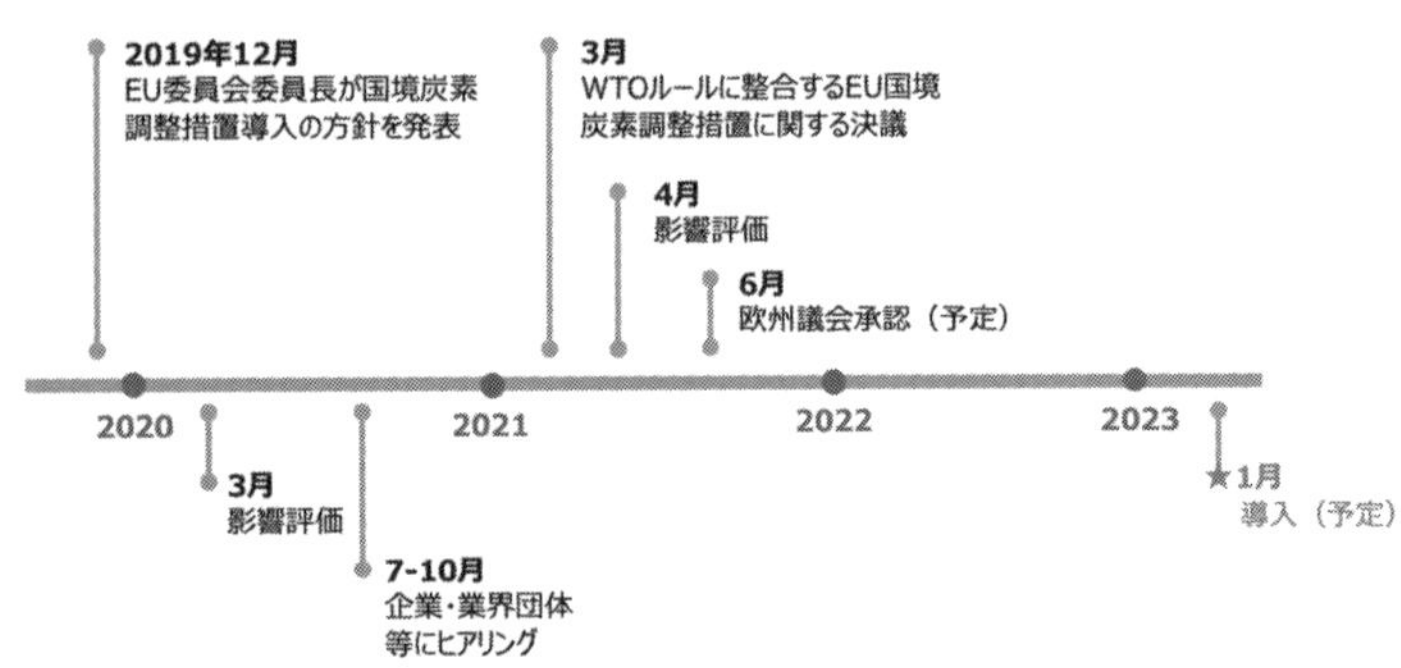

出典：ICHINOYA LLC（2021）『EU 炭素国境調整措置の概要と鉄鋼業界に与えうる影響』を参考にIGES作成

る。炭素リーケージの話では、自分だけ政策を導入しない場合に得になるという構図だったのが、国境炭素調整措置が入ると、政策を導入しないと損になる。まさに囚人のジレンマの構造が逆転する。そうすると今度はドミノ倒しのように各国が政策を導入するという効果も期待される。

欧州委員会は２０１９年10月に、グリーンディールの一環として国境炭素調整措置を正式に提案した。現在はＷＴＯとの整合や対象とされる業種等の様々な論点で検討が進められており、より具体的な制度案を２０２１年中に提示し、その後立法化を経て、２０２３年の導入を目指すとしている（図３－６）。

改めて確認すると、ＥＵもまだ制度の詳細は検討中の状態だ。また、この制度を実際に導入、運用することの難易度は非常に高いという懸念も多々聞かれる。どうやって輸入品のCO_2排出量を計算するのか、ＷＴＯとの整合をどう取るのか（ＢＯＸ⑦参照）など課題は山積だ。

一方で、国境炭素調整措置の必要性に同意する声も増えている。先述のＳＳＡＢとの対話に同席されたエネルギー移行委員会のアデァア・ターナー会長は、英国産業連盟（日本の経団連に相当）の会長や英国金融庁長官を歴任したトップ経済人だ。そのターナー会長は、自身は必ずしも専門家ではないと前置きしつつも、「国境炭素調整措置は、ＷＴＯと整合する形での導入が可能であろう。仮に現時点でＷＴＯとの整合が図れないのであれば、ＷＴＯのルールを改正すべき」と語られていた。

また、国際通貨基金（ＩＭＦ）専務理事のゲオルギエワ氏はＥＵのグリーンディールに関連し、「生産地に関係なく同一製品には同一の炭素価格をつけることで、ＥＵから基準の緩い国に排出が移転されることが避けられる」として導入に理解を示している。[39]

米国でもバイデン氏が大統領選の公約にＥＵの国境調整措置と同等の制度の導入を掲げており、現在は米国通商代表部で検討が始まる模様だ。[40] また、ドイツ政府は、国境炭素調整措置とは異なる形で炭素リーケージを防止すべく、米国、日本、中国らとともに共通の対策を実施する「気候クラブ」の結成をＥＵに提案したと報じられている。[41]

これらはすべて、政策の強化とそれに伴う囚人のジレンマという構造問題を解決するための動きだ。この潮流は今後も強まると考えられ、それに伴って国際的な政策強化が加速し、企業への影響も顕在化していくことが予想される。

●欧州グリーンディールに見る政策リスクの含意

ここまで、EUのグリーンディールにおける二つの政策を見てきた。これらの事例から得られる、政策リスクの含意をまとめてみよう。

LCA規制や国境炭素調整措置は、その影響が他国にも及ぶという性質を有する。また、国境炭素調整措置は、これまで政策の前進を阻んできた構造的問題をクリアすることで、各国の政策導入スピードを加速する。これは、1・5℃目標の達成に整合しないような製品は、市場に参入できない（または参加できてもコスト競争力を失う）という潮流であり、まさに「ゲームチェンジ」と呼ぶにふさわしい。

日本は、質の高い労働力や技術力を強みに、自国で作った高品質の製品を世界に輸出してきているが、今後は、競争のファクターとして、「脱炭素」という要素が加わってくることに備える必要がある。

元WTO事務局長であるパスカル・ラミー氏は、国境炭素調整措置をテーマとした会合で、WTOと国境炭素調整税は整合しうると主張するとともに、現在起こっている変化の本質を次のように述べている。「貿易は、今後20年間、気候変動政策により再構築されるだろう。過去、石油価格や、中国の賃金レベルによって国際的な製品価格が変化したように、今後は炭素価格が主な価格変動要因になるだろう。炭素の価格が、製品の価格を再構築するのだ」。
競争力が脱炭素というファクターで再定義される。それが政策リスクの持つ含意である。

【BOX⑦　国境炭素調整措置とWTOの整合性について】

国境炭素調整措置は、新たな貿易摩擦に繋がるとの懸念もある。特に注目されているのが自由貿易体制の維持と発展を目指す「WTOルールとの整合性」である。

WTOでは、貿易制限の正当化事由として「公徳」や「天然資源の保護」等が認められているが、国境炭素調整措置がこれに当たるかは現時点では明確になっておらず、現在も検討が続いている。また、仮に「気候変動の回避」が正当化事由に該当しても、同ルールではその乱用を防ぐ観点から、「恣意的もしくは正当と認められない差別待遇や国際貿易の偽装された制限」に当たらないことを条件としている。[1]

各国や専門家の反応も様々だ。国境炭素調整措置の対象となる可能性がある国は、環境保全の名を借りた保護主義であるとして反対姿勢を示しており、実際、中国や、トランプ政権時代の米国は、国境炭素調整措置の検討を牽制している。

一方、国境炭素調整措置はWTOと整合する形で実施できるという専門家の声もある。本文でも言及したパスカル・ラミー元WTO事務局長は、「保護主義ではなく、予防的措置だ」としているほか、かつてＷＴＯ米代表を務め、現在はジョージタウン大教授であるヒルマン教授は、米国内での炭素税の導入を前提に、「国内企業の炭素税負担を超えない範囲で輸入関税を課すことでＷＴＯルールに違反しない」旨を提言している。[2]

ＥＵは、ＷＴＯとの整合性の課題を認識した上で、「この制度は排出削減に取り組む域内企業の生き残りに直結する。また、世界全体で排出量を削減するために必要な措置である」[3]と主張し、輸入製品への炭素課金を、ＥＵ排出量取引制度の排出権価格以下に抑えることで、国内企業優遇とならないような仕組みを考案するなど[4]、ＷＴＯとの整合性を重視した検討を進めている。

この問題の結論はまだ見通せないが、ＷＴＯに参加する各国で気候変動対策の優先度が上がっていることを踏まえると、国境炭素調整措置の導入が許容されるか、そうでなければ各国が足並みをそろえて炭素税の導入を進めるなど、何らかの形で国際的な政策の前進に繋がる可能性は高いのではないだろうか。

---

1 経済産業省（２０２０）『２０２０年版不公正貿易報告書　第Ⅱ部ＷＴＯ協定と主要ケース　第４章　正当化事由』URL:https://www.meti.go.jp/shingikai/sankoshin/tsusho_boeki/fukosei_boeki/report_2020/honbun.html

2 Flannery, B., Hillman, J.A., Mares, J., Porterfield, M.C. (2020) *Framework Proposal for a US Upstream GHG Tax with WTO-Compliant Border Adjustments: 2020 Update*, Resources for the Future, URL:https://www.rff.org/publications/reports/framework-proposal-us-upstream-ghg-tax-wto-compliant-border-adjustments-2020-update/（閲覧日：２０２１年４月13日）

3 Kate Abnett (19 January, 2021) *EU sees carbon border levy as 'matter of survival' for industry* Reuter URL:https://

www.reuters.com/article/us-climate-change-eu-carbon-idUSKBN29N1R1 (Accessed: 2021.4.13)

4　Isabelle Gerretsen (17 September, 2020) *IMF endorses EU plan to put a carbon price on imports Climate* Home News,URL.https://www.climatechangenews.com/2020/09/17/imf-endorses-eu-plan-put-carbon-price-imports/ (Accessed: 2021.4.13)

●リスクの裏側にあるチャンス

ここまで、政策リスクの負の面について述べたが、リスクには正の面、すなわちビジネスチャンスもある。筆者は、政策変化によるビジネスチャンスには大きく2種類あると考えている。一つは今後縮小を余儀なくされる製品の機能を代替するモノやサービスの市場が拡大するというチャンス、もう一つは政策の導入により追加的に創出される需要に関連するチャンスだ。それぞれ少し例を挙げて説明しよう。

まず、政策転換により縮小せざるを得ない市場として、石炭火力発電に代表される化石資源を燃料とした発電分野などが挙げられる。しかしこれは、これまで石炭火力発電などによって賄われていた電力需要も縮小するということを意味しない。無論、省エネによる電力需要の抑制は望まれるが、現在各国が目指す脱炭素社会は、「電気無しの生活を強いる」ものではない。電力の在り方の力点は、電力需要をいかに脱炭素な形で充足するかに置かれる。したがって石炭火力発電を代替する製品やサービスの市場が拡大し、それらの市場でビジネスを行う企業には大きなチャンスが訪れる。

ＩＥＡ（国際エネルギー機関）が２０２１年に公表した１・５℃目標に整合するシナリオ（２０５０ネットゼロシナリオ）では、石炭の需要は２０２０年の約52億ｔから、２０３０年には25億ｔへと10年で半減する。自家用車については、２０３５年以降は内燃機関を用いた自家用車の新車販売を禁止することが求められるが、一方でそれを代替するように、ＥＶの市場は伸びていく。[42] 無論、このシナリオどおりに進むかは各国の政策次第であるが、政策リスクを分かりやすく示す例である。

図３－７はＩＥＡのシナリオにおける再エネ、ＧＤＰ当たりのエネルギー使用量、そしてＥＶについてのシナリオだ。ご覧のとおり、太陽光発電と風力発電は10年間に4倍に、ＥＶは18倍に拡大する。また年４％の省エネ（ＧＤＰ当たりのエネルギー使用量）を進める必要があるため、省エネ性に優れた製品の市場は大きく拡大する。

図３－８は、政策の変化がエネルギー分野の雇用に与える影響を示している。電力の脱化石燃料化、ガソリン車の縮小とＥＶへの転換などにより、石炭、石油、ガス分野の雇用は今後10年で縮小する。一方、それを上回る雇用が電力分野（太陽光、風力を含む）やバイオエナジー分野で生まれるとしている。

今後日本でも、このチャンスは顕在化するとみられる。本書執筆時点で、日本では２０３０年の電力構成を見直している最中だが、おそらくは再エネ比率を現在（２０２０年時点）の約20％から、２０３０年に約40％近くにまで拡大するとみられている。今後10年で約2倍という規模感だ。なお、足元の20％の再エネのうち10％弱は大型の水力発電だが、これらは開発時の自然環境破壊などで導入は

図3-7　ネットゼロシナリオで求められる各種脱炭素技術の拡大

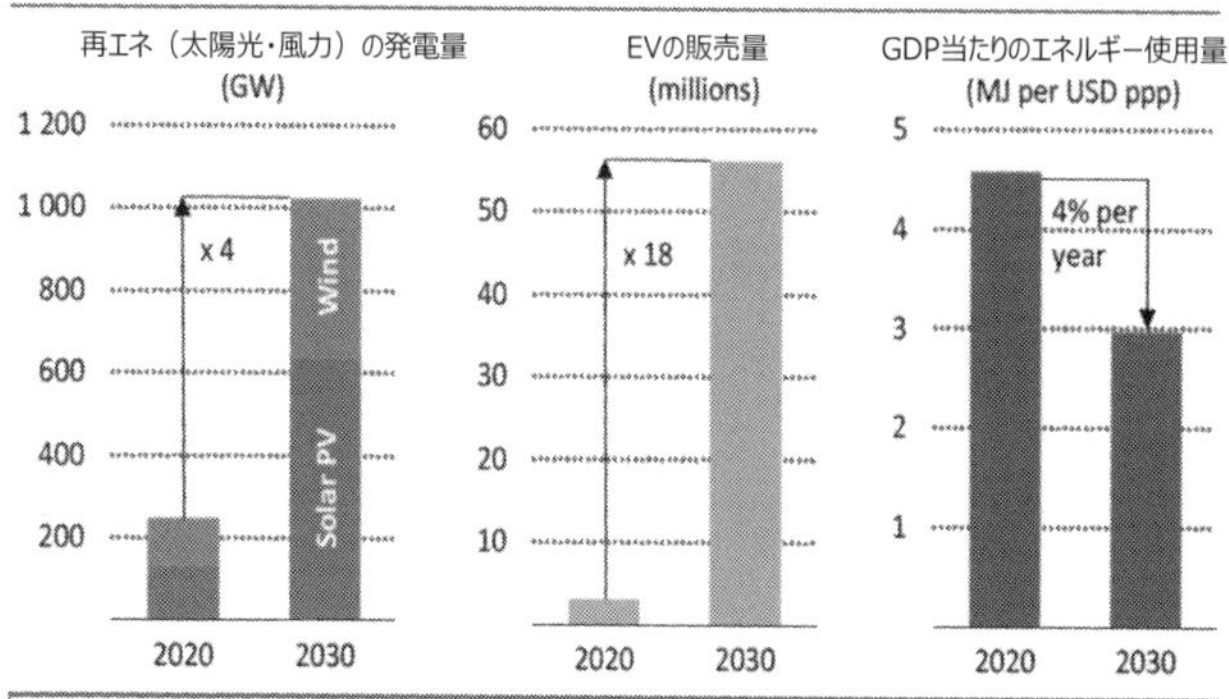

出典：IEA（2021）*NET Zero by 2050 A Roadmap for the Global Energy Sector* を参考にIGES加筆

図3-8　ネットゼロシナリオにおけるエネルギーシステムにおける雇用の変化

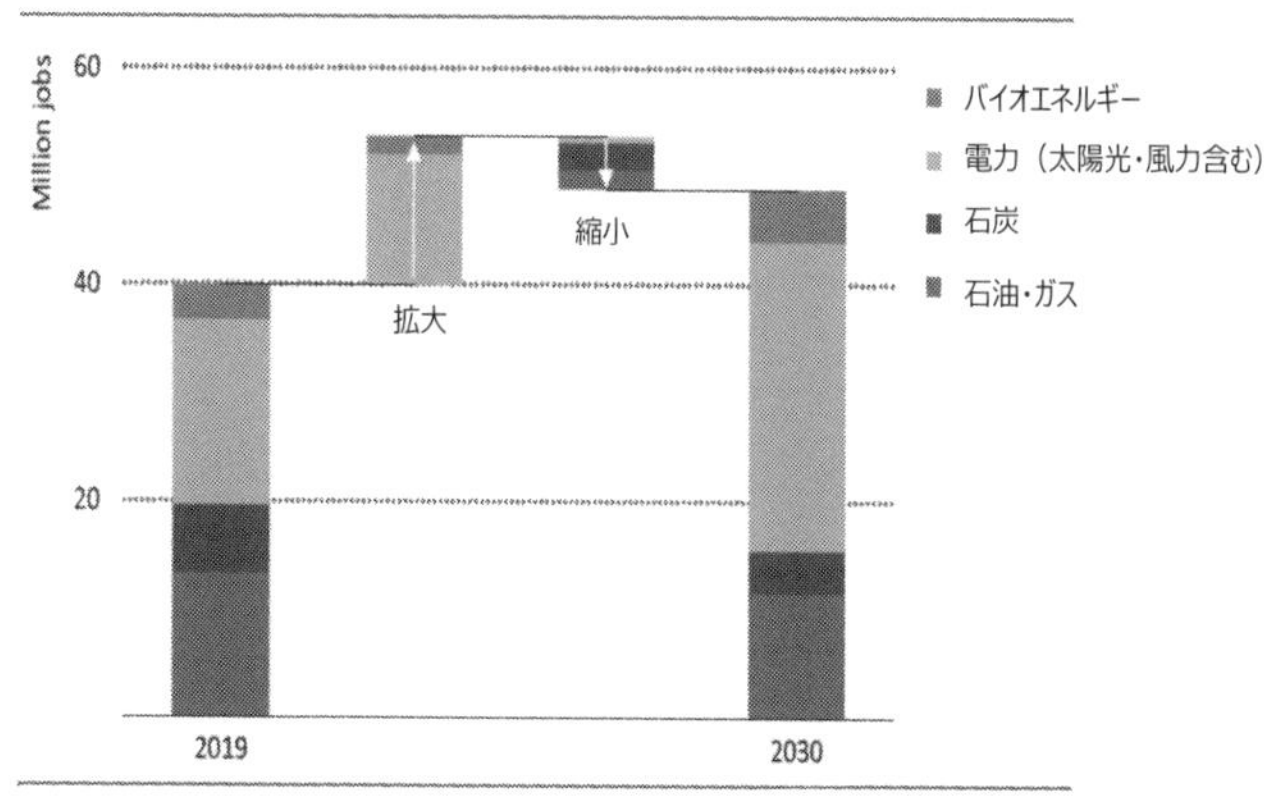

出典：ICHINOYA LLC（2021）『EU 炭素国境調整措置の概要と鉄鋼業界に与えうる影響』を参考にIGES作成

頭打ちとなる。今後伸びる太陽光や風力などに焦点を当てれば、足元の比率は約10％で、それが２０３０年に約30％弱まで伸びると見通される。

現在の電力市場約20兆円において、足元の太陽光や風力の市場は単純計算で約２兆円。これが今後10年間で６兆円規模にまで伸びると見通せるのだ。これを市場成長率に換算すれば年率１２０％成長が10年続く。現在の日本で、これだけ高い伸び率が予想される市場は多くないだろう。

●政策導入が生み出す新たな需要

次に、政策の導入によって追加的に創出される需要を見てみよう。代表的な例として、住宅の断熱分野が挙げられる。住宅の断熱は冷暖房需要を抑えられるため、ＣＯ２の削減に繋がる。また断熱は家の中の温度差を減らすことから、最近ではヒートショック対策など健康面でも注目を集める。一方で、住宅の断熱対策は、コストや手間がかかるため、一般家庭ではなかなか手が出ない。つまり放っておくと断熱改修は非常に限定的な市場なのだ。この潜在的な断熱改修等の市場が、政策の導入によって顕在化するのである。

ＥＵでは２０１８年に、既築を含むすべての家屋のゼロエミッション化に向けた資金支援策等を発表したが、この政策により最大約１２００億ユーロ（15兆円）規模の住宅リフォーム市場が追加的に創出されるとしている。[43] 先程ＩＥＡのシナリオに関連し省エネ需要が拡大することについて触れたが、これらは政策の導入がなければ出現しなかった追加的な需要である。こうした政策による追加的な需要創出により様々なビジネスチャンスが生まれる。

１９３０年代、米国のルーズベルト大統領が、大恐慌からの脱却を目指し財政出動による需要創出を実現するニューディール政策を実施したが、本節で紹介した欧州の「グリーンディール」は気候変動政策により新たな需要を創出し、それを成長に繋げようという意図が込められている。気候変動時代の企業競争力を考える際、政策による市場への影響を見極めること、そして負の面だけでなく今後成長する市場に着目し、それを自社の成長に活かすことは脱炭素経営の重要なポイントである。

3　気候リスクの影響の規模感

ここまで、気候変動の物理的、政策的なリスクの意味合いを見てきたが、それらのリスクは総体でどの程度の重要性を（どれほどの規模感を）持つのだろうか。それを知るには、気候リスク全体のマクロ経済への影響を見ることが一助になる。この部分は次章で述べる金融機関の対応にも深く関係する重要な情報だ。

主要国の金融監督庁、中央銀行らで構成される「気候変動リスクに係る金融当局ネットワーク（以下ＮＧＦＳ）」は、２０２０年に、気候リスクが与えるマクロ経済への影響について体系的な評価を行った[44]。図３－９はＮＧＦＳが提示した物理的リスクと政策リスクの関係性に関するマトリックスで、それぞれのリスクが相反関係にあることや、その組み合わせによるマクロ経済への影響の大きさを示している。

例えばカーボンプライシングが導入されれば、政策リスクは大きくなるが、気温上昇は抑えられるため物理的リスクは減少する。逆もしかりだ。また、できるだけ早期に政策を導入し、徐々に強化していくような「秩序だった政策導入」が実現できるか否かによっても、マクロ経済への影響は変わってくるとしている。

マクロ経済へのリスクが最小となるのは、秩序だった政策の強化によって1・5℃目標が達成されるシナリオだ。逆に当面は十分な対策を取らず、2030年以降に急激に政策を導入したものの、1・5℃目標が達成できないシナリオ（手遅れシナリオ）のリスクが最大になる。現時点の世界の状況はマトリックスでは右下にある「ホットハウスワールド」、すなわち政策が十分に導入されていないため、政策リスクは小さいが、気温が上昇し物理的リスクが高くなるシナリオに該当するとしている。

NGFSは、これらの整理を踏まえ、各シナリオの中長期的な世界全体のGDPへの影響を評価した。政策リスクの影響は、「秩序ある政策導入」では2030年、2050年の両方でおおよそマイナス2％、無秩序な導入だと、当面は政策を導入しないため、2030年時点の影響は少ない（マイナス1％）が、その後の影響は大きくなる（2050年でマイナス6％）。物理的リスクの影響は、気温が3℃上昇するシナリオにおいて、2030年時点でマイナス7％、2050年時点ではマイナス10％強に及ぶ（図3－10）。

図3-9　シナリオ別の物理的リスク・政策リスクの関係性マップ

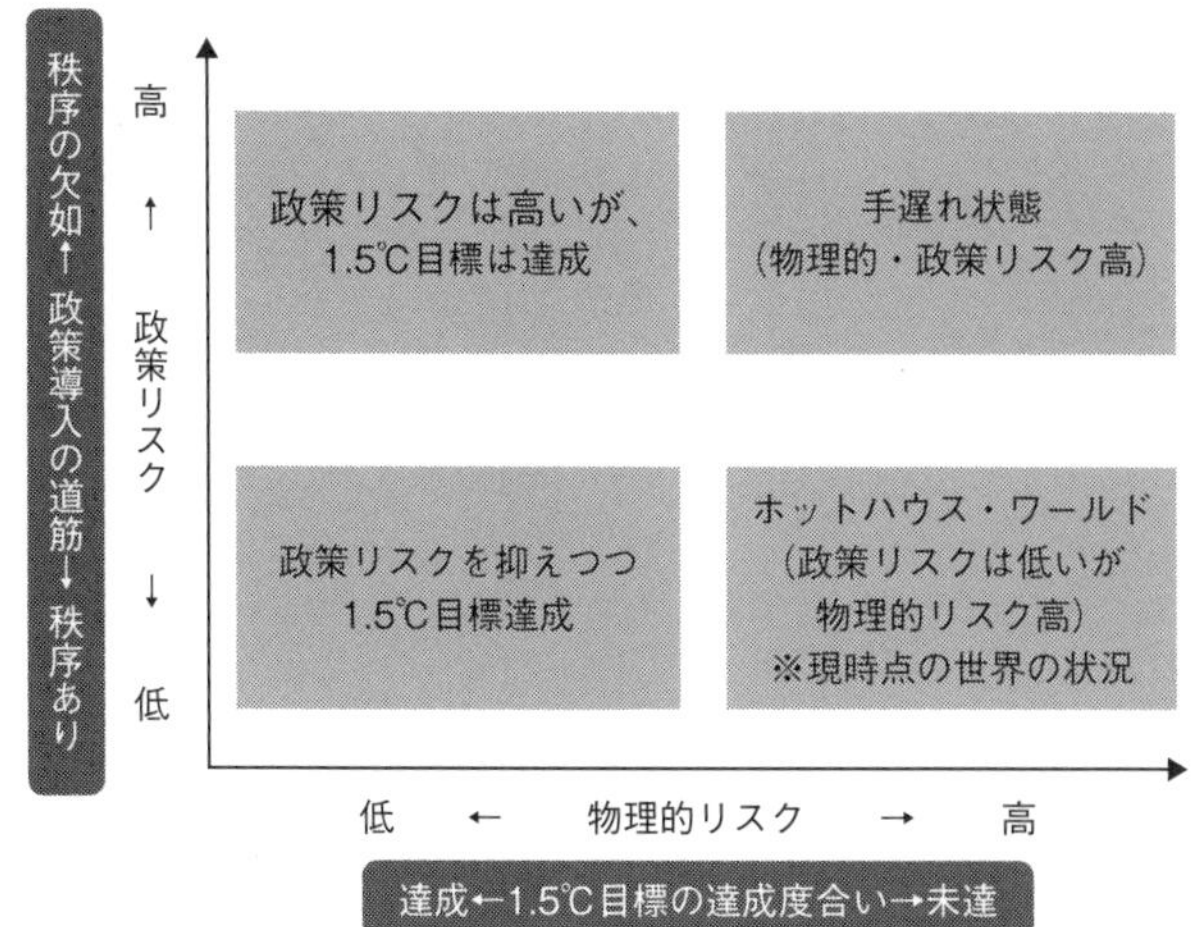

出典：Network for Greening the Financial System（2020）*NGFS Climate Scenarios for central banks and supervisors*を参考にIGES作成

また、ＮＧＦＳは、今後の技術の進展、大規模災害、移民・紛争などの副次的影響などは勘案していないとしているが、技術の進展は政策リスクを小さくし、紛争等の発生は物理的リスクを大きくする可能性があると補足している。

２０２１年には、世界有数の再保険会社[45]であるスイス再保険が、ＮＧＦＳが勘案しなかった副次的影響などを含めたマクロ経済への影響を評価している[46]。この評価では、ＮＧＦＳと同様の政策リスク、物理的リスクに加え、大規模な自然災害、移民の増加、サプライチェーンの寸断など各種の影響が上振れする可能性を織り込んだシミュレーションが行われた。その結果、気候リスクによって２０５０年の世界のＧＤＰは最大

図 3-10　気候リスクによる経済影響

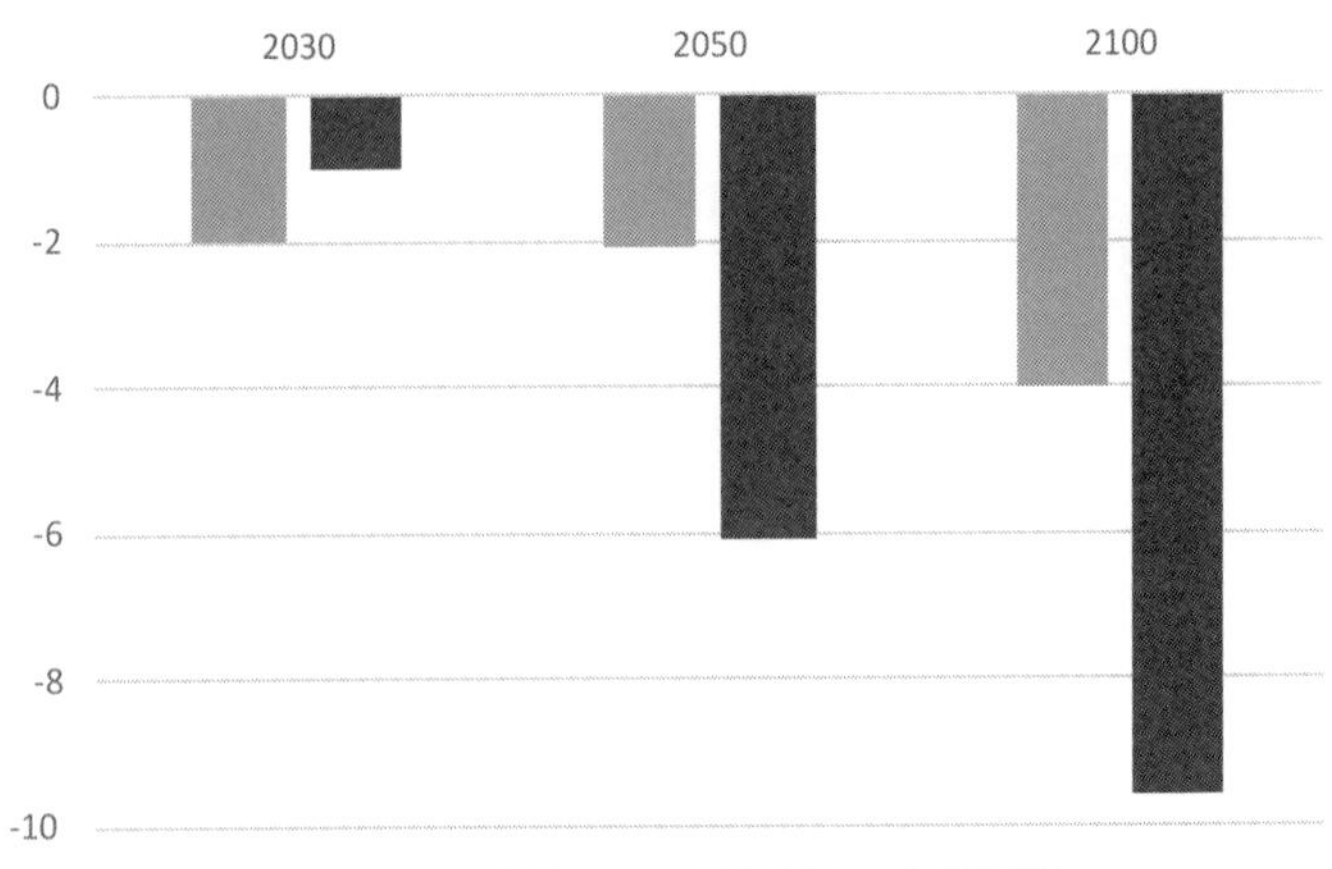

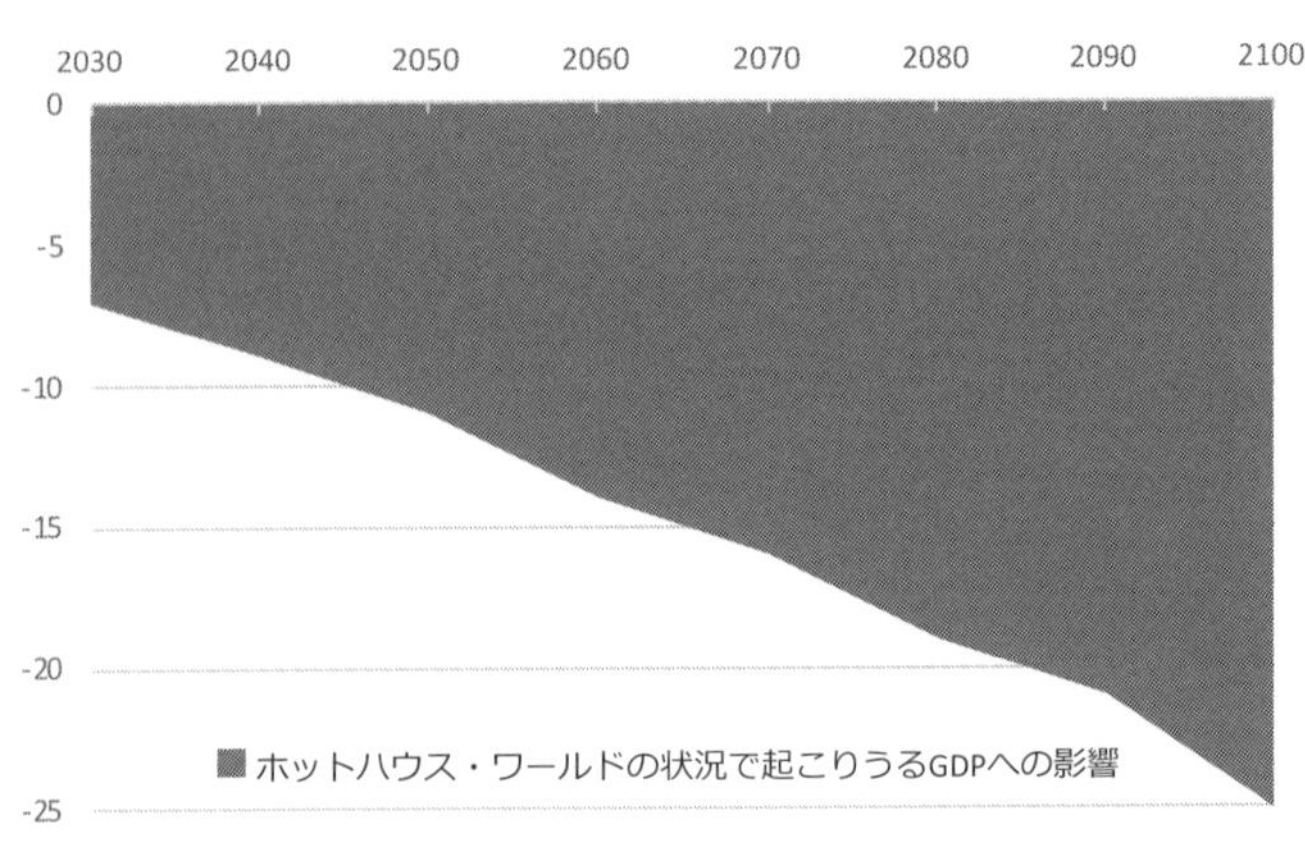

出　典：Network for Greening the Financial System（2020）*NGFS Climate Scenarios for central banks and supervisors*を参考にIGES作成

18％ほど落ち込む可能性があること、最も影響が大きいアジアでは２０５０年のＧＤＰは最大で26・5％下落する可能性があることが示された。これは、ＮＧＦＳの結果に比べても2倍近く大きい（図３－11）。

これらの予測は「気候変動が起こらなかった場合」との比較であり、今後世界全体がマイナス成長に陥るということではない[47]。しかし気候リスクの規模感という意味では、あと10年というスパンだと5％前後、今後20～30年のスパンでは10～20％もＧＤＰが下振れするという相場観は参考になるだろう。しかもこれらは一時的なものではなく、継続的な影響であり、そして時間とともに（気温上昇とともに）に悪化すると考えられる。

日本への影響はどうだろうか。物理的リスクについては、２０１９年に国際通貨基金（ＩＭＦ）が実施した調査で、日本の一人当たりＧＤＰが、２０３０年に１・１％、２０５０年に３・７％それぞれ下振れするという結果が出ている（気温上昇が２・６～４・８℃のケース）[48]。これは、気温上昇と降水量の変化のみを対象とした評価だが、一定の参考にはなろう。日本にとって、１人当たりＧＤＰが１・１％下振れするという結果は決して侮れない。日本の過去20年の実質成長率は１％を切っており[49]、人口減少を見込めば、今後の成長率もせいぜい１％前後とみる向きが大勢だ[50]。

この状況を踏まえれば、気候リスクの影響で、日本が慢性的にマイナス成長に陥る可能性も出てくる。日本の財政政策や社会保障制度などは、プラスの経済成長を見込んで組み立てられているが、気候リスクは、それらの前提を見直さざるを得ないような状況を招きかねない。筆者は財政の専門家で

図 3-11　気候変動によるマクロ経済影響

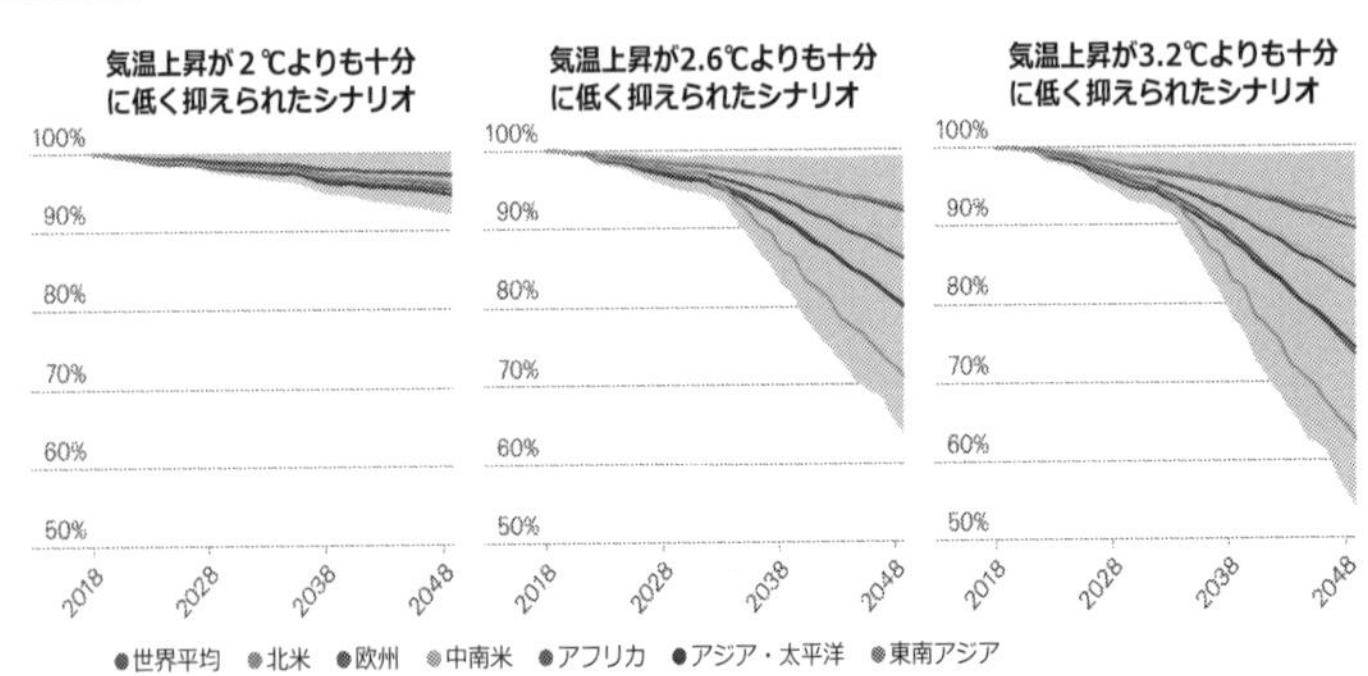

出典：Swiss Re Institute（April, 2021）*The economics of climate change: no action not an option*を基にIGES一部加工　※グレーに色付けされた範囲は、シミュレーション結果の分散の範囲

はないので、あくまで素人の仮説の域を出ないが、気候リスクが一国の経済政策に重大な影響を与える可能性があるという点は、的外れではないだろう。

また、日本の政策リスクも非常に大きい。FTSE Russelが2021年に行った調査では、NGFSが策定した「無秩序な政策導入シナリオ」の経済影響を評価している。これは、2030年までは際立った対策を取らず、それ以降に急激に脱炭素化への政策を導入した場合の、言わば将来の各国におけるデフォルト（政府による債務不履行）率を推定したものだが、日本の2050年時点のデフォルト率は、ほぼ100％となっている。[51] 無論、この評価も様々なデータや前提の制約があろうが、政策リスクの規模感をイメージする一助にはなるだろう。

つまり、物理的リスクにせよ、政策的なリスクにせよ、今対応を取らなければ、そのツケは「極めて高くつく」。また、それらマクロ経済への深刻な影響を避けるには、「秩序ある政策導入で、１・５℃目標を達成する」必要があるのである。このことは、次章で詳述する、各国の金融監督省庁や中央銀行らによる急速な動きの大きな背景にもなっている。

スイス再保険の報告書では、この気候リスクの重大性に鑑み、「対策を取らないという選択肢はあり得ない（No action not an option）」と結論付けている。気候リスクの重大性（規模感）が、お分かりいただけるのではないだろうか。

❖第３章　注釈および参考文献

1　気候関連財務情報開示タスクフォース（ＴＣＦＤ）の発起人の一人。現在は国連の気候変動問題および気候ファイナンス担当特使を務める。ＴＣＦＤの詳細については5章7節を参照。

2　リスクとは、正確には「不確実性」を意味し、その不確実性は正と負の両方があると解されるが、日本においてリスクという言葉は、「負の方向に作用する可能性」という意味合いで用いられることが一般的であろう。本書では、日本における一般的な用法、および気候変動のもたらす影響の本質が脅威（負の側面）であることを踏まえ、「負の方向に作用する可能性」という意味でリスクという言葉を用いる。

3　Bank of England (29 September, 2015). *Breaking the Tragedy of the Horizon – climate change and financial stability* (2015) *Speech given by Mark Carney Governor of the Bank of England Chairman of the Financial Stability Board.* URL:https://www.bankofengland.co.uk/-/media/boe/files/speech/2015/breaking-the-tragedy-of-the-horizon-climate-change-and-financial-stability.pdf?la=en&hash=7C67E785651862457D99511147C7424FF5EA0C1A (Accessed:29 March, 2021)

4 AXA (22 May, 2015). *Climate Change: It's No Longer About Whether, it's About When*
URL: https://www.axa.com/en/magazine/about-whether-about-when (Accessed:29 March, 2021)

5 産経新聞（２０２０年３月18日）『自然災害リスクへの警戒高まる　川沿いの住宅地、公示地価で下落顕著」
URL:https://www.sankei.com/politics/news/200318/plt2003180023-n1.html　（閲覧日：２０２１年３月29日）

6 日本経済新聞（２０２１年３月23日）『火災保険、最長5年に短縮へ　値上げ反映しやすく22年度にも」 URL:https://www.nikkei.com/article/DGXZQODF230GP0T20C21A3000000/?unlock=1

7 損保総研レポート　第１２５号（２０１８）『自然災害に対する米国保険業界の動向』URL:https://www.sonposoken.or.jp/media/reports/sonposokenreport125_1.pdf

8 California Department of Insurance (5 November, 2020). *Insurance Commissioner Lara Protects More Than 2 Million Policyholders Affected by Wildfires from Policy Non-Renewal for One Year* URL:http://www.insurance.ca.gov/0400-news/0100-press-releases/2020/release113-2020.cfm (Accessed:29 March, 2021)
The New York Times (5 November, 2020). *California Bars Insurers From Dropping Policies in Wildfire Areas* URL:https://www.nytimes.com/2020/11/05/climate/california-wildfire-insurance.html? (Accessed:29 March, 2021)

9 First Street Foundation (22 February, 2021). *Highlights From "The Cost of Climate: America's Growing Flood Risk"* URL:https://firststreet.org/flood-lab/published-research/highlights-from-the-cost-of-climate-americas-growing-flood-risk/

10 Politico (7 June, 2020). *Borrowed time: Climate change threatens U.S. mortgage market* URL:https://www.politico.com/states/new-york/city-hall/story/2020/06/07/borrowed-time-climate-change-threatens-us-mortgage-market-1291552 (Accessed:29 March, 2021)

The New York Times(19 June,2021). *Rising Seas Threaten an American Institution: The 30-Year Mortgage* URL:https://www.nytimes.com/2020/06/19/climate/climate-seas-30-year-mortgage.html (Accessed:29 March, 2021)

11 CNBC (23 November, 2020). *Former subprime player claims he can now short the mortgage market for climate and Covid risks* URL:https://www.cnbc.com/2020/11/23/shorting-mortgage-market-covid-19-climate-risks.html (Accessed:29 March, 2021)

12 Kahn, M. E., Mohaddes, K., Ng, R. N. C., Pesaran, M. H., Raissi, M., and Yang, J. (2019) *Long-Term Macroeconomic Effects of Climate Change: A Cross-Country Analysis* Federal Reserve Bank of Dallas. URL:https://www.dallasfed.org/~/media/documents/institute/wpapers/2019/0365.pdf

13 カーボンニュートラルとは、温室効果ガスの排出量から、再エネ導入や植林などを通して実現した排出削減量を差し引くことで、人間の活動による温室効果ガス排出量を相殺する（実質ゼロにする）ことを意味する。

14 厳密には、気候中立（Climate Neutral）という言葉を用いているが、意味は人為的な温室効果ガスの排出と吸収をバランスさせるカーボンニュートラルと同様である。

15 ＥＵは２０２０年12月に、２０３０年に１９９０年比55％以上削減するという目標を国連に提出済み。EU MAG Vol81　２０２１年冬号（２０２０年12月24日）『ＥＵ、２０３０年までの排出量55％以上削減をパリ協定の国別貢献として提出』Europe Magazine URL: https://eumag.jp/news/h121820/

16 なお、グリーンディールには、気候変動以外にも生物多様性、循環型経済なども含まれている。European Commission (2019) *COMMUNICATION FROM THE COMMISSION TO THE EUROPEAN PARLIAMENT, THE EUROPEAN COUNCIL, THE COUNCIL, THE EUROPEAN ECONOMIC AND SOCIAL COMMITTEE AND THE COMMITTEE OF THE REGIONS* URL:https://eur-lex.europa.eu/resource.html?uri=cellar:b828d165-1c22-11ea-8c1f-01aa75ed71a1.0002.02/DOC_1&format=PDF (Accessed: 11 April, 2021)

17 EU MAG Vol.73 ２０１９年５・６月号（２０１９年６月６日）『親ＥＵ派が多数を占めた2019年欧州議会選挙の結果』

URL:https://eumag.jp/news/h0619/（閲覧日：２０２１年４月12日）

18 European Commission (n.d.) *CO_2 emission performance standards for cars and vans (2020 onwards)* URL:https://ec.europa.eu/clima/policies/transport/vehicles/regulation_en (Accessed: 11 April, 2021)
寺師 茂樹（２０２０年９月14日）『２０３０年に向けたトヨタの取組みと課題』（経済産業省　第２回 モビリティの構造変化と２０３０年以降に向けた自動車政策の方向性に関する検討会　資料）URL:https://www.meti.go.jp/shingikai/mono_info_service/mobility_kozo_henka/pdf/002_04_00.pdf（閲覧日：２０２１年４月12日）

19 European Commission (n.d.) *CO_2 emission performance standards for cars and vans (2020 onwards)* URL: https://ec.europa.eu/clima/policies/transport/vehicles/regulation_en (Accessed: 11 April, 2021)

20 Hill, N., Amaral, S., MorganPrice, S., Nokes, T., Bates, J., Helms, H., …Haye, S.(2020) *Determining the environmental impacts of conventional and alternatively fuelled vehicles through LCA,* European Commission
URL: https://ec.europa.eu/clima/sites/clima/files/transport/vehicles/docs/2020_study_main_report_en.pdf

21 European Commission (n.d.) *CO_2 emission performance standards for cars and vans (2020 onwards)* URL:https://ec.europa.eu/clima/policies/transport/vehicles/regulation_en (Accessed: 11 April, 2021)
寺師 茂樹（２０２０年９月14日）『２０３０年に向けたトヨタの取組みと課題』（経済産業省　第２回 モビリティの構造変化と２０３０年以降に向けた自動車政策の方向性に関する検討会　資料）
URL: https://www.meti.go.jp/shingikai/mono_info_service/mobility_kozo_henka/pdf/002_04_00.pdf（閲覧日：2021年4月12日）

22 European Commission (2020) *Proposal for a REGULATION OF THE EUROPEAN PARLIAMENT AND OF THE COUNCIL concerning batteries and waste batteries, repealing Directive 2006/66/EC and amending Regulation (EU) No 2019/1020*
URL:https://ec.europa.eu/environment/pdf/waste/batteries/Proposal_for_a_Regulation_on_batteries_and_waste_batteries.pdf

23　菊間一柊（２０２０年10月22日）『No.２１０　世界の均等化発電コスト（ＬＣＯＥ）：日本の再エネの高コスト要因とは』京都大学大学院経済学研究科 URL.http://www.econ.kyoto-u.ac.jp/renewable_energy/stage2/contents/column0210.html（閲覧日：２０２１年５月20日）

24　自然エネルギー財団（２０２１年１月15日）『欧州各国・米国諸州の２０３０年自然エネルギー電力導入目標』URL: https://www.renewable-ei.org/activities/statistics/trends/20210115.php（閲覧日：２０２１年４月13日）

25　Bloomberg NEF(28th April, 2020) *Scale-up of Solar and Wind Puts Existing Coal, Gas at Risk* URL: https://about.bnef.com/blog/scale-up-of-solar-and-wind-puts-existing-coal-gas-at-risk/（閲覧日：２０２１年４月13日）

26　吉岡　陽（２０２１年３月11日）『「１００万人が雇用失う」自工会・豊田会長、再エネ遅れに危機感』日経ビジネス URL: https://business.nikkei.com/atcl/gen/19/00109/031100075/

27　日本経済新聞（２０２１年１月21日）『帝人　自動車部材のＣＯ２排出量開示へ　欧州要求に対応』（閲覧日：２０２１年４月12日）その他、ＪＣＬＰ企業内でも複数社が同様の対応を検討、準備している。

28　外務省（２０２０年11月）『日ＥＵ経済関係資料』 URL: https://www.mofa.go.jp/mofaj/files/000470505.pdf

29　黒崎美穂（２０２１年３月）『世界の脱炭素　変化とスピード』ブルームバーグＮＥＦ在日代表 URL: https://www.cas.go.jp/jp/seisaku/kikouhendoutaisaku/dail/siryou7.pdf（閲覧日：２０２１年４月13日）

30　国立環境研究所（２０２１年４月）『温室効果ガスインベントリオフィス報告書』URL.https://www.nies.go.jp/gio/aboutghg/index.html#a

31　他にも様々な批判やそれに対する反論が見られるが、本書の文脈では、カーボンプライシングが「ＣＯ２への課金を通じ社会全体を効率的に脱炭素に方向づけるための重要政策」であること、それが大半の経済学者や各国政府、国際機関のコンセンサスとなっていることを理解いただければまずは十分だろう。

32 日本経済団体連合会（２０１７年10月17日）『今後の地球温暖化対策に関する提言』URL: https://www.keidanren.or.jp/policy/2017/077_honbun.pdf#page=15

33 第１回カーボンプライシングのあり方に関する検討会（２０１７年６月２日）『資料６　カーボンプライシングの効果・影響』環境省　URL: https://www.env.go.jp/press/conf_cp-01/mat06.pdf（閲覧日：２０２１年５月18日）

34 The Energy Transition Commission。実現の難易度が高いとされる鉄鋼、セメント、石油化学、旅客以外の輸送を主な対象としてネットゼロの技術的可能性と実現策を検討する国際プロジェクト。エネルギー企業、鉄鋼企業、投資家、学識者らで構成され、２０１８年に報告書「Mission Possible」を発表。十分なカーボンプライシングがあればネットゼロは技術的および経済的に実現可能と結論付けた。

35 Mission Possible（2019）*Net Zero Emission by 2050*　※ＪＣＬＰ対話時のプレゼンテーションより

36 高炉法で製造された鉄鋼１トンにつき、約２トンのＣＯ２が排出される（輸送部分等は除く）。東京製鉄（２０２０）『鋼材Ｑ＆Ａ』URL: http://www.tokyosteel.co.jp/pdf/q2-1-2.pdf（閲覧日：２０２１年５月18日）

37 自動車鋼板や建築に用いられるＨ鋼板の価格。産業新聞（２０２１年５月17日）『鉄鋼市場価格』URL: https://www.japanmetal.com/iron-steel-price

38 AFP BB News（２０２１年４月６日）『国際的な最低法人税率、米がＧ20に呼び掛け　イエレン長官表明』URL: https://www.afpbb.com/articles/-/3340640（閲覧日：２０２１年５月18日）

39 International Monetary Fund (16 September, 2020). *Friends of Europe: In Conversation with Kristalina Georgieva on Pursuing a Green Economic Recovery* URL:https://www.imf.org/en/News/Articles/2020/09/16/sp091620-friends-of-europe-md-opening-remarks (Accessed: 26 May, 2021)

40 David Lawder (2nd March.2021) *Biden administration to consider carbon border tax as part of trade agenda: USTR* Reuters. なお、米国での国境調整措置は、米国内で適切なカーボンプライシング導入が前提になっている模様で、現時

点では不確実性は高い。
URL：https://www.reuters.com/article/us-usa-trade-biden-idUSKCN2AT3EX（Accessed: 18th May, 2021）

41 Reuters（２０２１年5月24日）『ドイツ、「気候クラブ」結成提案　貿易摩擦の回避目指す』URL:https://jp.reuters.com/article/eu-germany-climate-idJPKCN2D508V（閲覧日：２０２１年5月26日）

42 IEA (2021) *NET Zero by 2050 A Roadmap for the Global Energy Sector* URL:https://www.iea.org/reports/net-zero-by-2050

43 European Commission(7 Feburary,2018). *Smart finance for smart buildings: investing in energy efficiency in buildings* URL:https://ec.europa.eu/info/news/smart-finance-smart-buildings-investing-energy-efficiency-buildings-2018-feb-07_en (Accessed: 27 May, 2021)

44 Network for Greening the Financial System(2020) *NGFS Climate Scenarios for central banks and supervisors* URL: https://www.ngfs.net/en/ngfs-climate-scenarios-central-banks-and-supervisors (Accessed: 7 June, 2021)

45 再保険とは、一般的な保険会社に対して想定を上回る災害の際に備えた保険を提供する、言わば保険会社の保険を提供する機関である。最近の気象災害の増加は再保険会社の収益を圧迫しており、気候リスクへの感度が最も高い業種と言える。

46 Swiss Re Institute (April, 2021). *The economics of climate change: no action not an option* URL:https://www.swissre.com/dam/jcr:e73ee7c3-7f83-4c17-a2b8-8ef23a8d3312/swiss-re-institute-expertise-publication-economics-of-climate-change.pdf (Accessed: 7 June, 2021)

47 世界のＧＤＰ自体は、過去のトレンド（人口増や生産性向上）が今後も継続するとすれば、引き続き増加すると考えられる。

Network for Greening the Financial System(2020) *NGFS Climate Scenarios for central banks and supervisors* URL: https://www.ngfs.net/en/ngfs-climate-scenarios-central-banks-and-supervisors (Accessed: 7 June, 2021)

48 Kahn, M.E., Mohaddes, K., Ng, R.N.C., Pesaran, M.H., Raissi, M., Yang, J.C. (2019) *Long-Term Macroeconomic Effects of Climate Change: A Cross-Country Analysis* International Monetary Fund
URL:https://www.imf.org/en/Publications/WP/Issues/2019/10/11/Long-Term-Macroeconomic-Effects-of-Climate-Change-A-Cross-Country-Analysis-48691
こちらでは、気温上昇について０・３〜１・７℃上昇と、２・６〜４・８℃上昇の二つのケースに関し、物理的リスクとして気温上昇と降水量変化のみを取り扱った評価を実施している。ＮＧＦＳとは試算の前提等が若干異なることに注意が必要である。

49 ２０００年から２０１９年までの実質成長率の平均は約０・86％。コロナの影響が大きかった２０２０年は含めていない。

50 栗山昭久、田村堅太郎（２０１８年８月）『ＩＧＥＳポリシーレポート　要素分解分析に基づく日本の２０３０年ＣＯ２削減目標に関する一考察』地球環境戦略研究機関（ＩＧＥＳ） URL:https://www.iges.or.jp/jp/publication_documents/pub/policyreport/jp/6590/IGES_PolicyReport_NDC.pdf

51 FTSE Russell (21 March, 2021) *Anticipating climate change risks on sovereign bonds* URL: https://www.ftserussell.com/research/anticipating-climate-change-risks-sovereign-bonds

❖【図表参考資料】

図３-１：経済産業省２０３０年モビリティービジョン検討会トヨタ自動車提出資料（２０２０年９月）『２０３０年に向けたトヨタの取組みと課題』URL: https://www.cas.go.jp/jp/seisaku/kikouhendoutaisaku/dai1/siryou7.pdf　URL:https://www.meti.go.jp/shingikai/mono_info_service/mobility_kozo_henka/pdf/002_04_00.pdf

図３－２：各社ウェブサイト公開情報を参考にＩＧＥＳ作成

図３－３：Bloomberg NEF (28 April, 2020) Scale-up of Solar and Wind Puts Existing Coal, Gas at Risk URL: https://about.bnef.com/blog/scale-up-of-solar-and-wind-puts-existing-coal-gas-at-risk/

図３－４：ブルームバーグＮＥＦ黒﨑　美穂（２０２１年3月31日）『世界の脱炭素変化とスピード　経済対策としての脱炭素』URL：https://www.cas.go.jp/jp/seisaku/kikouhendoutaisaku/dai1/siryou7.pdf

図３－５、６：ICHINOYA LLC（2021）『ＥＵ炭素国境調整措置の概要と鉄鋼業界に与えうる影響』

図３－７、８：IEA (2021) NET Zero by 2050 A Roadmap for the Global Energy Sector URL:https://www.iea.org/reports/net-zero-by-2050

図３－９、３－10：Network for Greening the Financial System(2020) *NGFS Climate Scenarios for central banks and supervisors* URL:https://www.ngfs.net/en/ngfs-climate-scenarios-central-banks-and-supervisors

図３－11：Swiss Re Institute (April 2021) *The economics of climate change: no action not an option* URL:https://www.swissre.com/dam/jcr:e73ee7c3-7f83-4c17-a2b8-8ef23a8d3312/swiss-re-institute-expertise-publication-economics-of-climate-change.pdf

第4章　激変する世界金融の投資基準

２０２０年12月、世界最大の投資運用会社である米ブラックロック社は、新たな行動指針において、投資先の企業に対して、２０５０年までの脱炭素化と整合的な事業計画の策定を求めるとともに、気候変動に関連するエンゲージメントを行う企業の数を過去の2倍以上の１０００社超に増やすとした。また、「企業の取り組みや開示内容が我々の期待に沿わない場合には、積極的に議決権の行使を検討する」とし、気候変動に対してより強い姿勢で臨むことも明らかにしている。[1] これまで、気候変動に関する議決権行使には消極的であった同社の方針転換は、他の投資家にも影響を及ぼすと考えられる。[2]

２０２１年には、米国、英国、日本の中央銀行で、相次いで重要な変化が起こっている。ブラックロックの発表から約1カ月後の２０２１年1月、米国の中央銀行にあたる連邦準備制度理事会は、気候変動が金融システムに及ぼす影響を評価するため、「気候監督委員会」を立ち上げた。[3]

次いで3月、英国のスナク財務大臣は、同国の中央銀行（イングランド銀行）に対して、「気候変動への対応（ネットゼロ政策への支援）」を、その金融政策上の使命として追加するように求めた。[4] イングランド銀行はかねてから金融に対する気候変動の影響について分析を重ねてきているが、今回の動きは、世界で初めて中央銀行の役割として気候変動への対応を位置付けるものとして注目される。

その3週間後、今度は日本銀行の黒田総裁が、「気候変動は社会経済に広範な影響を及ぼしうる大きな課題」との認識を示した上で、日銀内に組織横断的な会議体である「気候連携ハブ」を立ち上げると発表した。[5]

ブラックロックは世界最大の運用会社である。また、日、米、英の中央銀行は、国際金融においても極めて大きな影響力を持つ。このような金融界の主力プレイヤーが、こぞって気候変動対策を加速させている。

ＥＳＧ投資が主流化する現在、金融のメインプレーヤーが気候変動をどのように認識しているかを理解することは、企業経営者やＩＲ担当者にとって必要不可欠だ。

1　金融当局の懸念

まずは、中央銀行や金融規制当局など（以下、金融当局）から見てみよう。金融当局が本格的に気候リスクに目を向け始めたのは２０１４年頃とみられる。当時は、ＩＰＣＣの第5次報告書で炭素予算の概念が提起され、それに伴って「化石資源が不良在庫化する」という、いわゆる座礁資産のリスクが指摘され始めた頃だ。これらを発端として、イングランド銀行をはじめとする英国の金融当局が気候リスクの金融への影響の調査を始めた。[6]

その後、イングランド銀行総裁（当時）が議長を務めていた金融安定理事会（Financial Stability Board　以下ＦＳＢ）でも同様の調査が進められ、２０１５年10月には調査の暫定結果を記した書簡が発表された。書簡では、気候リスクの影響は複合的でまだ十分に解明されていないとしつつも、その内容として物理的リスク、政策リスク、賠償リスク（気候変動に伴う保険金支払いや各種訴訟に伴うリスク）を挙げ、それらを金融の安定にとっての「新たなリスク」と位置付けた。[7]また、必要な対応として、金融機関が気候リスクを適切に理解すること、および気候リスクの所在を明らかにするための情報開示を挙げた。

ちなみにＦＳＢは、２０１１年に世界の大手金融機関を対象とした自己資本比率規制（銀行経営の健全性を高めるための規制）の導入を提唱したことでも知られる、いわゆる金融界のスタンダード・セッター（ルールや基準を定める組織）だ。そのＦＳＢが気候変動を金融安定のリスクとして位置付けた意味は大きく、当時も多くの反響があった。本章の冒頭で述べた日銀の動向などを含め、現在に続く金融当局の動きの起点が、この２０１５年のＦＳＢの書簡であったと言えよう（第５章第７節で説明するＴＣＦＤ（気候関連財務情報開示タスクフォース）の発足に至る直接的なきっかけもこの書簡である）。

なお、ＦＳＢは、２００８年のサブプライムローンに端を発した金融危機への反省から、国際的な金融の安定を目的に設立された。設立のきっかけとなったサブプライムローンは、端的に言えば、低所得者向けの住宅ローン債権が有するリスクが、複雑な証券化などで見えなくなったのが問題だった。「リスクが見えない」という意味では、気候リスクも同様である。今や多くの人々が気候変動や政策転換は実質的かつ重大なリスクと考えているが、そのリスクがどこに、どれだけあるのかを知る手段がない。これが今、金融当局が対応を急ぐ背景である。

この点について、少し例を挙げてみよう。ここに財務状況が優良な不動産業者がいたとする。バランスシートも損益計算書も、彼らの財務基盤が優良であることを示している。一等地に多数の優良な土地建物資産を保有し、安定した高い賃料収入が強みだ。一方、それらの不動産は潜在的に水害に脆弱な地域に集中している。過去には目立った被害はなかったが、最近は気候変動で水害の強度や頻度が増し、それまでなかった被害が頻発している。人気だったエリアは災害リスクが高いエリアとして敬遠され家賃単価も、不動産価格も下落する一方だ。水害のたびに顧客対応が必要になり、通常の事業運営にも支障が出てきた。

このケースでは、一見優良な企業が、大きな物理的リスクを抱えている。しかし、この企業がこれらのリスクを抱えていたことは、外からは見えにくい。有価証券報告書にも、重要事項説明書にも載っていないのだ。

今後、気候リスクによる影響は、十分な蓋然性をもって予見される。また、気候リスクは世界中の多くの企業に何らかの形で及ぶだろう。皆がリスクとして認知し、多くの企業に関係するにもかかわらず、いまだに金融機関も投資家もそれらを勘案しないまま資金を投じている。もっと言えば、気候リスクを勘案したくとも、必要な情報がない。

実際、ＦＳＢを含めた複数の金融当局が、「気候リスクが勘案されていない・見えない」という懸念を公にしている。ＦＳＢ以外にも、国際的な通貨の安定を目的として各国の為替政策や経済状況をモニターしている国際通貨基金（ＩＭＦ）も、「気候変動の物理的リスクが、株価の評価に全く反映されておらず、これが今後、市場の大きなリスクになりかねない」と警告し、世界全体で企業による気候リスク情報の開示を義務化する必要があるとの見解を示しているし[8]、後述する各国の中央銀行のネットワークも、常に同様の点を強調している。

また、金融当局にとっての気候リスクは、個別の事象に留まらない。先の不動産業者の例で言えば、彼らの土地を担保に融資をしている金融機関や、取引のある建設業者にも影響が及ぶ。金融機関は、気候リスクを見逃すことで融資に対する担保割れの可能性が高まる。リスクが顕在化した場合には、追加で担保を取るなり、貸倒引当金を積み増すなりの対応を迫られる。不動産業者に売掛金のある建設業者は、不払いの憂き目に遭うかもしれない。

実は、これら負の波及効果が引き起こされる可能性こそが、金融の安定性にとって最も重要な問題だ。金融界では、負の波及効果によりシステム全体が被害を受けるようなものを「システミック・リスク（Systemic Risk）」と呼ぶ。システミック・リスクは、正確には、「個々の金融機関は、取引や決済ネットワークを通じて密に繋がっていることから、一カ所で起きた事象が波及していき、結果としてシステムや構造全体に激しい変動などを引き起こすようなリスク」のことを指す。要は、ドミノ

図4-1　物理的リスクと移行リスクの波及経路

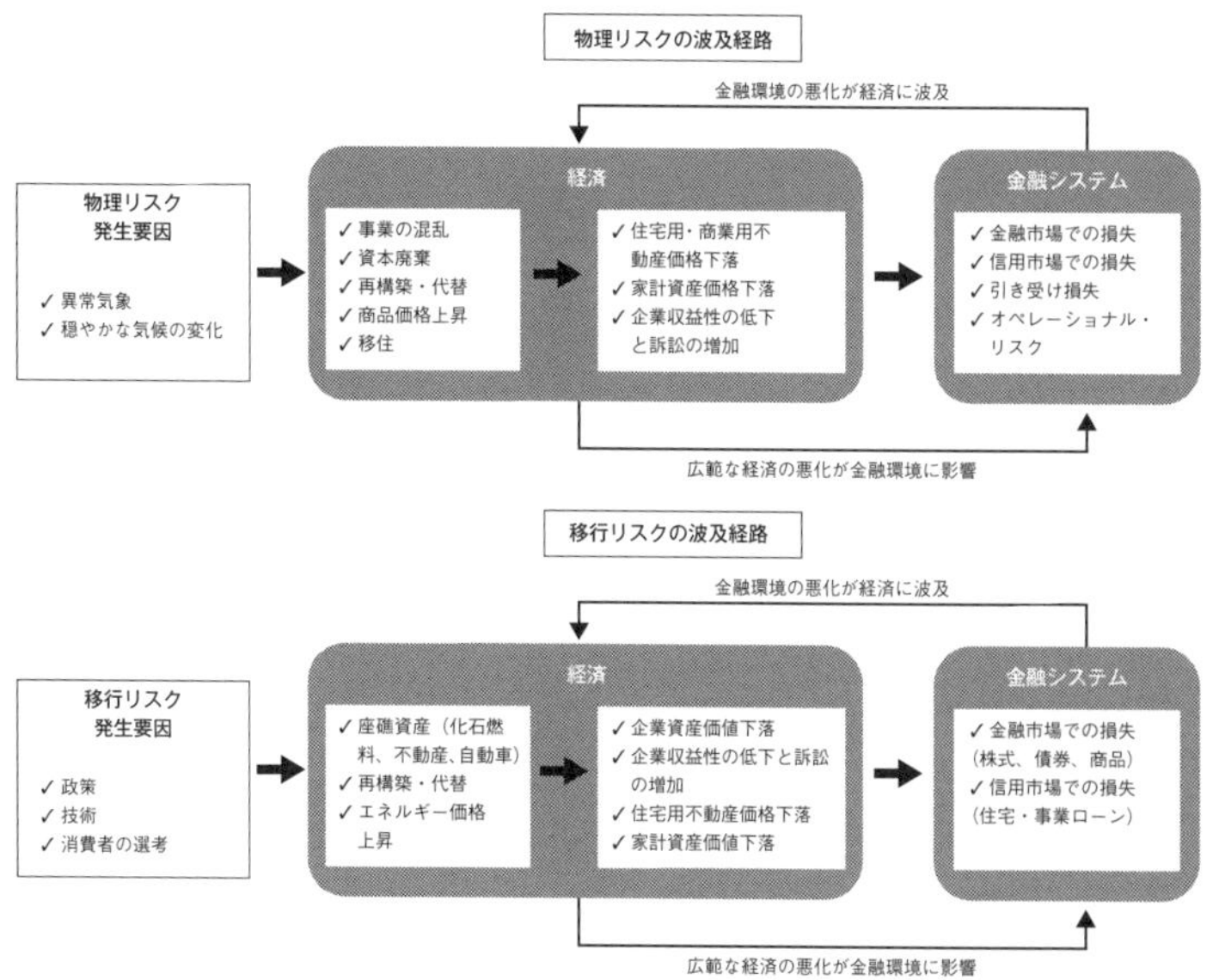

出典：Network for Greening the Financial System（2019）*A call for action Climate change as a source of financial risk*を基にIGES作成
※移行リスクとは、低炭素社会への移行に伴い求められる様々な変化（政策、法律、技術、市場）により発生しうるリスク。本文で触れられている「政策リスク」は移行リスクの代表的なリスクとしてご理解いただければよい。

倒しが起こるリスクだ。その発生要因には、経済のファンダメンタルズ（GDPや物価指数など経済の基礎的諸条件）の大きな変化、大型金融機関の倒産、投資家や消費者の心理などがあるとされる。[9]

２００８年の金融危機の時も、大手金融機関が破綻した場合の波及効果への恐れから「大きすぎて潰せない問題」が取りざたされたが、公的資金を投入してまで金融機関を救済せざるを得なかった事情が、このシステミック・リスクへの恐れだ（FSBはこの問題への対応としてのちに大手金融機関の自己資本比率規制を求めた）。

金融が複雑化した現在において、システミック・リスクへの対応は金融当局の重大な関心事だが、近年は気候リスクがそれに相当するという認識が広がってきている。各国の中央銀行の連携を担う国際決済銀行（ＢＩＳ）は、２０２０年に発表した報告書「グリーンスワン」[10]の中で、気候変動がシステミック・リスクを引き起こす可能性があるとして、適切な対応の重要性を訴えた。また、２０２１年には、ユーロ圏の中央銀行である欧州中央銀行が、ユーロ圏内の約４万社の企業および約２０００社の銀行を対象に長期的な気候リスクの評価を行っており、暫定的な結果として、気候変動がシステミック・リスクの主因になりうるとしている。[11]

米国でも、トランプ政権下にあったにもかかわらず、２０２０年９月の時点で、米商品先物取引委員会（大統領直轄の規制機関）が、「気候変動は、ゆっくりと米国の金融安定にシステミックなリスクをもたらしている」との見解を示し、連邦準備制度理事会や証券取引委員会などに至急対応を取るように求めている。なお、この見解が示された報告書は、約２００ページにも及ぶ詳細なもので、物理的、政策的リスクのどちらもがシステミックな金融ショックをもたらす可能性があり、前例のない混乱を来しかねないと警告している。[12]

これらを背景に、２０２１年６月には、Ｇ７財務大臣会合において、気候リスクの情報開示を義務化していくことに関する合意がなされた。[13]気候リスクが見えないという課題に厳正に対処していくという主要国の姿勢の表れであろう。

ここまでをまとめよう。金融当局が気候変動への対応を強化している背景には、気候リスクの及ぼす影響の大きさや、それが「システミック・リスク」に繋がりかねないという問題意識がある。また、その気候リスクが「見えないこと」に対して重大な懸念を持ち、まず「どこに、どれだけのリスクがあるのか」を明らかにする必要があると考えているのである。

2 投資家は何を見ているのか

近年の投資家による気候変動への対応は非常にダイナミックだ。読者の皆さんも新聞紙上で様々な動きを目にされているだろう。ここでは、投資家が気候変動をどのように捉え始めているかといった基本的な部分と、それに伴う変化の最新事例を紹介することを通じ、投資家の視点について洞察を深めたい。各社が今後ESG投資への対応を改善する際の参考になれば幸いである。

なお、投資家にも様々な種類があるのは言うまでもないが、ここでは、圧倒的な資金量を誇り、かつ中長期の運用を行う機関投資家、具体的には各種の年金基金や保険会社などの資産保有主（アセットオーナー）、およびそのアセットオーナーから委託を受け資産を運用する運用会社（アセットマネージャー）を中心に見ていく。特に、その豊富な資金とアクティブかつ体系だった株主行動などにより、ESGの潮流の起点となっている海外の機関投資家にフォーカスしたい。最近は日本の機関投資家も徐々に歩調を合わせてきているが、やはり先行する海外の機関投資家の動向を知れば、今後の見通しが良くなるだろう。

まず、なぜ機関投資家が気候変動に注目するのかという「そもそも論」から始めよう。前提として、年金や保険系の機関投資家が、「長期的な運用益の最大化」を志向するという点は押さえておく必要がある。これは、顧客（国民）から受けとっている資金を、長期間経た後に償還する必要があるという性質によるものだ。要は、明日の売上よりも10年先、30年先の運用益に目配りができるということだ。このような彼らの時間軸は、気候リスクが生じる時間軸と整合する。

もう一つ重要な特性は、機関投資家が巨額の資産を持ち、それを幅広く分散投資していることから、個々の投資先の株価だけでなく、市場や経済全体の成長に関心を持っていることである[14]（このような性質を持つ機関投資家はユニバーサルオーナーと呼ばれる）。

つまり機関投資家は、気候変動による長期的、かつ経済全体に与える影響を「自分事」として捉えることができる、稀有な存在なのである[15]。

上記を踏まえた上で、もう一段掘り下げてみよう。図4－2は、英国のロンドンに本社を構える機関投資家、リーガル・アンド・ジェネラル・インベストメント・マネジメント（以下ＬＧＩＭ）による気候変動の捉え方を表したものである[16]。ＬＧＩＭは、資産運用総額約１７０兆円超を誇る世界有数の機関投資家であり、気候変動についての先進的な取り組みで知られている。図からは、ＬＧＩＭが

図4-2　投資家による気候リスクへの影響に関する２つの視点

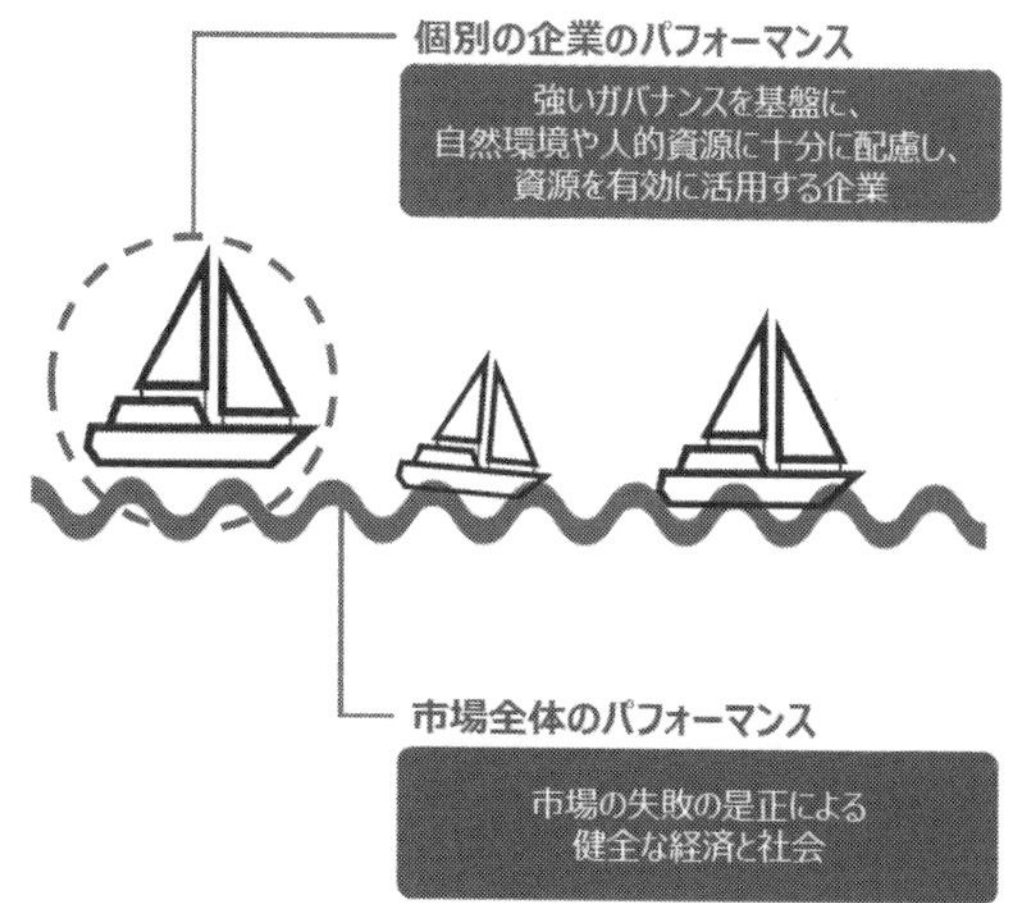

出典：リーガル・アンド・ジェネラル・インベストメント・ジャパン（2020）ＪＣＬＰ向けセミナー資料

気候変動による投資への影響を、個別企業のパフォーマンス、及び市場全体のパフォーマンス、の二つの視点で捉えていることが分かる（図は、同社のＥＳＧ全体への視点を示しているが、本書では気候変動に特化する形で説明したい）。

図において、「船」は投資先である個々の企業を、「海」は市場全体を示している。高い運用パフォーマンスを上げるには、船の性能や操縦士の腕（個別企業の経営基盤や経営者の手腕）と、海の状態（市場の成長率や安定性など）の両方が重要であるという考え方だ。

気候変動の文脈では、「船」は、個々の企業の脱炭素経営の状態を表す。経営者が気候リスクを十分に理解し、刻々と変化する政策や市場の状態をモニターしつつ、適切な対策を取っていれば、船の航海には安心感が持てるだろう。また「海」は、政策や市場の状態を表している。ある国の政府が気候リスクを正当に評価した上で、必要な政策を整備・運用しているなら、その「海」は航海に適していると判断できる。両者が揃えば、投資家は安心して投資できる。逆に、金融当局が懸念するような形で気候リスクが顕在化すれば、「海」は大荒れ状態になる。大荒れの海では、いかに優秀な船長が率いる船でも沈んでしまう。

「船」と「海」の両方に深い関心を持ち、それぞれのリスクを適切にマネジメントすることで、長期的な運用益の向上を目指す、これが投資家の気候変動に対する基本的な姿勢であると言える。

●投資先の気候リスクを把握する試み

次に投資家の具体的な対応の例を見てみよう。「どこに、どれだけ」の気候リスクがあるのかを知りたいのは、機関投資家も同様だ。むしろ自らの運用益に直結することから、より具体的なニーズとして気候リスク情報を求めていると言える。では機関投資家は、どのようにして非常に多くの「船」のリスクを把握し、管理しようとしているのか。先行事例を紹介しよう。

まずはブラックロックの例だ。ブラックロックの例を度々紹介するのは、同社が世界最大の運用会社であることに加え、いわゆる「環境にやさしい投資」を志向するのではなく、経済的なリスクとリターンの観点から気候変動の影響を捉えているからだ。

同社のラリー・フィンクＣＥＯは、投資先の企業に毎年書簡を送り、同社の考え方を伝えている。２０２０年の書簡では、その大半を気候変動に割いた上で次のように述べている。「(気候変動は)リスクや資産価値の根本的な見直しを促しています。資本市場は将来のリスクを先取りした形で織り込むため、気候変動そのものよりも早い時期にそのアロケーション（allocation：割り当て、配分）を変更するでしょう。すなわち近い将来、おそらく大半の人々が予想しているより早いタイミングで大規模な資本の再分配が起きるのではないでしょうか[17]」。なかなか思い切ったメッセージだが、同社はこの言葉どおり、投資リスクの管理手法の中に気候リスクを組み込み始めた。

ブラックロックは、通常の投資リスクの管理において「Aladdin」と呼ばれる独自のツールを用いている。Aladdinは、「Asset, Liability, and Debt and Derivative Investment Network」の頭文字をとったもので、世界の株式、債券、デリバティブ、通貨、未公開株式等のリスクを定量的に測定するほか、リーマンショックや中国の金融引き締め等の影響など、あらゆるシナリオに備えたポートフォリオの管理を行えるとしている。このツールは有料で外部にも提供されており、著名な機関投資家やＩＴ大手企業など２５０社以上が利用している（Aladdinによって管理されている資産の総額は20兆ドル（約２１００兆円）に及ぶとされる)。

同社は２０２０年12月（冒頭のＣＥＯの書簡発表の約10カ月後）に、このAladdinに気候リスクを管理する機能「Aladdin Climate」を統合すると発表した。このツールは、物理的リスクや政策リスクなどを加味して個々の資産価値を調整するとともに、様々な気候リスクを指標化してそれらをモニターする。例えばこんな感じだ。ある住宅ローン担保証券の物理的リスクを知りたいとする。その場合、このツールを開き、有価証券の種類などの基礎項目、知りたいリスクの種類、気候変動に関するシナリオ、時間軸などを設定する。ツール内では、ローン証券の裏付けとなっている住宅の位置情報（25×25メートルの区画レベルで特定できる）が、各種のリスクと紐づけられ、ハリケーン、洪水、エネルギーコストの上昇などのリスクが示される。[18] これは物理的リスクのイメージだが、政策、技術、エネルギー供給の変化などの影響についても、個別の証券や債券レベルで評価できるとしている。[19]

ブラックロック以外にも、多くの投資アドバイザーや格付け機関などが、気候リスクを把握するためのツールを開発してきている。例えば、著名な格付け機関であるムーディーズも、個別企業の気候リスクを定量化するモデルを開発し、世界の4万社以上の企業について、「気候リスク調整後の予想デフォルト確率」を算出できるとしている。[20]

本書執筆時点で、日本では企業の気候リスク情報の開示に注目が集まっているが、一つ念頭におくべきことがある。それは、機関投資家は、企業側が開示している情報のみを頼りに評価を行っているのではないということだ。これは、考えてみればごく当然のことだ。現状、企業が開示する気候リスクに関する情報は、必ずしも財務諸表に求められるような厳密さはない。また、それら情報を外部の第三者が監査するような仕組みも設けられていない。

誤解を恐れずに言えば、現時点の気候リスクに関する情報開示は、「企業が自分に都合の良い解釈で、情報開示ができる」という発展途上の段階にある。通常の財務情報においても不適切な開示などは後を絶たないが、自主的に開示される情報に至っては、「推して知るべし」であろう。

実際、企業が開示する情報を補うようなやり方を模索する動きも加速している。ブラックロックのAladdin Climate以外にも、人工衛星を活用した観測データを用いたもの（これは、CO2を多量に排出する施設等をモニターし、その稼働率などを把握することで座礁資産化のリスクを推定するなどが想定されている）、SNSなどで得られる情報を分析し当該企業の評判や方向性を分析するものなど、様々な動きが出てきている[21]。では、企業による自主的な情報開示は意味がないのかと言えば、全くそうではなく、むしろ脱炭素経営おいて非常に重要な役割を担うのだが（詳細は第5章7節参照）、いずれにせよ機関投資家が気候リスクを多面的に評価し始めていることは押さえておくべきである。

3　投資家による気候リスクへの対応

気候リスクの所在を把握し始めた投資家は、並行してそのリスクを適切に管理する試みを始めている。先に述べたとおり、機関投資家にとっては、「船」と「海」の両方の状態が投資リターンに影響するため、その対応は、個別企業と市場全体の両方に及んでいる。

「船（個別企業）」への対応から見てみよう。ここ数年、特に気候リスクが高いと考えられる企業に対して、機関投資家が具体的な対応を取る事例が多く出てきている。

まずは、投資先企業の気候リスクを精査し、それを直接的に財務諸表に反映させることを求める動きだ。国際的なエネルギー企業である英ＢＰ社は、２０２０年６月、気候リスク（および新型コロナウイルス）の影響を財務諸表に反映すべく、約１７５億ドル（約１・９兆円）もの巨額の減損を計上した。これは、脱炭素化がさらに進展することを踏まえ、カーボンプライシングが２０３０年に１００ドル／ｔ－ＣＯ２になることを想定し、化石資源を中心とした資産の価値を再評価した結果だ。ＢＰは、以前からカーボンプライシング40ドル／ｔ－ＣＯ２を想定した資産評価を行っていたが、脱炭素化が本格化する中、カーボンプライシングの価格想定を厳格化した[22]。

背景には、サラシン&パートナーズや英国国教会年金理事会など、20社の機関投資家による要請があったとされる。これらの投資家は、気候リスクを具体的に会計文書に反映させる必要性があること、資産が過大評価されていないかを検証することなどをＢＰ社に求めていた[23]（同投資家は、同様の要望を他の石油会社や会計監査法人にも求めたとしている）。なお、ＢＰの減損処理から１年余り後の２０２１年夏までに、欧州のカーボンプライシングの価格は大きく上昇した。

２０２０年6月時点で約30ユーロ／ｔだった排出枠の価格は、２０２１年の夏には60ユーロに迫っている。これは、２０２０年末にＥＵが２０３０年の削減目標を引き上げたことが原因と見られ、今後も排出枠価格は高止まりすると見られる。結果として、ＢＰに対する投資家の要求は、政策リスクへの対応として非常に適切なものであったと評価されるだろう。

この事例は、機関投資家が、気候リスクに晒されている企業に、そのリスクをより客観的、具体的な形で開示させ、適切な対応を迫ったものだ。

企業の取締役会に対して気候リスクの管理を強化するよう求める動きもある。ブラックロックは２０２１年に、取締役会に対して、脱炭素化に整合する中長期的な目標の設定と開示を求め、仮にそれが満たされなかった場合は、企業側が提示する取締役の選任に反対票を投じる可能性があると発表した。また個々の取締役に気候変動に関する専門知識を備えることを求めるなど、取締役会の責任において気候変動に適切に対応することを強い調子で求めている。

より直接的に気候変動の専門家を取締役に登用することを求めるケースもある。米石油メジャーであるエクソンモービルの例だが、２０２１年の株主総会において、同社の株主が環境問題への造詣が深い4名の外部人材を取締役に推薦し、結果、うち3名が選任された。この提案を行った株主は、エクソンの全株式のわずか０・02％を保有するに過ぎなかったが、カリフォルニア州教職員退職年金基金（カルパース）らの大手機関投資家が賛成に回り、提案は可決された[24]。

このように、機関投資家が、自ら保有する船に有能な船長を送り込み始めるといった動きも出てきている。

一方、投資先の企業において、適切な気候リスクの管理が困難だと判断される場合は、「資金を引き揚げる」こともある。これが、ダイベストメントと呼ばれる行動である。ダイベストメントは、投資（インベストメント）の対義語であり、気候変動やＥＳＧの文脈では、気候リスクの高い資産（株、債券等）から投資を引き揚げることを意味する。

第２章の炭素予算の部分で述べたとおり、気候科学と経済合理性の観点からは、付加価値当たりのＣＯ２排出量が多い製品やサービスの政策リスクが高いことは、高度な分析を行わずとも明らかである。また、投資先に様々な提案をしても、すべてが受け入れられるわけではない。このような場合、投資を引き揚げることも重要な選択肢の一つだ[25]。２０１５年のパリ協定合意に前後して活発化した、金融機関による石炭関連事業からの投資引き揚げの動きが、それに該当する。（図４－３）。

２０２１年時点では、石炭関連事業、および当該事業から一定以上の収入を得ている企業への投融資を停止している金融機関の数は１４５社に上る[26]。また、最近では、株や債券といった有価証券の売

図4-3　石炭関連事業*からの投資撤退を宣言している主な金融機関の例

金融機関名	業種	宣言時期	最新の宣言内容*
BNP Paribas（仏）	銀行	2015年5月	石炭採掘、石炭火力事業から撤退
AXA（仏）	保険	2015年5月	2040年までに石炭事業から完全撤退（EU域内等では2030年迄）
AVIVA（英）	保険	2015年7月	石炭資産から投資撤退。大半の石炭事業の保険引き受け停止
Citi（米）	銀行	2015年10月	全事業の25％以上の収入を燃料用石炭から得ている企業から撤退
Morgan Stanley（米）	銀行	2015年11月	新規の石炭火力発電所、石炭採掘事業への投融資を禁止
ING Group（蘭）	銀行	2015年11月	石炭採掘事業、石炭火力事業から撤退
Allianz（独）	保険	2015年11月	石炭資産の大半から投資撤退。石炭関連事業の保険引き受け停止
Standard Chartered（英）	銀行	2016年5月	石炭採掘、石炭発電事業から撤退

出典：INSTITUTE FOR ENERGY ECONOMICS AND FINANCIAL ANALYSIS（20 June, 2021）*Finance is leaving thermal coal*を参考にIGES作成　*宣言内容は最新のもの。宣言時期当初の内容からアップデートされているケースも多い。

却に加え、保険の引き受けを停止するという動きもある。すでに２０１７年頃からアリアンツ、アクサ、チューリッヒ、スイス再保険などの有力な保険会社が石炭事業の保険引き受けを停止し始めているほか、２０２０年以降は日本の保険会社もほぼ同様の方針を打ち出している。

これらが、機関投資家が、投資先企業に行っている対応の代表例だ。まとめると、①リスクの所在をより具体的に見える化する、②取締役会に対応を求める、③リスクを管理できない場合には投資を引き揚げる、という分類になる。ごく当然のことを実施しているだけのようにも見えるが、これらは通常のリスク管理の中に気候変動の要素が内部化された証左でもある。この点は、よく認識しておくべきだろう。

●機関投資家による経済全体の気候リスクへの対応

次に「海」、すなわち政策やマクロ経済への対応を見てみよう。前章で見たとおり、秩序ある政策導入を通じて、1・5℃目標を達成できるか否かは、機関投資家の利益に大きな影響を及ぼす。よって「海」への対応の柱は、秩序だった政策の導入を各国政府に求めるというものとなる。

2021年6月、450社を超える機関投資家らが、英国で開催されるG7サミットに先立ち、G7各国、そして全世界の政府に宛て、気候変動対策を早急に強化することを求める書簡を公表した。これら450社の投資家の運用総額は約41兆ドル（おおよそ4500兆円）に上り、世界の運用総額の約37％をカバーするという莫大な規模だ。書簡では、各国政府が気候変動の影響を過小評価していること、現状のままではパリ協定の目標を達成できないことに触れ、以下の具体的な項目の実施を求めている。[27]

1. 気温上昇を1・5℃に抑制するための各国の2030年目標の強化
2. 今世紀半ばまでを目途とした各国のネットゼロ目標の宣言と中間目標を含む実現経路の明確化
3. 削減目標に沿った国内政策によるネットゼロ分野への民間資金の誘導、本格的なカーボンプライシング、期限付きの化石燃料助成金の廃止等の実施

4．新型コロナからの経済復興策がネットゼロ排出への移行に資するものであることの確認
5．気候関連財務情報開示タスクフォース（ＴＣＦＤ）の提言に準拠した気候リスク情報開示の義務化

この要求の1～4は、すべて1・5℃目標に整合する政策の早期導入を求めるものである。個別の企業に関連するのは、気候変動リスクの情報開示だけだ。一見すると、科学者やＮＧＯの要望と見間違えそうだが、これらは機関投資家が、自らの長期的な運用利益と適切な政策の導入が同一線上にあることを理解している証左だ。書簡に署名したフィデリティ・インターナショナルの幹部は、「気候変動は最も差し迫った脅威の一つであり、必然的に企業の長期的収益と持続可能性に重大なリスクをもたらします。私たちのメッセージは明確です。気候危機は看過されるべきでなく、また、看過できるものでもありません」と述べ、政策の強化を強く求めた。他にも、ステート・ストリート・グローバル・アドバイザーズら著名な機関投資家が異口同音に、秩序だった政策の強化が投資家の利益にかなうことを訴えている（書簡にはアセットマネジメント・Ｏｎｅを含め日本の有力な機関投資家も署名している）。

もう一つ、「海」への対応として注目されるのは、機関投資家が企業のロビー活動に対して目を光らせ始めたことだ。実は秩序だった政策導入を阻む要因の一つは、政策強化に反対する産業界の強いロビー活動である。これは、なかなか日本のメディアなどでは出てこないが、気候変動政策に多少な

りとも従事したことがある人にとっては周知の事実であり、近年は機関投資家もそのことに気づき始めた。気候変動政策へのロビー活動については次章で詳述するが、ここでは機関投資家によるそれらへの対応を見てみよう。

Climate Action 100+（以下CA100+）は、機関投資家が連携し、気候変動に関連する投資先企業への働きかけ（エンゲージメントと呼ばれる）を共同で行うネットワークである。2017年に発足し、2021年春の時点で545の機関投資家が参加、その運用総額は52兆ドル（約5700兆円）に上る。先のG7に書簡を出した投資家連合を上回る巨大な規模だ。このCA100+は、時価総額や、気候リスクが高いなどの基準により約160の企業を選定し、共同で働きかけを行っている（日本企業では、トヨタ、ホンダ、日産などの自動車会社や、日本製鉄やENEOSなどのエネルギー・素材大手が含まれている）。

CA100+は、投資先企業によるロビー活動の実態調査を進めるとともに、投資家が期待する適切なロビー活動の内容を伝達するなどの対応を始めている。彼らの調査によれば、大手企業の多くが、自社としては政策を支持するなどの前向きな姿勢をアピールする一方、それら企業が加盟する業界団体は依然として問題のあるロビー活動を行っている。

実際、CA100+の対象企業は世界的な大手企業ばかりだ。彼らは往々にして業界団体への影響力も強い。投資家は、「個社としては前向き、業界団体としては後ろ向き」という姿勢に疑念を持っているといえる。このような背景の下、ＣＡ１００＋は、ロビー活動の情報開示、カーボンプライシング等への姿勢の改善などを求めている。[28]また、それらの活動が成果を上げ始めているとして、世界最大の資源会社であるＢＨＰらが、政策導入に反対するロビー活動を行ってる業界団体から一時的ながら脱退を決意したことなどを公表している。ＣＡ１００＋以外にも、同様の対応を行う投資家らが現れており、今後、政策導入を阻むような産業界のロビー活動に対応する動きは活発化すると見られる。

機関投資家の関心は、自らの長期的な投資リターンを高めることだが、その際に大きな課題となるのが気候変動なのである。また、物理的、政策的リスクの双方を踏まえると、投資家にとっても、そして投資先企業や市場全体にとっても「秩序ある政策導入を進め、１・５℃目標を達成する」ということが、最善手となるのである。

筆者はＪＣＬＰと共に過去多くの機関投資家と議論を重ねてきているが、先進的な投資家が持つ、「経済全体にとって最善の形で脱炭素化への転換をデザインしていく」という視点に触れ、深く感銘を受けたことを覚えている。

さて、ここで述べた機関投資家の視点は、次章で述べる「脱炭素経営のスタンダード」と深く関わってくる。脱炭素経営を行う上で、この投資家の視点を念頭に留めておくことは重要である。

4 気候変動が企業価値に影響する経路

ここまで、気候変動、および脱炭素社会への転換が、マクロ経済や企業にどのように影響するかを見てきた。また、機関投資家がそれらの影響をどう捉え、対応を進めているかを概観した。本章の最後に、これら様々な動向を、「気候変動が企業価値に影響を与える経路」という形で一気通貫して見てみよう。この経路を念頭に置くことで、より広い射程で市場や企業を見ている投資家の視点の理解がさらに深まる。

図4－4を左から右に順にご覧いただきたい。まず、一番左側にある**気候変動の進行**がすべての起点となる。これは、CO2の排出によって大気中のCO2濃度が上昇した結果、気温の上昇やそれに伴う気候の変化が起こることだ。気候変動が進行すれば、各地で熱波の増加、台風の大型化、干ばつの発生など、**気象災害**が生じる。また今度は、関連して、食料生産や居住など、人間社会に様々な副次的な影響を及ぼすだろう。この気象災害は、企業活動に**物理的（直接的）影響**を与える。猛暑による労働生産性の低下、山火事による保険料の上昇、洪水によるサプライチェーンの寸断などがこれに当たる。**金融機関**、**投資家**らもこれらの気象災害のリスクを踏まえた投融資の判断を行い、これも企業に影響してくる。気象災害による直接的な企業活動への影響、これが一つ目の経路だ（図では上部

図4-4　気候変動が企業に影響を与える経路

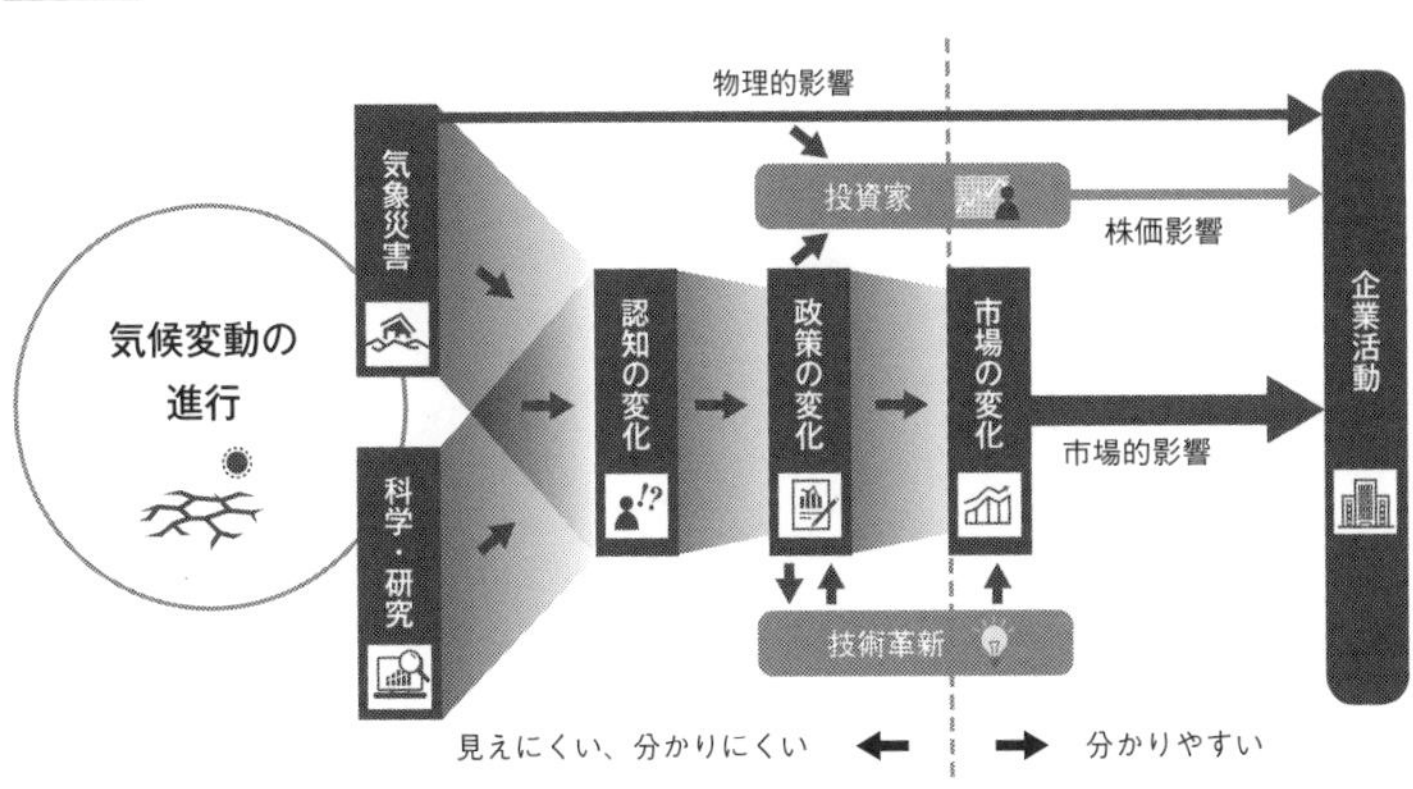

出典：JCLP気候リーダーズシグナル（JCLP会員誌）

のフロー）。こちらの経路は直感的にも理解しやすいだろう。

より複合的な経路もある（図では下部のフロー）。こちらも**気候変動の進行**からスタートするが、その次に来るのは**科学的知見・研究**の蓄積だ。気候変動への懸念により研究も増加する。観測情報も蓄積され、新たな知見も増加する。第1章で触れた個々の気象災害と気候変動の関係性の分析はその代表的な例だ。

続いて人々の**認知の変化**が生じる。これは、世論の変化と言い換えてもよいだろう。気象災害の増加を肌で感じるようになり、また関連する研究の成果が世の中に発信されるにつれ、人々のリテラシーが上がる。気候変動を適切に理解すれば、放置したままでよいと考える人は少ないだろう。政治や経済のリーダーにおける気候変動の優先度も上がる。ダボスに参加する政治や経済界のリーダーの認知などがこれに当たる（ちなみにグレタさんをはじめとする若者の抗議活動の出現も科学の発展と認知の変化という文脈で語ることができる。なお、グレタさんが常に訴えているのは、「科学者の声を聞け」だ）。

そして、**政策に変化**が生じる。これは、政策リスクの部分で再三解説しているため詳細は割愛するが、政策の変化は、気候変動を「企業価値への実質的な影響」に変換する重要な部分だ。政策の変化は、**金融機関・投資家・投資家による企業への評価**にも大きく影響する。重要政策であるカーボンプライシングなどが導入されれば、脱炭素の分野で新たな市場が創出され、経営資源がそれらの分野に向かう。研究開発も活性化され、様々な**技術革新**（イノベーション）が起こるだろう。ここまでくると、企業の収益にダイレクトに影響する。脱炭素化に整合しない製品等の市場は縮小し、ＣＯ２が少ない製品やサービスの市場が活性化する。資金の流れも変わり、企業の資金調達にも影響が出る。**株価にも大きく影響**するだろう。

社会の認知や市場の変化は、消費者の企業に対する見方も変えていくだろう。脱炭素化に真剣に取り組んでいないとみなされると、市場や社会の信頼を失うかもしれない。この、認知、政策、市場を経由して企業に影響が及ぶという第二の経路だ。

どちらの経路も、要点を単純化したものであり、実際には他の要素や、要素間の相互影響・連鎖反応もある。例えば、政策が導入されると、社会の関心が集まり、さらに世論が強化され、さらなる政策導入への期待が高まるといったフィードバックもあるだろう。また、一つの要素が次の要素に影響を与えるまでのリードタイムもある。

重要なのは、気候変動という現象が、企業活動に実質的な影響を与える際にはいくつかのステップを挟むこと、それらのステップは企業に影響を与える事柄の先行指標であることを理解することである。極端な例かもしれないが、例えば２０２０年4月に東アフリカで起こったバッタの異常発生（気候変動が関連するとされる）は企業への影響とは縁遠いと思える。しかし、この蝗害（こうがい：バッタによる農作物への被害）は中東を経由し中国にまで大きな被害をもたらした。仮に中国がこの蝗害と気候変動の関係を深刻に考えた結果、ＥＵと協調してカーボンプライシングや国境炭素調整措置を導入すれば、世界のビジネス環境は一変するだろう。

蝗害の例は架空のものだが、中国が気候変動の進行を認知し、徐々に対策を強化しつつあるのは事実だ。

また、スウェーデンの15歳の少女が一人で始めたストライキは、実際に欧州の政策をさらに強化する重要な契機となった。

このように、様々な出来事の連鎖を理解し、重要な動向をモニタリングすることで、経営における意思決定の質を高めることができる。

なお、図4－4における右側（企業に直接影響が及ぶ現象）に関する情報を得るのは比較的容易だ。一方、図の左側（自然災害、科学、認知等）の情報を体系的に収集するのは骨が折れる。しかし、こ

図4-5　1.5℃目標への排出経路と想定される変化

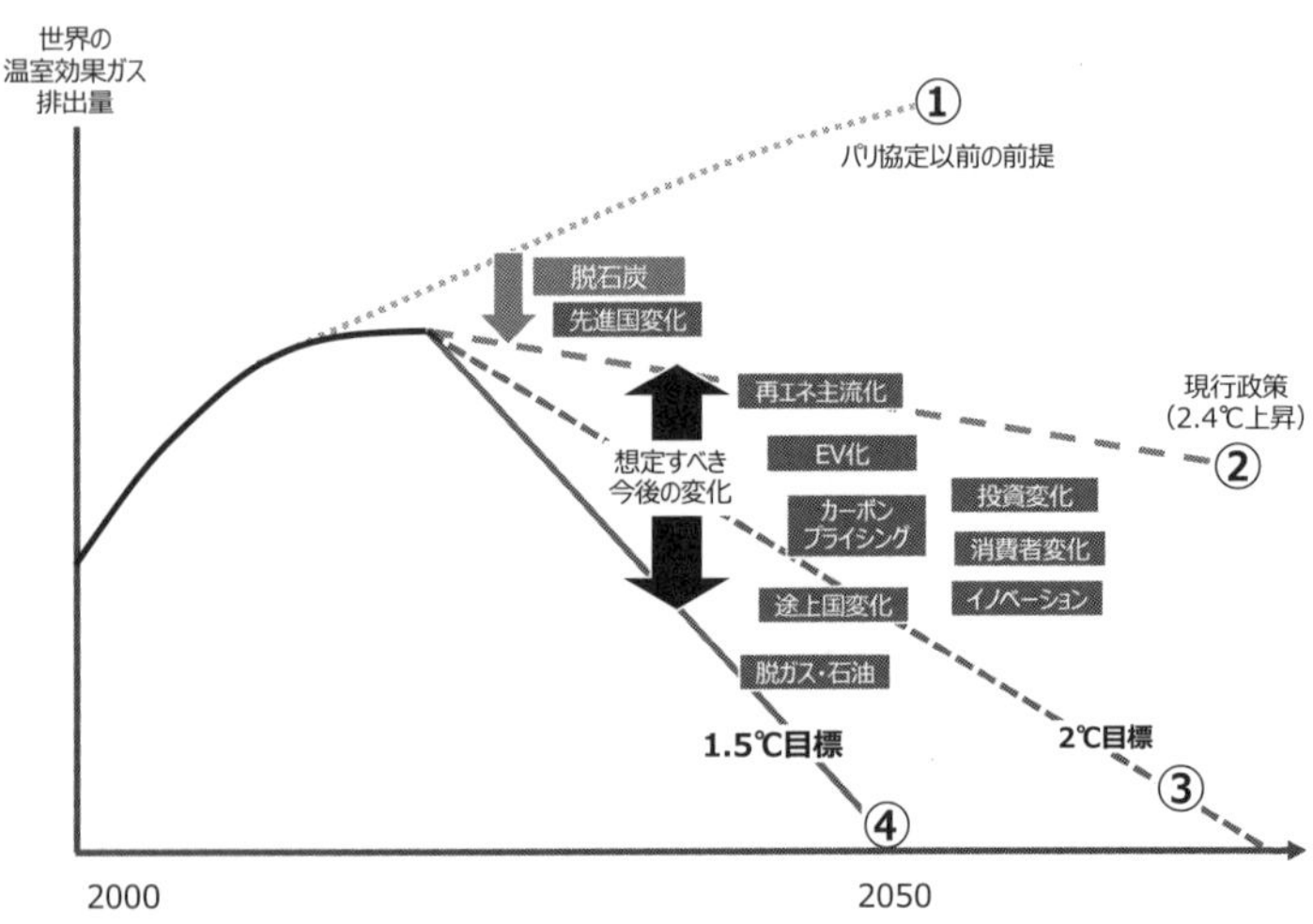

出典：IPCC、Climate Action Trackerを参考にIGES作成

れらの部分にこそ、先行指標として重要な情報が詰まっていることも理解しておくべきだろう。JCLPではこの考え方に従い、気候科学、認知、政策の変化、投資家動向、そして具体的な企業へのインパクトについての国際的な動向を一気通貫でモニタリングし、それを各企業で共有することで各社の意思決定に役立てている。船の例で言えば「風向きを読んでいる」のである。風は図4－4の左から右に向かって吹いていることも重要な点である。気候変動の影響が顕在化する現在において、脱炭素化は不可逆的な潮流だ。今後は、変化の先行指標を把握することで、いつ、どのような変化が生じるかといった詳細な見極めが重要となってくる。

もう1点重要なのは、これらの変化が今後も続き、かつ加速する可能性があることだ。図4－5のとおり、パリ協定の合意により、世界の温室効果ガスの排出見通しは下方修正された。この際の最も大きな変化は石炭火力発電の位置づけだろう（石炭火力の例ばかりで恐縮だが、それだけ象徴的な事例である）。パリ協定の合意後しばらくの間は、重電メーカーをはじめ、商社、銀行、シンクタンクなどがこぞって「日本の石炭火力発電は高効率であり、今後も伸びていく」と想定していた。しかし、実際に削減を強化する段になって、石炭火力発電が厳しい状況に置かれたのはご存じのとおりだ。

では、現在そして将来のリスクをどう見るべきだろうか。２０２０年の後半から２０２１年にかけては、米国のバイデン政権誕生も相まって、パリ協定合意点から、さらに一歩踏み込んだ政策が次々に発表されている。しかし、２０２１年4月現在に確認されている政策の引き上げをすべて勘案しても、将来の排出見通しは、図４－５の②の線上にある。排出量の予測は以前より大分下がったが、それでも気温はおおよそ２・４℃上昇するレベルだ[29]。

つまり、１・５℃を目指すには、図における③（2℃目標と整合）、そしてさらに④（１・５℃目標と整合）へと、あと2段階は大きな変化が必要となる。よって、いずれは、カーボンプライシングや国境炭素調整措置などの制度の変革、再エネの価格低下やＥＶ関連の技術の発展、各種インフラや消費行動の変化など、さらなる変化が起こる可能性は高い。

無論、今後世界各国が順調に１・５℃目標に整合する政策を導入できるかどうかはまだ分からない。

まさにリスク（不確実性）だ。ただ、世界が１・５℃目標、そして「秩序ある政策の導入」を志向していることから、さらなる変化を見据える必要がある。適切な経営の意思決定を行うためにも、この点を頭に留めておくことは重要だ。

❖ 第４章　注釈および参考文献

1 Jessop, S and Kerber, R. (10th December, 2020) *Top investor BlackRock to expand climate talks with companies in 2021* Reuters, URL:https://jp.reuters.com/article/us-climate-change-blackrock/top-investor-blackrock-to-expand-climate-talks-with-companies-in-2021-idUSKBN28K0EM (Accessed: 5th June, 2021)

2 Declan Harty(10th December, 2020) *BlackRock to ratchet up climate, diversity pressure on companies in 2021* S&P Global Market Intelligence, URL:https://www.spglobal.com/marketintelligence/en/news-insights/latest-news-headlines/blackrock-to-ratchet-up-climate-diversity-pressure-on-companies-in-2021-61682438 (Accessed: 9th June, 2021)

3 Ellfeldt, A.(26th January, 2021) *'Enormously big deal': Fed creates climate committee* E&E News URL: https://www.eenews.net/stories/1063723523 (Accessed: 5th June, 2021)

4 HM Treasury (3rd March, 2021) *REMIT AND RECOMMENDATIONS FOR THE FINANCIAL POLICY COMMITTEE* URL:https://www.bankofengland.co.uk/-/media/boe/files/letter/2021/march/fpc-remit-and-recommendations-letter-2021.pdf?la=en&hash=3C5B23BE764387498155F61CAF255417E665CCE8 (Accessed: 5th June, 2021)

5 日本銀行（２０２１年３月25日）『気候関連金融リスクへの取り組み－中央銀行の視点から－』URL: https://www.boj.or.jp/announcements/press/koen_2021/data/ko210325a.pdf (Accessed: 5th June, 2021)

6　Bank of England (30th October, 2014) *Letter from Mark Carney on Stranded Assets* URL:https://www.parliament.uk/globalassets/documents/commons-committees/environmental-audit/Letter-from-Mark-Carney-on-Stranded-Assets.pdf (Accessed: 5th June, 2021)

7　Financial Stability Board (5th October, 2015) *To G20 Finance Ministers and Central Bank Governors* URL: https://www.fsb.org/wp-content/uploads/FSB-Chairs-letter-to-G20-Mins-and-Govs-5-October-2015.pdf (Accessed: 5th June, 2021)

8　Suntheim, F. and Vandenbussche, J. (29th May, 2020) *Equity Investors Must Pay More Attention to Climate Change Physical Risk* International Manetary Fund, URL:https://blogs.imf.org/2020/05/29/equity-investors-must-pay-more-attention-to-climate-change-physical-risk/ (Accessed: 5th June, 2021)

9　大和総研（２０１８年９月20日）『金融リスク抑制の十年を点検する』URL:https://www.dir.co.jp/report/research/economics/china/cass/20180920_020315.html（閲覧日：２０２１年６月５日）

10　佐志田晶夫（２０２０）『グリーンスワン・レポートの紹介～気候リスクへの中央銀行、金融規制当局の対応』公益財団法人日本証券経済研究所 URL: https://www.jsri.or.jp/publish/topics/pdf/2002_02.pdf　なおグリーンスワンとは、気候変動のリスクを「ブラックスワン」（予想外だが影響が大きい事象を指す。金融業界で使われる用語）になぞらえたもの。

11　de Guindos, L (18thMarch,2021) *Shining a light on climate risks: the ECB's economy-wide climate stress test* URL: https://www.ecb.europa.eu/press/blog/date/2021/html/ecb.blog210318~3bbc68ffc5.en.html#short (Accessed: 5th June, 2021) 十分な脱炭素政策がない場合には異常気象による倒産（債務不履行）が大幅に増える可能性があることや、特定の地域や業種のリスクが高いことと、それらリスクの高い顧客への投融資の割合が高い銀行等にとって、気候変動がシステミック・リスクの主な要因となりうるとしている。

12　The Commodity Futures Trading Commission (9th September, 2020) *CFTC's Climate-Related Market Risk Subcommittee Releases Report* URL: https://www.cftc.gov/PressReleases/8234-20 (Accessed: 5th June,

2021)
Reuters（２０２０年９月10日）『米ＣＦＴＣの諮問委、気候変動は金融システム上のリスクと指摘』
URL: https://jp.reuters.com/article/climate-change-market-risks-idJPKBN2610KG（閲覧日：２０２１年６月５日）

13 U.S. Department of The Treasury (5 June, 2021) *G7 Finance Ministers & Central Bank Governors Communiqué* URL: https://home.treasury.gov/news/press-releases/jy0215 (Accessed: 15 June, 2021)

14 三菱ＵＦＪ信託銀行（n.d.）『用語説明　ユニバーサルオーナー』 URL:https://www.tr.mufg.jp/houjin/jutaku/yougo_kensaku/kaisetsu/ja_yu/ja_yu_002.html（閲覧日２０２１年６月15日）

15 無論、長期的視野に立った意思決定を行っている個人や企業も存在する。しかし、人や企業が、基本的には目の前の利益を重視するという性質を持つのは、経済学などで明らかにされている。「割引率」などを使うのも、人や企業のそれらの性質を加味したものである。

16 リーガル・アンド・ジェネラル・インベストメント・ジャパン　ＪＣＬＰ向けセミナー資料（２０２０年９月）より（本画像の知的所有権は、Legal & General Investment Management Limited (LGIM)に帰属していることから、同社の許諾を得て掲載）

17 BlackRock (2020)『Larry Fink's letter to CEOs 2020 金融の根本的な見直し』 URL:https://www.blackrock.com/jp/individual/ja/about-us/larry-fink-ceo-letter-2020

18 Amy Whyte (30 October, 2020) *There's a New Competitor for BlackRock's Aladdin* International Investor, URL:https://www.institutionalinvestor.com/article/b1p16gdpxnb53l/There-s-a-New-Competitor-for-BlackRock-s-Aladdin (Accessed: 15 June, 2021)

19 Julie Segal (1 December, 2020) *What Will Climate Change Do to Your Portfolio? BlackRock Says Aladdin Now Has the Answer*. Institutional Investor
URL:https://www.institutionalinvestor.com/article/b1ph0ht8rhjg9v/What-Will-Climate-Change-Do-to-Your-Portfolio-

BlackRock-Says-Aladdin-Now-Has-the-Answer (Accessed: 15 June, 2021)
BlackRock (n.d.) *Alladin Climate* URL: https://www.blackrock.com/aladdin/products/aladdin-climate (Accessed: 15 June, 2021)

20 Edwards, J., Cui, R., and Mukherjee, A. (2021) *Assessing the Credit Impact of Climate Risk for Corporates* MOODY'S ANALYTICS URL:https://www.moodysanalytics.com/-/media/whitepaper/2021/assessing-the-credit-impact-of-climate-risk-for-corporates.pdf

21 Mark Tulay (25 May, 2020) *Man vs. machine: A tale of two sustainability ratings systems GreenBiz* URL:https://www.greenbiz.com/article/man-vs-machine-tale-two-sustainability-ratings-systems (Accessed: 15 June, 2021)
Spatial Finance Initiative (n.d.) *GeoAsset* URL: https://spatialfinanceinitiative.com/geoasset-project/ (Accessed: 15 June, 2021)

22 BP (15 June, 2020) *Progressing strategy development, bp revises long-term price assumptions, reviews intangible assets and, as a result, expects non-cash impairments and write-offs*
URL:https://www.bp.com/en/global/corporate/news-and-insights/press-releases/bp-revises-long-term-price-assumptions.html (Accessed: 15 June, 2021)

23 Natasha Landell-Mills (22 June, 2020) *PARIS-ALIGNED ACCOUNTING IS VITAL TO DELIVER CLIMATE PROMISES* Sarasin & Partners
URL:https://sarasinandpartners.com/stewardship-post/paris-aligned-accounting-is-vital-to-deliver-climate-promises/#storetrustee (Accessed: 15 June, 2021)
Matthew Green and Simon Jessop (22 June, 2020) *Exclusive: After BP takes a hit, investors widen climate change campaign*
URL:https://www.reuters.com/article/us-climate-change-investors-exclusive/exclusive-after-bp-takes-a-hit-investors-widen-climate-change-campaign-idUKKBN23T0K5?edition-redirect=uk (Accessed: 15 June, 2021)

24 ロイター（２０２１年5月27日）『エクソン株主総会、物言う株主の取締役選出　気候変動対応へ圧力』
URL: https://jp.reuters.com/article/exxon-mobil-agm-idJPKCN2D72S0（閲覧日：２０２１年6月15日）

25 なお、ダイベストメントについては、一部投資リスク・リターンの観点以外に、倫理的、社会的評判を踏まえた判断として行われているケースもある。例えば、多数のＮＧＯが石炭火力に投融資を行っている金融機関や、保険を提供している保険会社を批判するキャンペーンを行っている。
No Coal Japan (n.d.)『なぜ日本は石炭をやめなければならないのか』 URL: https://www.nocoaljapan.org/ja/ (Accessed: 15 June, 2021)

26 INSTITUTE FOR ENERGY ECONOMICS AND FINANCIAL ANALYSIS (20 June, 2021) Finance is leaving thermal coal URL: https://ieefa.org/finance-leaving-thermal-coal/ (Accessed: 21 June, 2021)

27 The Investers Agenda (10 June, 2021) *Over 450 investors managing $41 trillion in assets tell governments to get climate policy right and massive investment will flow*
URL: https://theinvestoragenda.org/press-releases/10-june-2021/ (Accessed: 15 June, 2021) 原文は英語。要求項目は筆者による仮訳（要約）である。

28 Climate Action 100+ (2020)『２０２０年進捗報告』
URL: https://www.climateaction100.org/wp-content/uploads/2021/03/CA100-2020-progress-report-JPN.pdf
Climate Action 100+ (2019)『２０１９年進捗報告』
URL: https://www.climateaction100.org/wp-content/uploads/2020/10/Japanese-Progress-Report-2019.pdf

29 Climate Action Tracker(2021) *Warming Projections Global Update*
URL:https://climateactiontracker.org/documents/853/CAT_2021-05-04_Briefing_Global-Update_Climate-Summit-Momentum.pdf他を参照

❖【図表参考資料】

図4-1：Network for Greening the Financial System (2019) *A call for action Climate change as a source of financial risk* URL:https://www.banque-france.fr/sites/default/files/media/2019/04/17/ngfs_first_comprehensive_report_-_17042019_0.pdf

図4-2：リーガル・アンド・ジェネラル・インベストメント・ジャパン（２０２０年９月）ＪＣＬＰ向けセミナー資料

図4-3：INSTITUTE FOR ENERGY ECONOMICS AND FINANCIAL ANALYSIS (20 June, 2021) *Finance is leaving thermal coal* URL: https://ieefa.org/finance-leaving-thermal-coal/ (Accessed: 21 June, 2021)

図4-4：ＪＣＬＰ気候リーダーズ・シグナル（ＪＣＬＰ会員誌）より

図4-5：ＩＰＣＣ、Climate Action Trackerを参考にＩＧＥＳ作成

第3部

脱炭素経営の実践

第3部では、気候リスクを踏まえた企業（事業会社）による脱炭素経営の内容について見ていく。そもそも、「脱炭素経営」とは何なのか。筆者が知る限り、「脱炭素経営」なるものの明確な定義は見当たらない。また、最近急に出てきた言葉であることから、各々が思いおもいの意味で使っている感もある。よって、気候変動の文脈等を踏まえ、ここでは仮に、脱炭素経営を「気候危機の回避に向け、企業が社会から求められる役割を果たしつつ、それが自社の持続的な発展（継続的な利益の獲得・拡大）につながるようにデザインされた体制や取り組みのパッケージ」と定義しておこう。

最初にお断りしておくと、この脱炭素経営はいまだ黎明期にあり、気候変動リスクの情報開示をはじめ、様々な取り組みやスタンダードは今後大きく進化すると予想される。したがって、ここで紹介する枠組みや事例も、言わば脱炭素経営のベータ版（試作段階の雛形）と捉えていただきたい。

一方で、第1部、第2部で見てきた気候変動に関連するロジックや潮流が大きく変わることは予想しにくい。本書では、それら「本質的な背景から導かれる企業の取り組み」という観点から脱炭素経営を整理し、今後も一定の妥当性を持つような枠組みとなるように心掛けた。

脱炭素経営の全体像は、図5－1のように整理できる。下から順に見ていただくと、まずは土台として企業理念やガバナンスがあり、その上に情報インフラの整備が来る。次いで、適切な削減目標の設定や目標達成に向けた再エネの導入などがあり、それらを踏まえて投資家らに自社の気候リスクへの対応について情報開示を行うという構成だ。

これらは、先に述べた機関投資家による投資先企業への期待に対応している。気候変動という荒波に浮かぶ「船」が企業であり、その船を適切に運航し、利益を上げるのが脱炭素経営だ。そうすると、ガ

図 5-1　脱炭素経営の基本構造

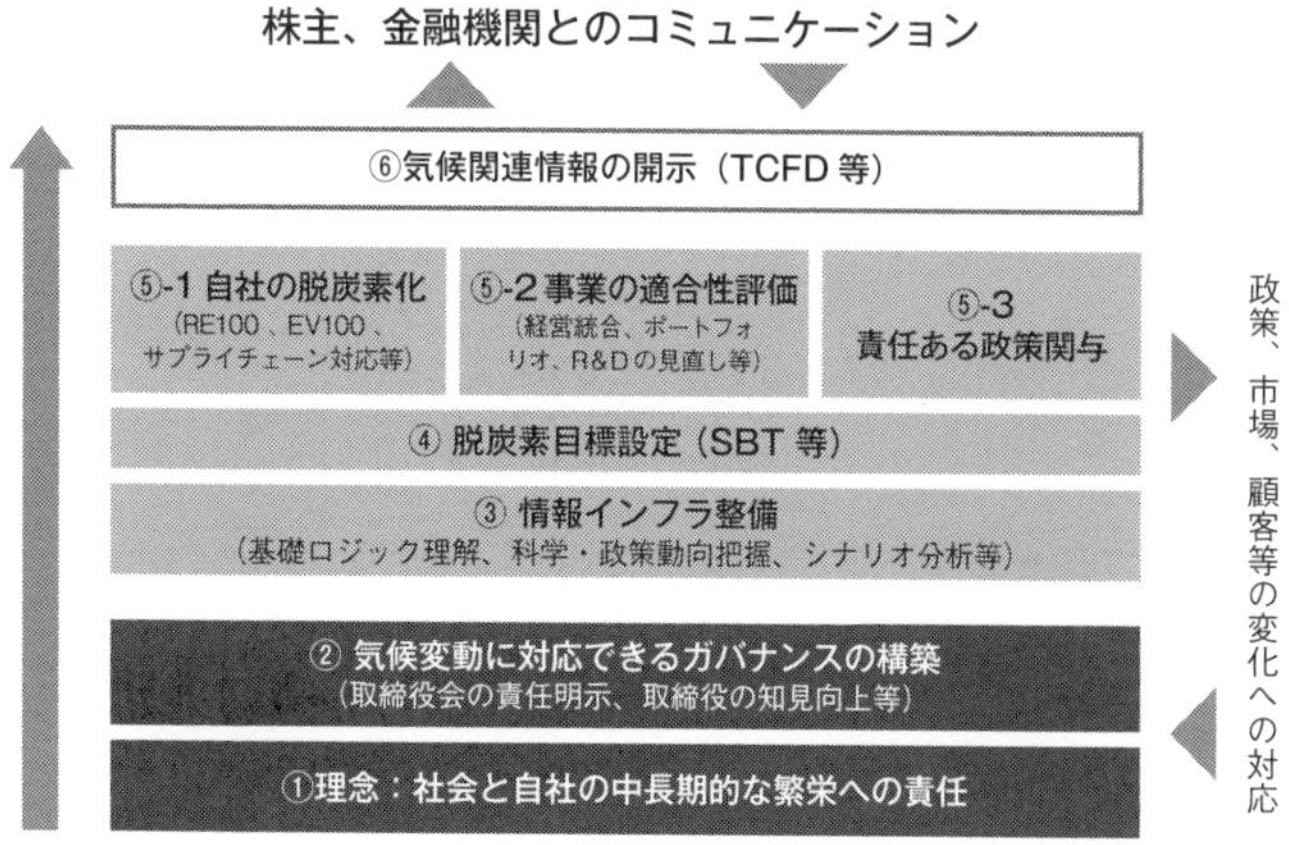

株主、金融機関とのコミュニケーション

⑥気候関連情報の開示（TCFD 等）

⑤-1 自社の脱炭素化
（RE100、EV100、サプライチェーン対応等）

⑤-2 事業の適合性評価
（経営統合、ポートフォリオ、R&D の見直し等）

⑤-3 責任ある政策関与

④ 脱炭素目標設定（SBT 等）

③ 情報インフラ整備
（基礎ロジック理解、科学・政策動向把握、シナリオ分析等）

② 気候変動に対応できるガバナンスの構築
（取締役会の責任明示、取締役の知見向上等）

①理念：社会と自社の中長期的な繁栄への責任

政策、市場、顧客等の変化への対応

出典：筆者作成

バナンスの部分は、「腕のよい船長」の任命であり、情報インフラは、「羅針盤・見張り役」だ。次いで脱炭素目標は「目的地を示した航海図」である。第5章では、脱炭素経営を船の航海に見立てつつ、各取り組みの内容や、その全体像を見ていく。

中でもグローバルな動きが活発で、日本でも注目度が高い取り組み（科学に準拠した温室効果ガス削減目標設定：SBT、自社の脱炭素化：RE100等、情報開示：TCFD）については詳しく解説し、さらには日本企業による実践事例も紹介しよう。

第5章 脱炭素経営のグローバルスタンダード

1 土台としての企業理念とガバナンス

脱炭素経営の土台となるのは、やはり「社会と調和する形で発展していく」という企業理念だ。気候変動は実際に企業の業績にも影響を与えるため、「高潔な理念がなくとも脱炭素経営は可能」という考えもあるだろうが、気候変動のリスクやコストが十分に市場に内部化されていない現在の過渡期においては、脱炭素に逆行するようなこと（または、何も対応しないこと）が、一見経済合理的に〝見える〟ことも少なくない。

実際、日本では省エネ効率が良い機器や再エネを導入しようと思うと、追加的にコストがかかるというのがまだ一般的だ。しかし、短期的な費用対効果のみで意思決定を行うばかりでは、中長期的な企業の発展を損なう。各社がスムーズに脱炭素経営へと移行するにあたっては、やはり企業理念の存在は重要である。

鍵は、企業理念に中長期の視点があるか否かである。筆者の感覚では、多くの日本企業では、「三方良し（売り手良し、買い手良し、世間良し）」という理念が多かれ少なかれ共有されている。気候変動は、「世間良し」の一部と考えることができるが、この際、「いま・現在」の世間だけを見ているか、将来を含めた中長期の世間を意識しているかは、企業によって差があると感じる。

例えば途上国に石炭火力発電を売り込む際に、「途上国の電力ニーズを満たし、現地の人々の暮らしを豊かにする」という理由が聞かれる。これは、一見すると「世間良し」と合致しているようだが、本書をお読みいただいている方には、それが一面的な見方であることはお分かりだろう。ストレートに言えば、これは短期的な利便性は勘案するが、長期的な命や生活のリスクは勘案しないという態度である。

また、世間を消費者（市民）の集団として捉え、消費者が望むものを提供することで社会的な役割を果たす姿勢も見受けられるが、これもやや問題がある。人間は将来の利益や損失を過小評価する。これは良い悪いではなく、心理学や経済学の知見からも明らかな人間の性質の一つだ。だからこそ社会にはルールが必要であり、企業には理念や責任が求められる。それを踏まえずに、「消費者が望むから」という姿勢で脱炭素に逆行する事業を進めるという考え方では、脱炭素経営への移行は困難だ。

余談だが、この消費者の性質を盾にとって自社の責任から目を逸らせるような広報活動を行う企業が批判を受けるという事例も出てきている。２０２１年、米ハーバード大学の研究グループは、エクソンモービル社による過去40年にわたる広報関係文書を統計的に解析した。結果、同社が「気候変動は、石油製品を使っている消費者に責任がある」とする論調を作ってきたことが分かった[1]。研究グループの1人は、「このような広報活動は、石油会社が消費者に対して無力な存在であるかのように見せるためのマーケティング戦術か、むしろプロパガンダである」と指摘している。[2]

企業が消費者の志向と気候変動対策との板挟みに苦しんでいるという現実を踏まえれば、この指摘はなかなかに手厳しい。しかし、消費者に責任を帰し、「企業は責任を果たしている」とすることに違和感を持つ方も多いだろう。この事例は、気候変動時代における企業と消費者の関係性を問い直す材料という意味で注目に値しよう。

このように、気候変動に関する将来視点の欠如（そして、その責任の消費者側への転嫁）は、「三方良し」の根底に流れる「社会と調和する形での企業の発展」という理念の実現を遠ざける。また、石炭火力発電の縮小やEVへのシフトなど、中長期的視点に立った意思決定が、短期的にも企業利益に叶うというケースも増えている。脱炭素経営を実践する際には、自社の理念に中長期的な視点が含まれているかどうかを今一度確認してみる必要があるだろう。

次にガバナンスである。コーポレートガバナンスの重要性が叫ばれて久しいが、これは要すれば「企業は、株主の利益に沿った意思決定を行うための体制を整備されたし」ということだ。脱炭素経営におけるガバナンスも、ほぼ同様である。すなわち、機関投資家の中長期的利益のためにも「企業は、自社および市場全体の気候リスクを踏まえ、適切な意思決定ができるよう体制を整備されたし」だ。第4章で見たとおり、機関投資家は、投資先企業の気候リスク対応と、市場全体に影響を与える「秩序ある政策導入」の両方を見ている。よって、この両面を勘案し、適切な意思決定を行うための社内体制を行うことが、企業のガバナンスに求められているのである。

なお、最近は気候リスクへの対応に関する取締役の法的な責任を明らかにしようとする動きもある。２０２１年には、オックスフォード大学らのプログラムが「気候変動に関する日本の取締役の義務」と題する報告書を発表した。報告書では、会社法などに照らして取締役が気候リスクにどのような責任を負うかを検証しており、「日本の取締役は受託者として会社の最善の利益のために行動する注意義務がある。〈中略〉気候変動はほぼすべての事業体に影響することから、会社取締役が気候関連リスク・機会に対処する義務を認識しないと、会社の最善の利益のために十分な注意をもって行為していないという理由で個人的責任を問われる可能性がある」と結論付けている[3]。

ＪＣＬＰでは、この報告書の主執筆者らを招いた勉強会を開催したが、執筆者の１人であるブリティッシュコロンビア大学法学部のジャニス・サラ教授は、「現在の会社法の範囲でも、気候変動への対応を怠った取締役は責任を問われる」と明言していた。

気候リスクへの対応で取締役が具体的に何をすべきなのかについても、大枠での方向性が見えつつある。海外の事例を見ると、投資家が「取締役が気候変動や気候リスクを理解すること（または理解できる人材を取締役会に加えること）」を求めるケースが出てきている。これは気候リスクを踏まえた上で事業執行上の意思決定が行える体制を構築することを求めるものだ。

また日本では２０２１年のコーポレートガバナンス・コードの改定において、「気候変動に係るリスク及び収益機会が自社の事業活動や収益等に与える影響について、必要なデータの収集と分析を行い〈中略〉開示の質と量の充実を進めるべきである」との項目が追記された。

気候変動に関するガバナンスの議論はまだ発展途上であるが、基本は「気候リスクを十分理解した上で、自社、および市場全体にとって適切な意思決定ができる体制を整えること」、および「自社の気候リスクやその対応について株主に情報開示を行うこと」の2点と言えるだろう。

2 気候変動に関する情報インフラの整備

「正確な情報の収集と、適切な状況判断」。これが、変化が激しい気候変動分野において脱炭素経営を行う際の実務的な基盤である。船の例で言えば、見張り役・羅針盤に相当し、これ抜きに安全な航海は望めない。と同時に、日本において課題が残る（かつ難易度が高い）部分でもあると筆者は考えている。

図5－2は、適切な状況判断を行うためのフロー、および現時点で課題と考えられる部分を概念的に示したものだ。左側のボックスは、我々が日々新聞等で目にする出来事であり、言わば「現象」として表層に現われてくる情報である。日本でも過去に比べて気候変動に関連するニュースは激増し、「情報量」としては十分なボリュームに達している。

しかし、単に情報が増えただけでは不十分だ。適切な意思決定を行うには、必要な情報を得つつ、

図5-2　適切な意思決定に必要な情報解釈のイメージ

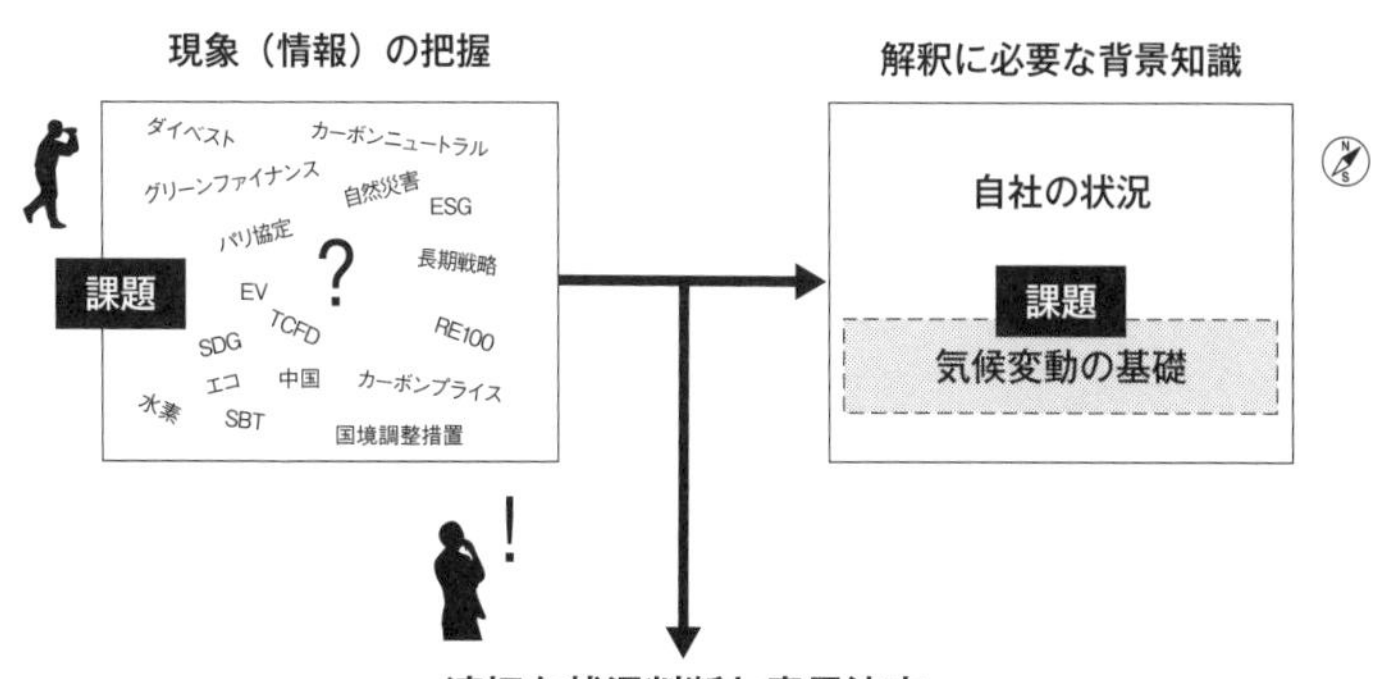

出典：IGES作成

それらの情報を、自社の置かれた状況や、気候変動の基礎的な知見や文脈（気候変動の副次的な影響や炭素予算など）に照らし合わせ、自社にとっての意味合いを解釈することが求められる。

例を挙げよう。「近年日本で水害が増えている」と言ったとき、これは現象に当たる。その現象に照らし合わせるべきは、自社の状況だ。例えば、「水害が頻発している地域には自社の工場やサプライチェーンが存在する」というのがそれにあたる。現象を自社の状況を照らし合わせれば、「水害が増えている地域に自社拠点がある。今後に備え対応が必要だ」という解釈が行われ、結果として「防災の強化、停電に備えた自家発電・蓄電池の導入」というような意思決定が行われる。これらは、企業の現場で普段から行われていることだ。

ここで、水害が増えているという現象を気候変動の文脈に照らせば、もう一段深い解釈が生まれる。例えば、「これはＩＰＣＣの指摘どおりだ。今後もこの傾向は続くだろう。遠からず金融当局や投資家らも気象災害に対する企業の耐性を評価し始めると聞く。年々保険料も上がっていくだろう」といった解釈だ。この解釈に立てば、「より経営的な観点からの対応を検討すべきだ。一度、自社工場やサプライチェーンの気象災害リスクを体系的に評価し、それらを工場立地や設備投資計画にも反映する」という意思決定がされるかもしれない。

もう一つ例を挙げよう。２０１５年、パリ協定の合意という「現象」は日本でも大きく報道されたが、その内容は、「途上国を含めた全世界が削減に合意し、21世紀後半にはゼロを目指すこととなった」というものが多かった。[4]これに対する日本での解釈は様々であったが、当時の新聞では、「対策が強化されるだろう」「今後は途上国でも削減が必要だ」という論調が多かった。また、途上国の削減に関連し、「日本の技術を用いた国際貢献が重要」「(高効率石炭火力の一つである) 石炭ガス化複合発電の需要は伸びる」との見方も少なくなかった。[5]しかし、本書で再三触れた通り、これらの解釈は適切ではなかった。

パリ協定の背景には、気候変動への危機感や炭素予算がある。また、炭素予算に照らせば、パリ協定における各国の削減目標が不十分なことも明らかだ（よって、パリ協定では5年ごとの目標の上方修正がルール化された）。当時の日本で、これらの文脈が浸透していれば、パリ協定の解釈は「事前の予想を上回る野心的な合意がなされた。これは各国が気候変動の脅威を認めた証左だ。一方、足元の各国の目標は十分ではなく、今後目標の引き上げも想定される。日本の得意とする技術は、各国が脱炭素に舵を切る中でどう評価されるだろうか」というものになっていただろう。

このように、現象についての情報を収集し、それを自社の状況と、気候変動の基礎や文脈に照らして適切に解釈するための仕組みや体制が、「気候変動に関する情報インフラ」である。

なお、この情報インフラの構築にあたっては、念頭におくべき点が二つある。一つ目は、情報収集の対象として、科学や世論を含めた幅広い分野をカバーすることが望ましいこと、二つ目は、正確かつ適切な情報の収集を心掛けることだ。

一つ目の点は、科学等が政策転換に至る時間軸と、企業が事業を行う際の時間軸とのギャップに由来する。少々ややこしいが、重要なことなので、嚙み砕いて説明しよう。

科学や世論の分野で新しい動きが出てから、それが政策に影響を与えるまでの時間軸は、最近の傾向を見れば、数年から長くて10年だ。例えば、２０１４年にＩＰＣＣが報告書を出してから、各国が２０５０年のカーボンニュートラルを宣言するまでにかかった時間は6～7年、同じく炭素予算による座礁資産リスクが指摘されてから、各国が気候リスク情報開示の義務化に動き出すまでの時間も同様に約7年だ。

また、グレタさんが初めて授業をボイコットして国会議事堂前に座り込んだのが2018年。それからわずか3年で欧州の政策は大きく加速し、本書で紹介したとおり日本にも影響を及ぼしつつある。これが、科学や世論における変化が、市場に直接影響を与える政策の変化に繋がるまでの時間軸である。なお、この時間軸は、気候危機への懸念とともに短くなる傾向もうかがえる。

対して、企業における事業サイクル、すなわち研究開発、実証、市場投入、収益化という一連のプロセスの時間軸はどれくらいだろうか。無論、業種によるだろうが、製造業などではそれが5〜10年以内に完結するケースは稀であろう。インフラに関連する事業の時間軸は20〜30年以上だ。

この両者の差が問題なのである。例えば、これまで日本の2030年の削減目標は2013年比で26%であった。それが現在は46%へと大幅に上方修正された。仮にこの26%削減を踏まえ、数年前に工場で設備投資をした場合、その設備は新しい基準を満たせないかもしれない。石炭火力発電事業もこのケースに当てはまる。パリ協定が成立する以前の前提に立ち海外への石炭火力発電の輸出を想定していた企業は、パリ協定成立後の約5年間に生じた大きな変化によって、事業計画の大幅な変更を余儀なくされている。

つまり、過去の前提や足元の状況で重要な決定を行うと、短期間で政策や事業環境が変化した際に、期待どおりの収益を上げられなくなる可能性がある。従って、重要な事柄については、科学や社会の認知の動向など、変化の先行指標となる情報を把握し、今後の変化を織り込んだ上で意思決定を行う必要がある。そのためには、科学、自然災害から、世論、技術、政策、投資家に至るまでの情報をモニターすることが望ましい。二つ目の、正確かつ適切な情報の収集についてだが、今や分野を問わず世の中には多数の情報が氾濫しており、それらの中には不正確な情報もある。気候変動の分野も例外ではない。いや、むしろこの分野こそ、古い、不正確、誤った前提、など不適切な情報が少なくない。

実際、この点を指摘した研究もある。2018年に英科学誌ネイチャー・コミュニケーションズに掲載された論文では、気候変動に懐疑的な学者・実業家・政治家らの意見が、気候変動等を専門とする研究者の意見よりも5割多く取り上げられていることを指摘した。[6] つまり、大半の科学者が人為的な気候変動を認めている中、ごく限られた懐疑的な人（専門家以外の人も含まれる）が発信する不適切な情報が、より多く流布されているということだ。

ちなみに、筆者がこの研究を知ったときには、驚くと同時に、「さもありなん」とも感じた。日本でも似たり寄ったりの状況にあると感じることが多いからだ。この論文が指摘するような状況では、企業が意図せずに誤った前提で意思決定をしてしまうリスクが高まる。よって、適切な情報の精査も必要となる。精査の方法についての詳細は本書の範疇を超えるが、基礎的な事柄として、情報の鮮度、ソースの信頼性、気候変動のロジックを理解した上での見解かどうか、などに留意することを推奨したい。

これらの点に留意しつつ、情報インフラを構築することが望ましいが、個々の会社が単独でどこまでできるかと問われれば、「言うは易し、行うは難し」かもしれない。なかなかこれという対応方法は見当たらないが、外部の力を借りることや、ＪＣＬＰのように多数の会社が協力して情報収集に当たるなども有用だろう。

まとめると、気候変動時代に適切な意思決定を行うには、複数の分野にわたる情報を収集しつつ、それらを自社の状況や気候変動の基礎、文脈に照らし、適切に解釈することが求められる。そのための社内体制の整備が、脱炭素経営の基盤となるのである。

3 脱炭素目標の決定：科学に準拠した温室効果ガス削減目標（SBT）

ガバナンス、情報インフラという基盤が整えば、その次は実際に自社の体質を脱炭素に変えていくことが求められる。具体的にはＣＯ２をはじめとする温室効果ガスの削減であり、その最初のステップが「どういうスピードで削減を進め、いつゼロにするか」という目標設定である。目標を設定することで、社内の関係各部署、従業員らとベクトルを合わせることができる。船の例で言えば、行き先や航路が記された「航海図」だ。また、投資家や社会に対して「気候危機を認識し、適切に対処します」という自社の姿勢を伝える上でも、目標設定は重要だ。

一方、適切な目標をどう決めたらよいのかを悩まれる方も多いだろう。過去、日本企業では政府の温室効果ガス削減目標（2030年に2013年比26％減）や、省エネ目標（エネルギー効率を年1％改善）などを参考に目標を定めるのが一般的であった。

しかし、これらは言わば「できそうな（達成可能な）レベル」を政府の関係者が話し合った結果である。1・5℃目標を目指す方向に状況が変化した今は、異なる考え方での目標設定が必要だ。この点は色々な難しさを孕む問題であるが（BOX⑧参照）、脱炭素経営の観点からは「1・5℃目標から導かれるスピード・削減幅に沿っているか」を中心に考える必要がある。

【BOX⑧　あるべき目標VS達成可能な（裏付けがある）目標】

1・5℃に整合する「あるべき目標」か、それとも「達成の裏付けがある目標」か、どちらが適切な目標設定の在り方かという点では、様々な考えがある。直近でも、日本の2030年の削減目標の検討等にあたって、省庁や有識者間で異なる立場から議論が交わされた。「あるべき目標」の立場からは、気候危機の回避やそれを目指す海外主要国と足並みを揃えるべきなどの意見が聞かれる一方、「必達」を重視する立場からは「裏付けなき目標は無責任」との意見や、日本が化石電源に依存している状況を踏まえ、言わば「高い削減目標は安定供給の面で懸念がある」などの意見が聞かれた。レベル感や内容は違えど、同じような議論は企業にもある。筆者らが見聞するところでは、意見が分かれる要因には、気候変動に対する認識の違い、および目標に対する考え方の違い、の二つがある。前者は、気候変動が人命や経済に深刻な影響を及ぼす優先度の高い問題と考えるか否かの問題だ。

後者の「目標に対する考え方の違い」はやや複雑だ。気候変動政策の分野では、「海外では目標は方向性を示すもの。対して日本は必達というニュアンスを含む」と言われることがある。しかし、日本で一般的に目標と言ったときに、それが「裏付けのある、必達のもの」を意味するかと言えば、必ずしもそうではない。例えば、学校のクラブ活動で「現在のチームの戦力から、2回戦突破は可能」という裏付けが得られたとする。それをもとに監督が「では、目標は2回戦突破だ」といえば、多くの方は首をかしげるだろう。むしろ、「高い目標があるからこそ努力や工夫が生まれる」という考えのほうがしっくりくるのではないか。クラブ活動と同じではないが、企業でも業績目標を立てる際には、「ストレッチ（背伸び）せよ」とよく言われるし、あるべき姿から遡って計画を作る「逆算思考」も違和感なく受け入れられている。国語辞典で「目標」の意味を引けば「そこに行き着くように、または外れないように目印とするもの。実現・達成をめざす水準」とあり、そこには裏付け、必達というニュアンスは読み取れない。脱炭素社会の実現には、現時点では困難と思われるような事柄にも果敢にチャレンジするという姿勢が求められる。よって、目標は「到達したい場所、あるべき姿」を起点に検討することが必要だ。

少し寄り道になるが、炭素予算を踏まえた目標について補足したい。炭素予算に沿った目標は、往々にして野心的なものになる。大きな転換が求められるので当然だが、実際に検討を始めるとそのハードルの高さに躊躇してしまうことも多いだろう。社内で脱炭素経営の重要性が十分に共有されていない場合にはなおさらだ。こういう時には、「難しいので、できる範囲でやろう」という議論になりがちである。いまできることを最大限実施することは、筆者も大切なことだと考えるが、そこに一つの「落とし穴」があることにも注意したい。「できる範囲で頑張ることは無駄なのか？　何もしないよりもずっと良いのではないのか？」という声が聞こえてきそうなので、また例を用いて説明しよう。

あなたは今、川の前に立っている。川の向こうでは自分の子供が怪我をして苦しんでおり、どうしても川を渡って助けに行きたい。川幅は10メートル。急流なので泳いでは渡れない。川のそばには木材が置いてあり、５ｍの梯子なら作れるという状況だ。この際、「できる範囲でやろう」という姿勢は、「10メートルの川を渡りたい。だが、今できるのは5メートルの梯子を作ること。だから5メートルの梯子を作ろう」ということに似ている。５メートルの梯子を作るのも、梯子を作らないのも、結果は同じ「川は渡れない」だ。あなたは子供を助けることはできない。

この例のように、物事には、ある基準に達しないと効果を発揮しないケースがあるが、気候変動対策もそのような性質を持つ。臨界点を超えると地球システムの変化に歯止めが効かなくなるというリスクを踏まえれば、「少しでも削減すれば、やらないよりはまし」とは言えないのだ。よって、５ｍの梯子に拘泥するよりは、今ある木材で10ｍの梯子を作る方法を考えたり、川のそばから少し離れて追加材料を探すなど、どうすれば10ｍに届くかを急ぎ考えるほうが建設的だ。むしろ、制約の中で高い目標の達成を目指すからこそ、様々な工夫やイノベーションも生まれてくる（なお、炭素予算から導かれる大幅な削減は、様々な利害関係などにより社会的な難易度は高いものの、物理的、技術的には可能なものである。決して「全く不可能なことに挑戦せよ」というものではない）。

さて、炭素予算を意識することが重要だとしても、炭素予算自体は世界全体を対象としており、それを個社の目標にどう下ろしてくるのかなど、疑問は尽きないだろう。それらの考え方を整理し、適切な企業の目標の在り方を示しているのが、「科学に準拠した温室効果ガス削減目標（Science Based Targets 以下ＳＢＴ）」である。

ＳＢＴは、気候変動の分野で国際的に著名な４つ団体（世界自然保護基金、ＣＤＰ、世界資源研究所、国連グローバル・コンパクト）が進めるイニシアチブであり、科学的な目標設定のガイダンスや支援ツールの開発、そして企業が立てた目標が適切なものかを認定するなどの活動を行っている。ＳＢＴは、今や温室効果ガス削減目標に関するグローバルスタンダードになっていると言えよう。このＳＢＴに沿った目標を策定すると宣言している企業は、世界全体で１３００社（うち、すでに目標が適切であるとの認定を受けている企業は約６３０社）に迫り、その数は増加を続けている。日本でもＳＢＴの認定を受ける企業はここ数年で急増し、その数は90社以上に上る。[7]

ＳＢＴの基本となるのは、目標の時間軸（基準年と達成年）、対象となる温室効果ガスの範囲、そして目標のレベル感（削減の幅）だ。

時間軸では、目標の基準年を「排出量のデータが存在する最新年」、達成年は「目標を提出した時点から、最短で5年、最長で15年以内」とされている。本書執筆時点である２０２１年にＳＢＴに基づく目標を設定しようとすると、基準年は、最新のデータが入手できる２０２０年を基準にし、達成年は２０２６～２０３６年に設定するというイメージだ。

次に、対象となる温室効果ガス排出の範囲だが、これは「企業全体（子会社を含む）の、スコープ１および２」が基本となり、一定の条件下ではスコープ３も対象となる。この「スコープ」とは、温室効果ガスの算定において使われる用語で、事業のサプライチェーン全体の中での区分を指す。スコープ１は、事業者が自ら排出する温室効果ガス（自社敷地内のボイラーや自家発電等）、スコープ２は、他社から供給されるが、自社で用いている電気、熱、蒸気によるものである。また、これらスコープ１と２を除く、原料調達から生産、販売、廃棄等で排出されるものがスコープ３であり、自社製品の運搬時のCO_2や、顧客による自社製品の使用時に排出されるCO_2などが該当する。

スコープ１、２は必ず削減目標の対象に含めることが求められ、自社事業のライフサイクルにおいてスコープ１、２の排出の割合が相対的に低い場合は、スコープ３にも目標の設定が求められる。なお、スコープ３には自社の範囲を超える部分が含まれるため、取引先に目標設定を働きかけることなど、より柔軟な形態の目標が認められている[8]。

続いて目標のレベル感だが、少々技術的な要素を含むため、ここでは大枠のみ紹介する。ＳＢＴにおける目標の起点も炭素予算だ。具体的には、ＩＰＣＣ等を参照し、１・５℃（または２℃を大幅に

図5-3　SBTにおける削減目標の考え方

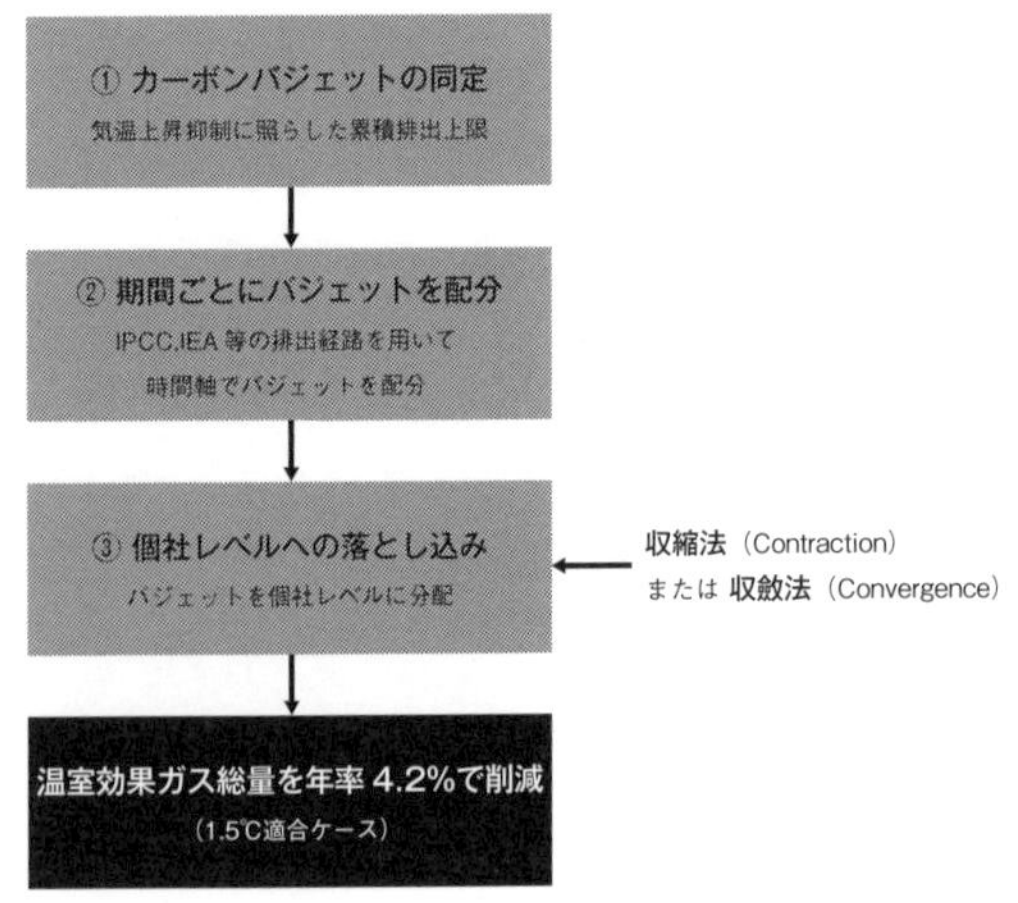

出典：SBT（April,2019）Foundations of Science-based Target Setting Version 1.0を参考にIGES作成

下回る）目標を達成する際の世界全体の炭素予算（厳密には炭素以外の温室効果ガスも含む）を把握する。その上で、同じくＩＰＣＣやＩＥＡ（国際エネルギー機関）らが公表している排出経路を参照し、炭素予算を時間単位で配分していく。

　例えば、２０２０年から25年にかけて利用できる炭素予算は10単位、同じく25年から30年にかけては８単位、その次の５年間は５単位、というようなイメージだ（炭素予算の解説部分で触れたとおり、直近５年間の炭素予算の配分と、２０５０年付近の５年間のそれとは均等ではない）。期間ごとの配分が終われば、それを企業（業界）に割り当てる作業が行われる。

　一方、例えば「わが社は他社のシェアを奪う形で成長している。自社製品は他社のものよりCO_2が少なく、よって業界全体のＣＯ

2は減るが、自社の排出は減らない」というケースもあろう。SBTでは、これらのケースにも対応できるように、「業界全体の炭素予算を超えないように調整された、製品やサービス当たりの削減目標（原単位目標と呼ばれる）」も一部認められている。

このようなプロセスを経て、SBTは1・5℃に整合する目標の基本的な水準を、「温室効果ガスの総量を、年率4・2％削減」としている。これは仮にこのペースで削減を続ければ、温室効果ガスの排出量は12～13年目に半減し、15年後には約60％の削減に至るというレベル感である。

要約すると、SBTは、「世界の気温上昇を1・5℃（または2℃を大幅に下回る）[9]に抑えるという目標を踏まえ、個社の削減目標を適切に設定するためのツール」であり、「自社事業のバリューチェーン全体を視野にいれ、1・5℃に整合の場合は年率4・2％の削減（15年間で約6割削減）レベルの目標が求められる」ということになろう。無論、SBTの認証は受けずとも、SBTに遜色ない（むしろ、より野心的な）目標を掲げている企業はある。

しかし、これから脱炭素経営を進化させようとする企業にとって、SBTは適切なガイダンスであるとともに、内外から評価される目標を設定するツールとして有用だ。

SBTの説明はここまでにして、日本企業によるSBT設定の具体事例を紹介しよう。目標設定における社内での議論や、前節で述べた企業理念、経営層の姿勢などが目標設定にどう影響するかのなどが垣間見える、「リアルストーリー」である。

（注）ここで紹介する事例は、ＪＣＬＰの各企業で、実際に脱炭素経営に直接携わる方々から寄稿してもらった。事例によって、担当者の視点から一人称で語られているものと、そうでないものがあるが、現場のリアリティーをできる限り伝えるため、そのまま掲載している。また、事例で使用される「カーボンニュートラル」「ゼロエミッション」という類似の用語は、基本的に「温室効果ガス排出の実質ゼロ（再エネの導入などで自社の排出を減らし、減らしきれない部分は植林や削減クレジットなどで相殺すること）」を意味すると理解して差し支えない。

日本企業の取り組み事例

株式会社　リコー

世界の潮流、ステークホルダーの要請をいち早く察知し、脱炭素を重要な経営戦略として推進

株式会社リコー　ＥＳＧ戦略部　兼　プロフェッショナルサービス部　ＥＳＧ推進室　室長　阿部　哲嗣

●ＣＯＰ21を機にサステナビリティ戦略を再構築

リコーは１９９８年、「環境保全と利益創出の同時実現」を目指す環境経営の推進を経営方針として掲げ、地球温暖化をはじめとする環境問題への本格的な取り組みを開始した。環境経営を掲げた当時の社長桜井正光は、その後経済同友会の代表幹事、ＪＣＬＰの代表にも就任、リコーだけでなく日本の気候変動対策の前進に尽力した。現在、リコーが脱炭素経営に積極的に取り組むのは、桜井が打

リコーグループのマテリアリティ

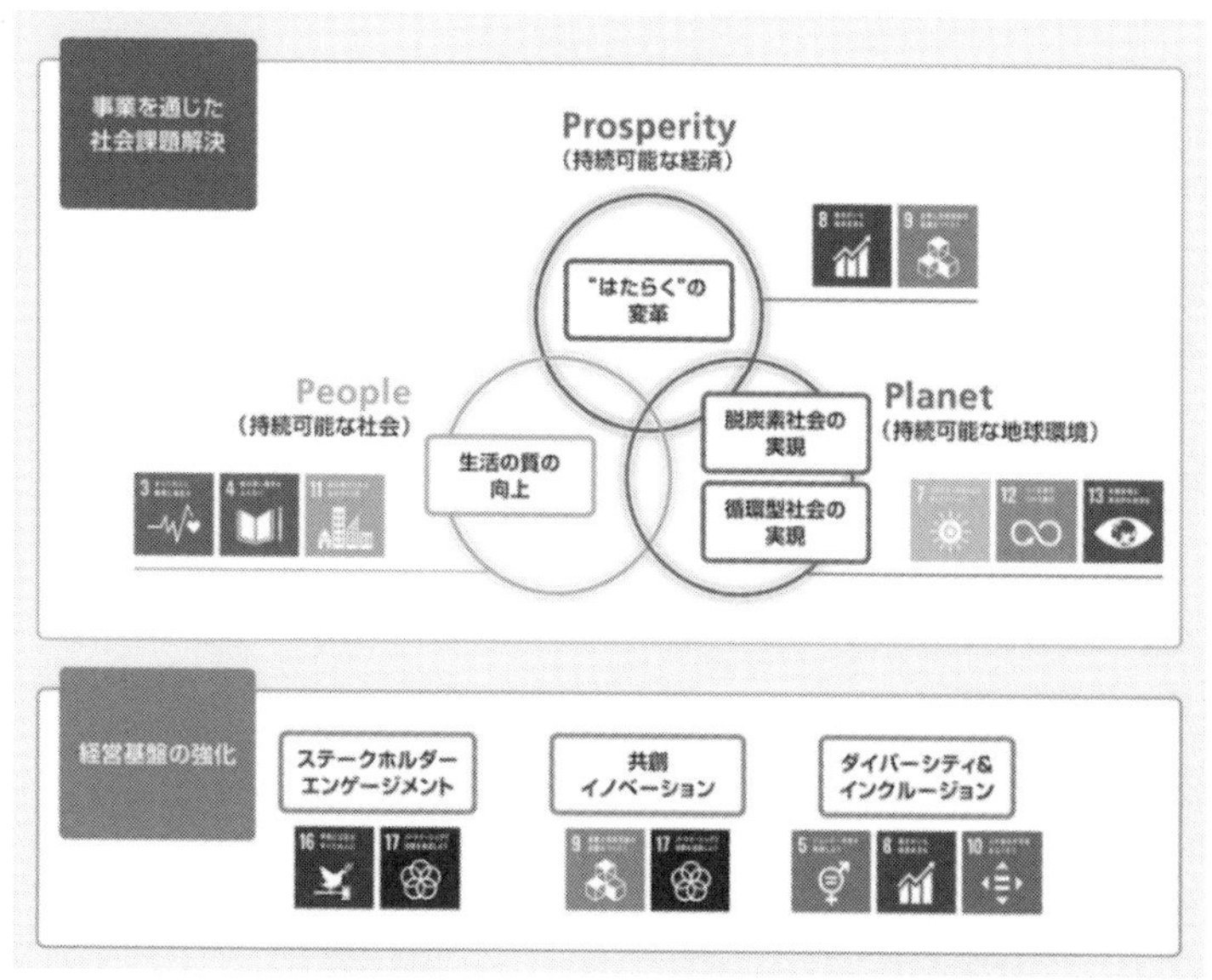

ち出した環境経営がリコーグループのDNAとして経営者、社員に受け継がれているからに他ならない。

2015年、継続的に取り組んできた環境経営の実績が国連、仏政府に評価され、パリ協定が合意されたCOP21の公式スポンサーを務める機会を得た。この経験が、**リコーが低炭素から脱炭素へと大きく舵を切るきっかけ**となった。COP会場周辺で行われたサイドイベントにはグローバルカンパニーのCEOらが参加し、パリ協定の合意を求めるとともに、気候変動のビジネスへの影響や再生可能エネルギー（再エネ）の劇的なコストダウンとその活用について、活発な意見交換が行われている様子を目の当たりにしたのだ。

ＣＯＰ終了後、リコーはパリ協定、ＳＤＧｓを踏まえたグローバル基準のサステナビリティ戦略の構築に着手。経営層向けの勉強会を行うとともに、約1年をかけてパリ協定とＳＤＧｓ、中期の経営戦略を踏まえた**マテリアリティ（重要社会課題）の特定**作業を進めた。そして２０１７年4月、現在の社長である山下良則が、中期経営計画の公表に合わせてマテリアリティを発表、その一つに「脱炭素社会の実現」を掲げた。同時に、２０５０年バリューチェーン全体の温室効果ガス（ＧＨＧ）排出を実質ゼロとする長期目標を設定、その達成に向けて再エネを積極的に活用することを宣言し、日本企業初となるＲＥ１００への参加を表明した。こうしてリコーは、環境経営にグローバルな潮流である脱炭素の視点を加え、重要な経営戦略の一部として新たなチャレンジをスタートさせたのである。

● 脱炭素目標達成に向けた取り組み

２０２０年4月、リコーは２０３０年のＧＨＧ削減目標を２０１５年比30％減から63％へと大幅に引き上げを行った。この目標は、日本企業ではまだ少ないＳＢＴ１・５℃認定を取得している。また、２０２１年3月には再エネ電力比率の目標についても上方修正することを発表、２０３０年目標を従来の30％以上から50％に引き上げ、再エネ電力比率30％は8年前倒しして２０２２年度に達成を目指すと発表した。２０３０年50％達成のためには、海外主要拠点はほぼすべて再エネ１００％にすることが必要となる野心的な目標である。この目標見直しは、気候変動の悪影響が顕在化していることはもちろんだが、**投資家や顧客からの脱炭素要請が急速に高まっていることを踏まえたもの**である。

リコーでは、四半期に一度社長が委員長を務めるESG委員会を開催しており、社会の変化を迅速にとらえ経営レベルでESG課題に関する意思決定を行う仕組みを整備している。この仕組みがいったん設定した戦略、目標であっても、**世界の潮流に合わせスピーディーに見直しを行うことを可能に**している。

また、野心的な目標の設定はもちろん、2017年以降はその達成に向けて着実な取り組みを続けている。2019年8月には、リコーの主要製品であるA3複合機を生産する世界の5工場で、複合機の組み立て生産に使用する電力の100%再エネ化を完了した。5拠点合計の電力量は37GWh／年となっているが、全量を再エネ証書であるI-RECを活用し100%化を達成している。これはGHG削減、再エネ率向上に繋げるだけでなく、再エネ100%で組み立てられた**環境負荷の少ない製品であることを顧客に積極的に訴求**していくことを狙った施策である。このケースでは、ビジネスでの活用にも繋げることで、I-REC調達など再エネ電力調達で生じる追加コストを低減、相殺するとの考え方で施策を進めた。欧州の企業や公共機関とのビジネスでは、脱炭素を含めたESG視点での要求が年々高度化してきており、こうした顧客への訴求にも繋げる狙いがある。

また、再エネ100%達成拠点についても、コストダウンや追加性の観点から再エネ導入活動は継続している。例えば英国の工場であるRicoh UK Products Ltdは、グリーン電力メニューによりすでに100%を達成済みの工場だが、現在敷地内の空きスペースに太陽光発電設備を設置している。ま

英国工場の太陽光発電設備

た、タイの工場であるRicoh Manufacturing (Thailand) Ltd. もＩ－ＲＥＣ活用により１００％達成済みだが、太陽光発電によるオンサイトＰＰＡを導入、電力単価を20％以上低減する計画だ。両工場とも２０２１年度に設備利用が開始予定となっている。

このように、世界の各地域・拠点で、再エネ導入を進めているが、世界のリコーグループの再エネ活用実績管理のための仕組みも整備・運用している。再エネ１００％達成会社・拠点の認定制度がそれである。各社・拠点で購入している電力が、どのような電力なのかを契約書や請求書などのエビデンスを本社で確認・管理することでグローバルな実績管理を行っている。会社全体で再エネ１００％達成しているのか、一部の拠点のみなのか、契約開始時期・期間がどうなっているかなど、外部へのレポーティングで必要になる実績情報を確実に把握するための制度である。

２０２０年からは、海外を中心に進めてきた再エネ電力購入について国内でも取り組みの強化をスタートしている。国内各拠点ではコンペにより電力会社を選定しているが、購買部門とサステナビリティ部門が協力し、再エネ電力を価格だけでなく質も含めて評価する再エネ電力の総合評価制度を立ち上げ、電力事業者選定のコンペで活用を開始した。価格だけで評価するのではなく、新規開発を促進する追加性のある電源であることや、環境負荷がより低いこと、地域社会が出資する発電所であることなど、総合的に評価する制度としている。この制度を活用して本社事業所で使用する電力を２０２１年度から１００％再エネ化した。CO_2削減効果は約２０００ｔ／年、再エネ電力量４・３ＧＷｈ／年である。

ご紹介してきたように、リコーグループでは、世界の潮流、ステークホルダーの要請を踏まえた高い目標をいち早く設定、その達成に向けて着実に脱炭素施策を推進している。これは、**気候変動問題が世界が対処すべきもっとも重要な社会課題の一つであるとの認識はもちろん、企業にとってのビジネスリスクであり、またビジネス機会でもあると認識しているから**でもある。リコーグループのＤＮＡである環境経営を脱炭素の視点で進化させ、今後も経営者・全社員が一体となりさらなる企業価値向上に挑戦していく。

武田薬品工業　株式会社

タケダの脱炭素経営：カーボンニュートラル戦略の設定と具体的な活動

武田薬品工業株式会社　ＧＭＳコーポレートＥＨＳ　ＥＨＳジャパン　エンバイロメント　リード　川口洋平

武田薬品工業株式会社（タケダ）は、１７８１年に大阪・道修町で創業した。「患者さんを我が子のように思い、誠実に仕事に取り組む」という創業者の思いはタケダの経営哲学として深く根付いており、タケダのバリュー（価値観）として今日まで継承されている。

従来タケダでは、気候変動への対応、つまり省エネやＣＯ２削減といった活動は、コーポレート部門および工場・研究所の環境担当者やエネルギー担当者の仕事と捉えられていた。私の所属するコーポレートの環境部門が旗振り役となり、目標設定と進捗管理、グローバルでの省エネベストプラクティスの共有等によりスコープ１および２の温室効果ガス削減に注力してきた。私たちは、気候変動への対応は「患者さんに寄り添い、人々と信頼関係を築き、社会的評価を向上させ、事業を発展させる」というタケダの日々の行動指針に整合しており、取り組むべき課題という認識のもと、例えばＳＢＴに適合した目標を設定するなど、世の中の潮流を見ながら一歩ずつ取り組みを進めていた。しかし、社内での認知度は低く、環境・エネルギー担当者に限定された活動に限界を感じていた。

潮目が変わったのは2019年1月。代表取締役社長兼CEOのクリストフ・ウェバーがスイスで行われた世界経済フォーラム（ダボス会議）に出席し、三つの重要トピックの一つとして**「気候変動－世界はそのチャンスを逃しつつある中、私たちはさらに何ができるのか」というメッセージを全従業員に発信**したのだ。折しもアイルランド製薬大手のシャイアー社の買収が完了。組織の統合に関する議論が開始されると同時に、統合後のタケダにふさわしい新たな温室効果ガス削減目標の必要性が私たちの共通認識となっていた。

新たな目標を設定するに際し、タケダが採用したのはやはりSBTであった。SBTは、一般的な目標設定に活用されていた「積み上げ式」とは異なるアプローチの目標設定手法である。つまり、自社のGHG（温室効果ガス）排出量のトレンドや今後の自社のビジネスシナリオ等、社内目線で目標を作成する手法（Inside out approach）ではなく、気温上昇を1・5℃（シャイアー社統合以前のSBT目標設定時は2・0℃整合）以下に抑えるために必要な削減量を、社会の目線から目標を作成する手法（Outside in approach）である。

この手法による目標が経営層から承認を受けるには、なぜタケダが気候変動に対応しなければならないのか、ということをまず理解してもらう必要があると考えた。私たちはこれに対し、科学的な知見を活用すべく、世界で最も評価の高い医学雑誌の一つであるランセットに掲載された「気候変動に対応することは今世紀の世界の公衆衛生における最大の機会になりうる」という記事を用いた（"Tackling climate change: the great opportunitiy for global health", The Lancet, June 23, 2015）。

冒頭に触れたとおり、タケダは「患者さんに寄り添う」ことを日々の行動指針としている。気候変動に対応することがマラリアやデング熱等の蚊を媒介とするような感染症拡大防止等に繋がり、世界の公衆衛生（＝患者さん）のためになるということ、つまりタケダの企業理念に整合することを経営層に認められて以降、このことは全従業員の共通認識となった。タケダの気候変動に対する取り組みは、すべてこの共通認識のもとに進められている。

シャイアー社統合後の新しい目標として、統合以前に設定した２・０℃目標ではなく、１・５℃目標に整合したＳＢＴを採用するのが既定路線であると私たちは考えていた。しかし、ＣＥＯや経営層の求める、真に患者さんに寄り添った気候変動への対応は「迅速なカーボンニュートラル化」であった。これは私たちにとっては嬉しい驚きであった。この要求に応えるために、私たちはカーボンニュートラルに向けた適切なプランを策定し、ガバナンスを確立することが必要であった。

一方、迅速にカーボンニュートラル化を実現するために現時点で取りうる手段はオフセットの活用しかない。これらを検討した結果、タケダは新しい気候変動への対応として「タケダのカーボンニュートラルへの取り組み」を設定するとともに、ポジションペーパー（気候変動に対するタケダの見解）や「タケダのカーボンオフセット調達へのアプローチ」を策定。気候変動への取り組みはタケダの企業理念に合致することを確認するとともに、目標達成の手段（回避、省エネ、再エネ活用、オフ

タケダのカーボンニュートラルへの取り組み

- **2040年度までに、**事業活動に起因するすべての温室効果ガス（GHG）排出量（スコープ1および2）を**カーボンオフセットなしでゼロ**にし、またサプライヤーにGHG排出量削減への取り組みについて継続的に情報を伝えて自発的行動を促すことで、**スコープ3の排出量を50%（2018年度比）削減**します。さらに、削減しきれなかったスコープ3のGHG排出量を検証済みのカーボンオフセットで相殺し、カーボンニュートラルを達成します。
- **2025年度までに、**大規模なPPA* を含む再生可能エネルギーの購入や積極的な社内のエネルギー管理プログラムなどにより、当社の事業活動から**GHG排出量を40%**（2016年度比）**削減**します。また、サプライヤーに温室効果ガスの排出量削減への取り組みについて情報を伝え、自発的行動を促すことにより、**スコープ3の排出量を15%**（2018年度比）**削減します。**
- **2020年、**タケダは再生可能エネルギーの使用や検証済みカーボンオフセットを活用することで、2019年度からバリューチェーン全体（スコープ1,2,3）で**カーボンニュートラル**を達成することをコミットいたしました。

* PPA: Power Purchase Agreementの略。発電事業者と電力購入者との間で締結する「電力販売契約」を指す。

セット活用）やその優先順位、オフセット選定条件を明確にし、２０２０年1月、ＣＥＯ自らが新しい目標を発表し、ポジションペーパー等も公開した。

また並行して、ＧＨＧの管理全般（スコープ１／２、スコープ３、アドボカシー（政策への関与）、オフセット、社内コミュニケーション、再エネ活用など）を担う部門横断的な組織を立ち上げた。現在、その各々のチームがグローバルで積極的に活動している。例えばスコープ１／２のチームでは、工場・研究所・オフィスのすべてのサイトが対象となるＣＡＰＳ（Carbon Abatement Program for Site）というプログラムを立ち上げ、グローバルでの専任者を設置するとともに各サイトでＣＡＰＳチームを設立。サイトの運用プロセスでのＧＨＧへの影響の考慮、全サイトのプロジェクトとそのＧＨＧへの影響を収集することで、タケダ全体またサイトごとの将来のＧＨＧ排出量見込みの見える化と目標値とのギャップ分析、ベストプラクティスの共有や情報交換の場の設立などを行っている。旧タケダと旧シャイアー社の両方にグローバルでの省エネ活動を推進するワーキンググループがあり、その活動が礎となっている。

これらの活動が実を結び、タケダは2021年1月28日、**2019年度にスコープ1、2、3のすべてにおいてカーボンニュートラルを達成**したことを発表した。しかし、タケダのコミットメントは2019年度のカーボンニュートラル化ではなく、2040年度までにオフセットなしでのカーボンゼロ達成である。2040年度に向けたこの取り組み、つまりGHG排出の回避、省エネ・再エネによるGHG削減と、回避できなかったGHG排出のオフセットによる相殺は、毎年継続していく。私たち医薬品業界のGHG排出量は他の産業と比べると決して大きくはない。

一方で、感染症の拡大など気候変動により世界中の人々の健康が脅かされているという認識が社内に共有されており、まだできること、やるべきことはたくさんあると思っている。今後も、持続可能な社会や地球、そしてグローバルヘルスの改善に向けて、自社でできることはもちろん、ステークホルダーの方々と協力して脱炭素社会の実現に向けて取り組んでいきたい。

富士通　株式会社

温室効果ガス排出削減目標を「1・5℃水準」に引き上げ、気候変動対策活動を加速

富士通株式会社　サステナビリティ推進本部　環境統括部　統括部長　濱川雅之

富士通は、創立85周年を迎える２０２０年に、これからの富士通の進むべき方向やパリ協定、ＳＤＧｓをはじめとする国際動向を踏まえ、パーパス（社会における自社の存在意義）「イノベーションによって社会に信頼をもたらし、世界をより持続可能にしていくこと」を策定した。

パーパスで目指す、「持続可能な社会」の根底にあるのは「地球環境の保護」だ。温室効果ガス排出や資源の利用を、地球の許容範囲以下に抑制することは、社会に持続可能性をもたらす。ＳＤＧｓの目標年である２０３０年、そして、世界人口が90億人を超えるとされる２０５０年を視野に、人々がエネルギー、水、食料などの制約を克服し、豊かに暮らす社会の実現に貢献することを目指して、様々な気候変動対応を進めている。

かねてより富士通は環境を経営の重要事項の一つとして捉えており、２０１７年には中長期環境ビジョン「Climate and Energy Vision」を定め、デジタル革新を支えるテクノロジーやサービスを通

図1　環境ビジョンの3つの柱

自らのCO_2
ゼロエミッションの実現

最先端テクノロジーによる革新的省エネと、再生可能エネルギーや炭素クレジットの戦略的活用により、2050年までにCO_2ゼロエミッションを目指します。

脱炭素社会への貢献

モビリティ、ものづくりなど、様々な分野で、エコシステムによるイノベーションを生み出し、社会全体のエネルギーの最適利用と脱炭素化に貢献します。

気候変動による
社会の適応策への貢献

HPC、AIなどのテクノロジーを活用して、レジリエントな社会インフラの構築や農産物の安定供給を実現し、気候変動による被害の最小化に貢献します。

じて、脱炭素社会の実現に貢献するとともに、2050年に自らのCO2排出をゼロにすることを目標として発表した。

同中長期環境ビジョンでは以下の3つの柱（図1）を定めている。

1.「自らのCO2ゼロエミッションの実現」：最先端テクノロジーの開発・導入や、再生可能エネルギーなどを戦略的活用し、2050年までに自らのCO2ゼロエミッションを目指す

2.「脱炭素社会への貢献」：車両位置／気象／交通量などの情報をリアルタイムに分析・予測し、運行の最適化を図るなど、社会システム全体としてのエネルギーの最適利用を実現し、社会の脱炭素化に貢献

3.「気候変動による社会の適応策への貢献」：HPC（High Performance Computing）によるシミュレーション、AIによる需給予測など、高度なテクノロジーを活用し、強靭で回復力の高い社会インフラの構築、農産物の安定供給など、気候変動による被害の最小化に貢献

図2　「中長期環境ビジョン」の削減ロードマップ（SBT1.5℃水準）

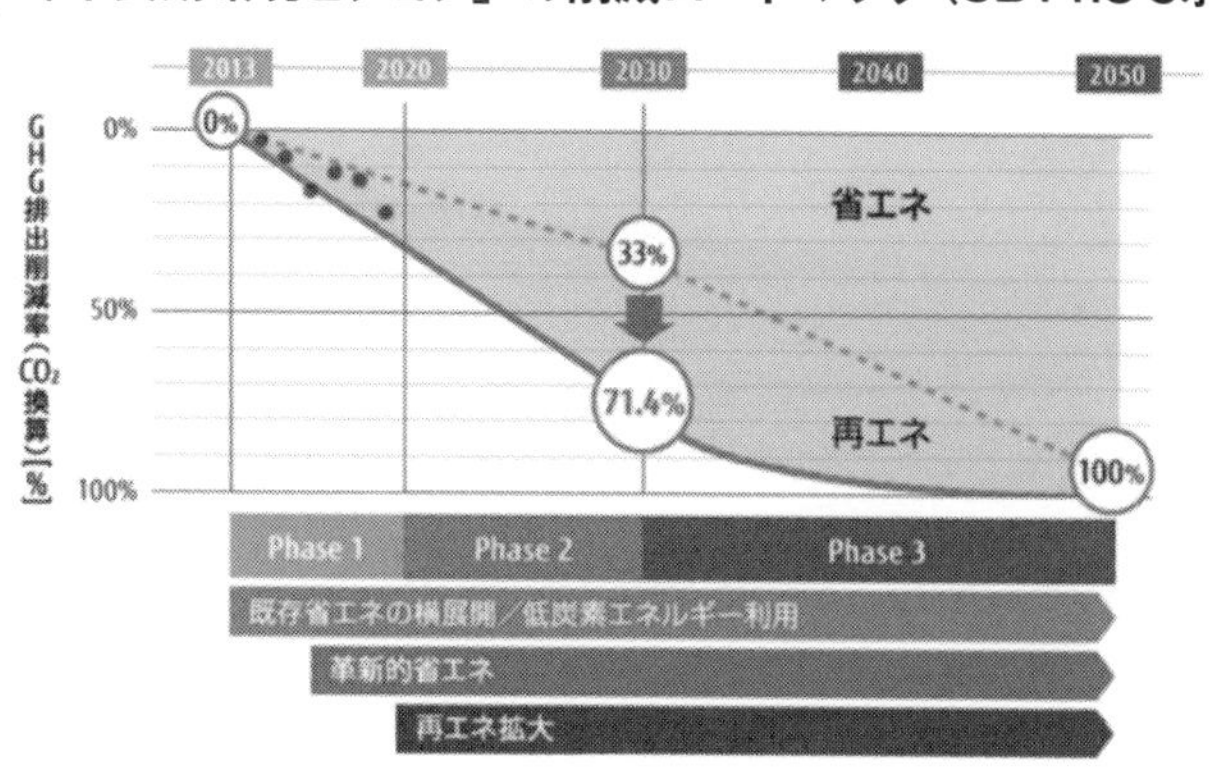

３つの柱はともに連関しており、グループの省エネ活動に先進ＩＣＴを活用することで実践知を得て、そのノウハウをソリューションとしてお客様・社会に提供することで、ビジネスと気候変動の緩和と適応策への貢献の両立を目指している。

２０１７年、この中長期環境ビジョンに基づき、ＳＢＴ２℃認定を取得。その後、気候変動対策をめぐる世界の動きが加速する中、富士通のパーパスの実現に向けて２０３０年までの目標を加速させる必要があると判断し、２０２１年４月、自社の温室効果ガス削減目標を大幅に引き上げ、ＳＢＴ１・５℃認定を取得した。具体的には、２０１３年度比で33％削減から71・４％削減に更新している（図２）。この新しい２０３０年目標、さらには２０５０年ゼロエミッション達成に向けて、最新テクノロジーを適用した省エネのさらなる推進及び再生可能エネルギー（再エネ）の導入を加速することを目指している。

省エネでは消費電力の多いデータセンターにおいて、Ａ

Iを活用したモデリングにより、外気環境やサーバ内部の温度・湿度・電力データから、今後の温度・湿度を予測して外気導入量など空調を制御。これにより、空調電力の29％削減を実現している。今後も、制御対象を拡大し、省エネをグループ全体で推進していく方針だ。

加えて2018年、富士通はRE100に日本初のゴールドメンバーとして加盟し、再エネの利用拡大に取り組んでいる。グローバル共通の再エネ調達原則[10]に則り、社会にコミットした目標達成に向けて再エネ導入を進めている。欧米では順調に進んでいる一方、日本では価格、市場供給量など多くの課題もあり、これまで大幅な導入は進んでいなかったが、2020年度に国内3拠点で、そして2021年4月から、当社グループ最大規模の川崎工場（本店）で使用する電力量をすべて再エネに切り替えることができた。なお、この取り組みは国内グループ電力使用量の約5％に相当する。当社グループ全体の電力使用に占める割合が大きいことを踏まえると、国内拠点の再エネ化は非常に重要だ。ゼロエミッション達成に向けて国内拠点へのさらなる再エネ導入を進めていく予定である。

またこれら施策に加え、2022年度までに、日本国内にある当社のデータセンターにおいて、「FJcloud」の運用に必要な全電力を100％再エネにシフトする。そうすることで、本クラウドを使うお客様によるCO_2排出はゼロとなり、グリーンなサービスを提供できるようになる。この取り組みで、富士通自身の再エネ導入目標の達成に向けた取り組みを加速させ、中長期環境ビジョンに掲げた、グループのカーボンニュートラル化と、お客様・社会のカーボンニュートラル化に貢献

図3　第10期環境行動計画目標

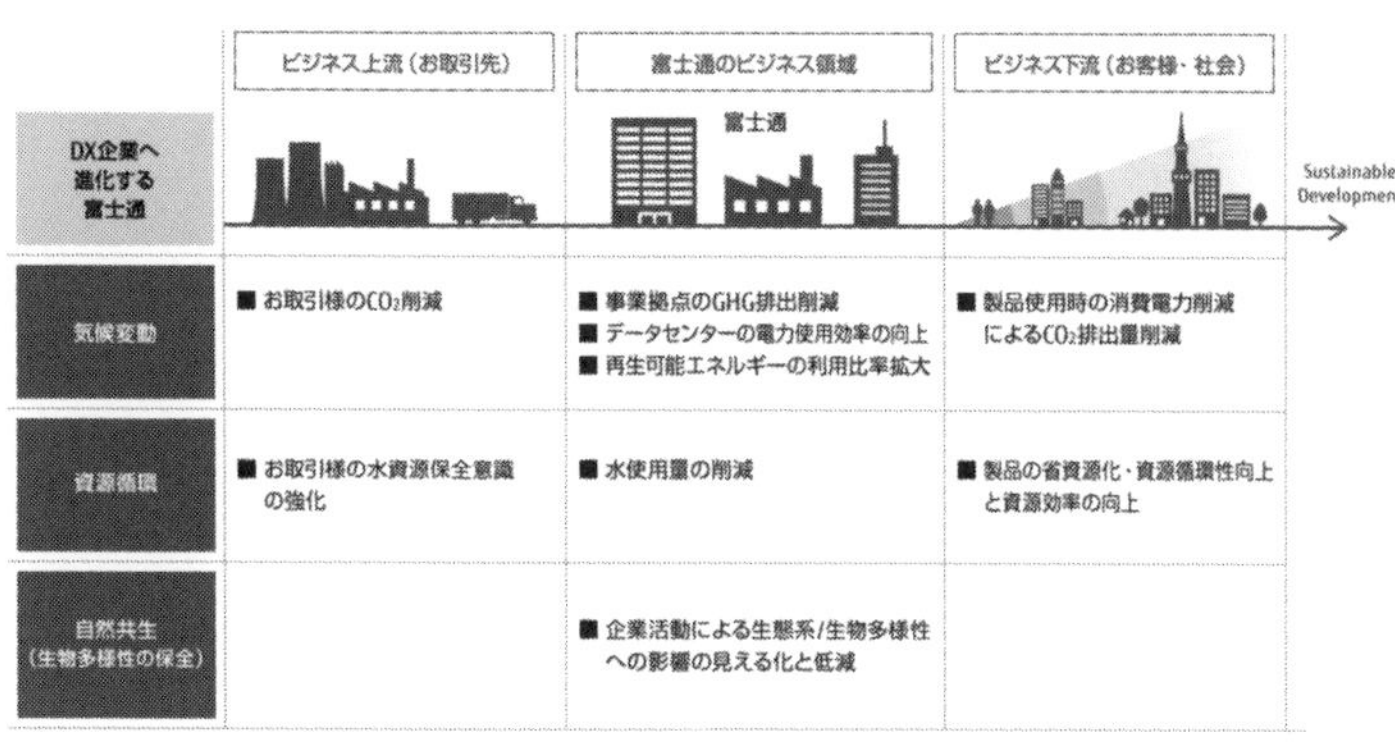

していきたいと考えている。

　こうした中長期環境ビジョンやSBT、RE100でコミットしている目標達成に向け、今年度から2年間で推進する9つの環境目標を第10期環境行動計画（図3）として設定した。富士通では、1993年から、複数年単位で「環境行動計画」を策定し、これをグループ全社で推進しており、第10期環境行動計画では、気候変動、資源循環、自然共生の3つの柱で活動を開始している。

　気候変動では、SBT1・5℃目標をバックキャスティング（今できることの積み上げでなく、目標を起点に現在を振り返り、今、そして短・中期的に何をすべきかを考えること）し、関連領域での温室効果ガス削減目標を設定し活動していく。

　データセンターの電力使用効率向上や再エネ利用比率拡大のみならず、お取引様のCO_2削減や、販売した製品使用時の消費電力削減などバリューチェーン全体で温室効果ガス排出量削減に取り組むことでゼロエミッション達成に向けて着実に取り組んでいく。

当社は国内では比較的早い段階で中長期環境ビジョンを設定し、SBT目標に認定され、RE100にも加盟するなど、気候変動対策領域で野心的な活動を展開してきた。その中で、前述の通り、2021年4月に温室効果ガス排出量削減目標をSBT1・5℃レベルに引き上げたことは、チャレンジングではあるが、非常に重要な前進であると考えている。

今後も、マイルストーンを意識した省エネ活動や再エネ利用計画を立て、脱炭素社会に向けた移行に取り組んでいきたいと考えている。また富士通では、中長期ビジョンの着実な達成に向けてバックキャスティングを行い、毎年の数値目標を設定し、実績や関連活動の詳細を報告している。中長期の気候変動リスクや機会への対応について、当社の対応姿勢を明確に示すことが、財務基盤の安定化にも貢献するものと捉えているからだ。


日本政府も2050年ゼロエミッションを宣言し、再エネ比率も見直した。イノベーションの加速と新技術のインキュベーションが今まで以上に求められる今、富士通グループは気候変動領域でのリーディングカンパニーとして、自らのゼロエミッションを達成し、またそこで培ったノウハウや本業であるDXを活かして、お客様・社会のゼロエミッションに貢献していきたい。

三菱地所　株式会社

経済、環境、社会のすべてが持続的に共生する場と仕組みを提供するデベロッパーを目指して

三菱地所株式会社　サステナビリティ推進部　担当部長　吾田　鉄司

●CO2削減目標設定の過程

２０１８年２月、三菱地所グループのサステナビリティ委員会において、事務局である環境・CSR推進部（現サステナビリティ推進部）が提案したCO２削減目標は、「再考を要する」という判断が下された。

事務局の提案内容は、「２００５年比で、延床面積あたりのCO２排出量を、２０２０年までに25％、30年までに30％削減する」というもの。OA化の進展によりエネルギー使用量は増加の一途を辿りピークに達したのが２００５年、その後、省エネの徹底や照明器具のLED化等により減少に転じ、２０１８年時点では、ほぼ25％削減されていた。この提案に対する社長のコメントは、以下のとおり。

「CO２排出量は社会的影響の非常に大きい指標であり、現場の社員にもフィードバックして、グループ全体で認識を深める必要がある。その為にも、２０３０年以降に向けた長期削減目標については、

SBTに基づくCO2削減目標を設定

CO_2排出量
2030年目標
35%削減 (2018年3月期比)
2050年目標
87%削減 (2018年3月期比)
※本目標は、2019年4月にSBTイニチアチブより認定済
【実績：4,038,584t (2020年3月期)】

達成可能な目標、現時点で予測が付く目標ではなく、挑戦的な目標設定が必要だ」

今となっては、あまりにも現実的な目標案を提案したことを恥ずかしく思うが、当時、「現時点で予測が付かない目標」を立てることに対するハードルは非常に高く、まずは具体策の積み上げを迫る部署や必死に省エネに取り組んできた社員の顔も浮かび、「挑戦的な目標の設定」という難題に対して深く悩む日々が続くことになった。「挑戦的な目標の設定」について考える過程で、他社のサステナビリティ関係者と様々な場面で議論する機会があった。当時の国内企業はまだまだサステナビリティに関する優先順位が低く、その中で関係者からよく聞く話が「経営陣の説得、理解を得るのが大変」という台詞だった。翻って当社の場合はどうだろう。担当部署として、こんなにも恵まれた環境は無い。新たな提案に向けて、世界最高水準の企業の取り組みやＳＢＴ基準について調査を始めることに躊躇は無かった。

２０１９年４月、サステナビリティ委員会での審議を経て、当社グループが設定した「２０１７年比でＣＯ２排出量の総量を、２０３０年までに35％、50年までに87％削減する」というCO2排出量削減に関する中長期目標はSBTの認定を受けた。サステナビリティ委員会での最初の提案から約1年、社会も会社も大きく変わっていた。先進的な自治体や企業がCO2排出量削減に関する野心的な長期目標を掲げ、グループ内でもCO2削減目標に否定的な意見は影を潜め、三菱地所グループの主要事業地である丸の内エリアでは、グループ目標より早い時期に目標を達成しようという動きまで出てきていた。

一方で、この一連の動きが、先の社長のコメントにあった「現場の社員にもフィードバックして、グループ全体で認識を深める」ことに繋がっているのだろうかという疑問があった。エネルギーに関連する業務に従事している社員の意識は当然に深まっているが、担当部署としては、SDGsへの対応も含めたサステナビリティ全般について、グループ社員の認識を深める必要があると認識するようになっていた。その頃、世の中では、「サステナビリティの経営への統合」といったテーマが盛んに叫ばれるようになっていた。

● サステナビリティの経営への統合

2020年1月、三菱地所グループは、2030年までの長期経営計画を発表した。「社会価値向上」と「株主価値向上」を戦略の両輪として掲げ、相互作用で、当社グループの基本使命「まちづくりを通じた真に価値ある社会の実現」と「持続的成長」を実現するとした。この社会価値向上戦略を担うのが、同時に発表された「三菱地所グループのSustainable Development Goals 2030」である。

【当社グループの基本使命】まちづくりを通じた真に価値ある社会の実現

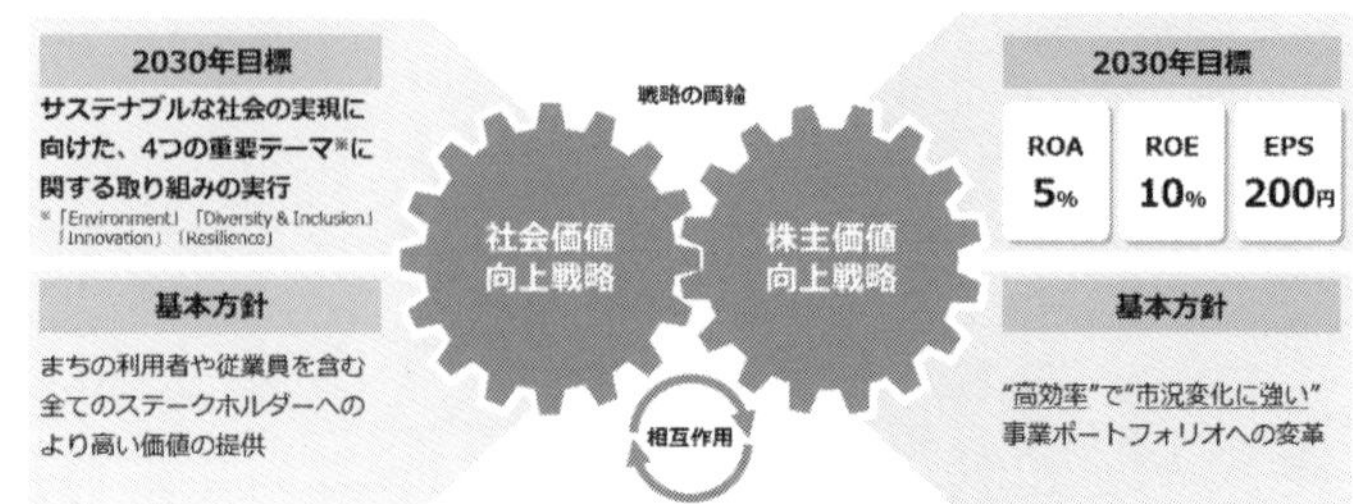

当社グループの基本使命と持続的成長の実現に向け
社会価値向上と株主価値向上の戦略を両輪に据えた経営を実践

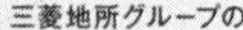

Sustainable Development Goals 2030

三菱地所グループは、サステナブルな社会の実現に向けて、
「Environment」「Diversity & Inclusion」「Innovation」「Resilience」
の4つの重要テーマについて、
より幅広いステークホルダーに、より深い価値を提供します。

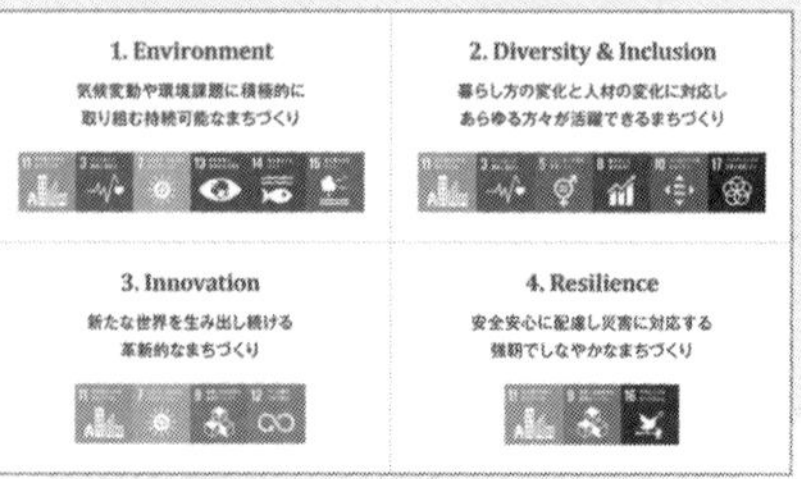

これらの内容がグループの長期経営計画に盛り込まれ、社内外に発表されることによって、グループ社員のサステナビリティに関する認識が急激に深まっていった。毎年、各部門が立案する年次目標には、サステナビリティに関する様々な取り組みが記載され、その達成度が担当役員の報酬にも影響する。そんな仕組み作りも奏功し、現在では、グループ内のあらゆる局面で、事業推進とサステナビリティ推進が一体的に考えられるようになっている。

●「三菱地所グループのSustainable Development Goals 2030」の実現に向けて

２０２１年1月、三菱地所グループでは、丸の内エリアを中心とする19棟のビルの全電力を再エネに切り替え、入居企業も含めてＲＥ１００に対応することを発表した。年間に削減されるＣＯ２量は約18万トン、再エネによる電気使用量は約３・５億ｋＷｈに達する見込みで、デベロッパーとして最大規模の再エネ導入となる。この発表は大きな反響を呼んだが、当社の電力使用量全体に占める割合では約3割、ＲＥ１００に加盟している当社グループとしてはまだまだ道半ばである。

今後、様々なエリアの多様な物件にこの取り組みを広げることが重要であることは間違いないが、「三菱地所グループのSustainable Development Goals 2030」の実現には、エネルギー以外、廃棄物対策、人権・ダイバーシティの尊重、コミュニティ・パートナーシップの強化、レジリエンスといった取り組みが不可欠であると考えている。

「Be the Ecosystem Engineers」、これはグループの２０５０年ビジョンとして掲げたスローガンである。三菱地所グループは、立場の異なるあらゆる主体（企業・個人他）が、経済、環境、社会のすべての面で、持続的に共生関係を構築できる場と仕組み（エコシステム）を提供する企業（エンジニアズ）であることを目指している。

再生可能電力比率	
2030年目標	25%
2050年目標	100% (※)

※本目標は、RE100加盟に基づくもの
【実績：1.1% (2020年3月期)】

いかがだろうか。基準年等に若干差はあるが、各社とも非常に意欲的な削減目標を掲げている。また、その背景にある企業理念や経営者の存在の重要性も感じとっていただけたのではないだろうか。

なお、ＳＢＴを自社で設定する際には、より細かい手順やルールを理解する必要があるが、ＳＢＴ、および環境省のホームページに詳しい資料があるので、参照いただきたい（本章の参考文献一覧において、それらのウェブサイトのＵＲＬを記載する）[11]。

4 RE100シリーズ

RE100は、企業が使用する電力を100%再エネに転換することを宣言する国際イニシアチブである。本書で「RE100シリーズ」としているのは、RE100以外にも、EV100（自社車両を脱炭素車両に転換する等）、EP100（Energy Productivity：エネルギー生産性を倍にする）、そしてSteel Zero（CO2を排出しない工程で作られた鉄に転換する）という兄弟イニシアチブがあるからだ。これをバランスよく進めれば、自社から排出されるCO2が限りなくゼロに近づくという考え方である。

また、これらは皆、同様の目的意識、メカニズムを内包する取り組みであり、船の例で言えば、推進力を得るための「帆」である。企業は、RE100シリーズへの参加によって、脱炭素化を進めるための推力を得ることができる。

RE100シリーズは国際的に注目を集めており、前節で紹介したSBTと並び、こちらも脱炭素経営のグローバルスタンダードと言える。中でも、RE100の知名度は高く、2021年5月時点の参加企業数は300社を超え、それら企業の総電力消費量は年間334TWh。これは英国やイタリアの総電力消費量を超える規模だ。また、アップル社をはじめ、時価総額でみた世界トップクラスの企業が多数参加していること、そして巨大企業らが、自らの取引先にも再エネ調達を求め始めていることから、その影響力にも注目が集まっている。

日本でも、すでにＲＥ１００を宣言している企業は60社を超え、日本全体の電力消費の約５％（約46ＴＷｈ。産業部門の電力消費の約1割弱に相当[12]）を占めるまでに拡大した。一方、ＲＥ１００シリーズの取り組みの内容や機能については、やや誤解も多い。よってここでは最も知名度が高いＲＥ１００を例にとり、これらのイニシアチブが発足した背景、目的、そして「帆」としての機能などについて順を追って見ていこう。

ＲＥ１００は、英国の非営利組織であるThe Climate Group（以下ＴＣＧ）らによって２０１４年に発足した。２０１４年は、気候変動の分野で重要な動きがあった時期として本書では再三登場する。ＩＰＣＣの第５次報告書が発表され、ＣＯＰ21に向けた様々な動きが本格化した年だ。当時、ＣＯＰ21という一大イベントを前に、企業、投資家、自治体、市民、宗教、医療関係者ら、各国で政治的なパワーを持つ様々なステークホルダーの動きが活発化していた。

国際交渉の場では、各国の交渉団はどうしても本国の意向に縛られる。よって、各国で政治的なパワーを持つ重要ステークホルダーがどれだけ政府を後押しできるかは、最終的には国際交渉の成否にも大きな影響を与える。そのような背景の下、世界中の有志企業らの間では、自らの脱炭素化宣言などを通じて各国政府を後押ししていこうという機運が生まれていた。「政府交渉団の皆さん。私たち企業は気候変動への危機感を共有し、自ら事業の脱炭素化を進めます。企業が動けば各国の削減も進めやすいでしょう。意欲的な政策も支持します。だから、前向きな姿勢で交渉をお願いします」というように。

そのような企業の脱炭素化への意思をより明確な形で政府、そして社会全体に届けられるようにしたのがＲＥ１００だ。実際、グーグル、ケロッグ、イケアをはじめとしたグローバル企業のＣＥＯがＣＯＰ21の会場でＲＥ１００を宣言していたのは序章で述べたとおりだ。

この「企業が脱炭素化にコミットすることで、政府を後押しする」というのが、ＲＥ１００誕生のきっかけであり、目的意識の一つである。

余談だが、筆者がＲＥ１００によって政府を後押しすることの重要性を実感したエピソードがある。２０１８年5月、ＪＣＬＰは河野外務大臣（当時）と対話を行った。２０１８年というと、外務省が自らの重要テーマとして気候変動を位置付け、ＪＣＬＰではリコー、積水ハウス、アスクル、大和ハウス工業、イオンなどが率先してＲＥ１００を宣言していた頃である。対話にはＲＥ１００を宣言した企業から社長や役員が出席し、「なぜ自社が気候変動に取り組むのか、なぜＲＥ１００を宣言したのか」を大臣に伝えた。中には、「再エネ１００％を達成する目途はまだついていない。しかし、気候危機を避けるため、清水の舞台から飛び降りたつもりで宣言した」など、難しい社内調整を赤裸々に語った役員もいた。大臣も熱心に耳を傾けられ、「企業の取り組みは心強い。外務省も負けずに取り組んでいきたい」旨を述べられた。

その対話から約1週間後、河野大臣が「外務省は、再エネ１００％を目指す」と宣言し、さらにその翌週には、環境省が同様の発表を行った。これには我々も驚いた。RE100は企業が参加するものので、省庁の参加は聞いたことがない。世界初の事例だ（調整の結果、外務省、環境省は「正式なRE100メンバーではないが、応援団（アンバサダー）として参加する」ということで落ち着いた）。企業が自ら脱炭素に努力する姿勢を示し、かつ政府を応援することがいかに大事かを実感した出来事であった。

話を戻し、企業にとってのRE100の意義やメリットについて説明しよう。RE100が脱炭素経営のグローバルスタンダードになった理由は、政府を後押しするだけでなく、それが企業の脱炭素化への推進力を高める機能を持つからである。

このRE100の機能を理解する上で、まずは、日本における再エネ調達の状況を概観しておこう。一般的に、日本で再エネを調達することの難易度が高い。例えば、価格が高い、再エネ事業者を探す手間がかかる、などだ。今でこそ海外の主要国では再エネが最安電源となっているが、RE100が発足した当時は海外でも再エネ調達の難易度は高かった。

そもそも、再エネが割高だったり、調達に手間がかかったりする最大の原因は、再エネが十分に普及していない、言い換えれば市場規模が小さいからだ。多くの工業製品では、市場規模が小さい段階では製品1個当たりのコストは高い。しかし、市場が拡大して、規模の経済が働けばコストは低下する。経験曲線（学習曲線）と呼ばれるが、一般に累積の生産量が2倍になれば、価格は10〜30％程度下がるとされる。[13]また、市場が拡大すれば多くの企業が参入し、サービスのレベルも向上が見込める。つまり再エネ調達のコストを下げ、調達の利便性を向上させるには、市場の拡大が必要なのだ。

　これまで日本では、（官製市場であるＦＩＴ制度以外で）再エネ市場の拡大が進んでこなかった。その背景には、電力の需要家から見れば「再エネを調達したくとも選択肢が少なく、あったとしても価格が高い（だから、再エネに切り替えようとしない）」という状況があり、一方で電力事業者から見れば「顧客がいない（マーケットがない）ので再エネメニューは開発しない」という状況がある。お互いが一歩踏み出せずに膠着状態に陥っているのである。電力システムや系統制約など制度的な課題も大きいが、こちらも限定的な再エネ市場を前提としているため、化石電源をベースとしたシステムを維持するという結論に落ち着いてしまう。言わば三すくみの状態だ。この構造を打破し、好循環の起点を作るのがＲＥ１００である。そのメカニズムはこうだ。まず電力需要家である企業が、一定の期限までに再エネに１００％転換することを対外的に宣言する。こうすることで、「再エネが欲しい需要家」の存在が見える化される。そうすると、それまで一歩引いていた電力事業者も「顧客がいるなら商売になるかもしれない」と考え、再エネ事業に参入する企業が増え、それにつれて再エネメニューも増加する。様々な再エネメニューが市場に出てくると、それを見た別の需要家は、「これなら、わが社もできそうだ。やってみよう」となり、さらに再エネ需要が拡大する。需要が拡大し市場規模が一定に達すると見込めれば、さらに多くの企業が再エネ事業に参入し、中には大規模な設備投資を行う企業も出てくるだろう。結果、さらに価格が安くなり……という好循環が回り始めるのであ

図5-4　RE100のメカニズム

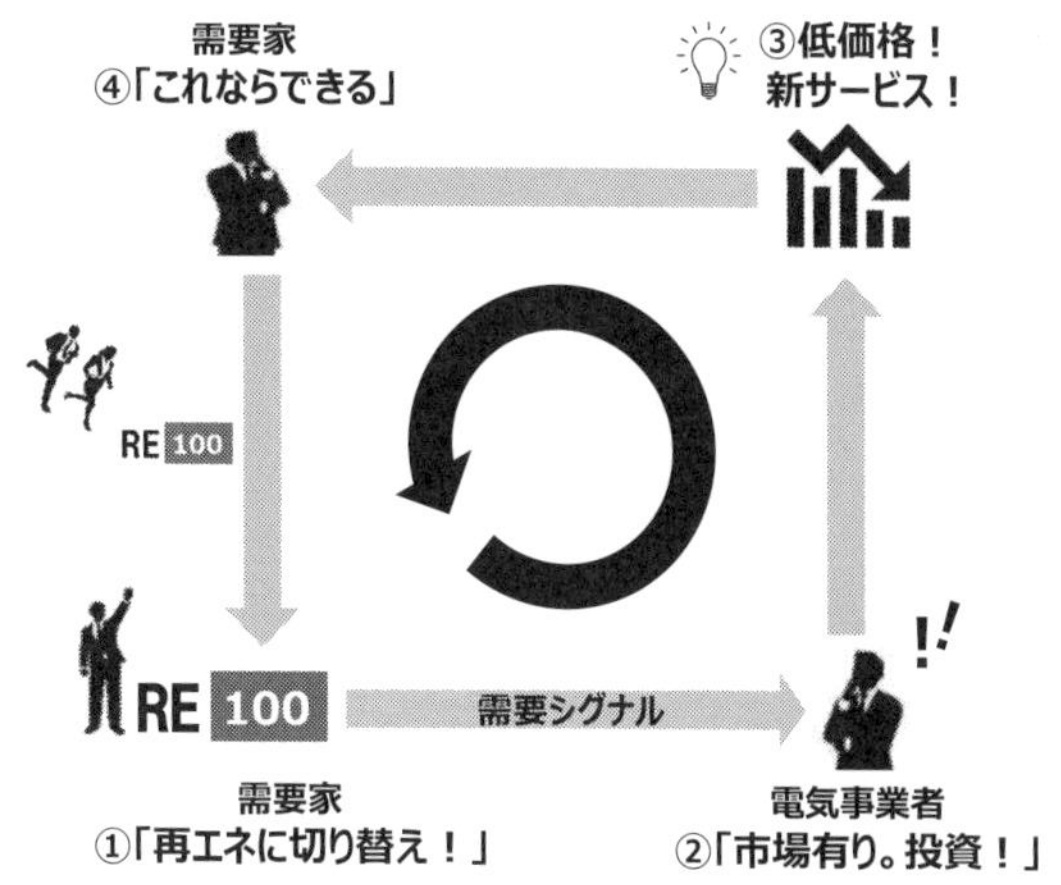

出典：IGES作成

る（図5－4）。

実際、需要があるというシグナルの力は大きい。JCLPの某社は、以前から再エネ調達を模索し、取引のある電力会社らに相談していたが、反応は芳しくなかった。それがRE100を宣言した途端、それらの電力会社から多数の再エネ電力に関する提案が来るようになった。日本全体で見ても、RE100を宣言する企業の増加と軌を一にするように、再エネメニューを取り扱う事業者が急増してきている。[14]

なお、日本の電力市場の規模は、おおよそ年間20兆円と言われる。[15] 現在RE100を宣言している企業の電力需要が日本全体の約5％であることを踏まえると、単純計算ではすでに1兆円の市場規模だ。また、RE100の宣言までは至らないが、電力の一部を再エネに切り替えたいという企業も多い。これらを含めると、少なくともその1・5倍〜2倍の再エネ市場が追加的に誕生していると言ってよい。市場規模1〜2兆円と言えば、ホテル業界や航空機産業と同規模である。結果として多くの事業者が再エネに参入し、再エネ調達スキームにも様々なバラエティーが生まれたほか、部分的には通常の電気と遜色ない価格で再エネを購入できるケースも出てきている。

また、エネルギー政策の検討の場においても「再エネを求める需要家が増えているので、それらのニーズに応えうる制度にしていかないといけない」という議論が出てきている。「需要がある」ということを示すことで市場規模が拡大し、結果として数年前には難しいと考えられていたものが、次々に可能になってきているのだ。

なお、このRE100の意図が正確に伝わっていないがための誤解もある。最も多いのは、「再エネに100%転換した企業だけがRE100に参加できる」というものだ。この誤解により、「現状では100%再エネに転換するのが難しいので、宣言はできない」という声が多く聞かれる。しかし、ここで述べた通り、再エネに転換するのが困難な現状があるからこそ、その打破に向けてRE100を宣言する意義があるのである。RE100を上手く活用するには、この点の理解が重要だ。

RE100には、他にも企業にとって実務的なメリットが三つある。

一つ目は、再エネ調達に関連する様々な情報が自社に集まってくることである。現状、再エネを調達するにはひと手間余計にかかる。再エネメニューの情報を集め、それを比較検討し、新たに契約を結ぶ、といったプロセスが必要だが、これをすべて自社内で行うのは、かなりの時間とエネルギーが必要だ。一方、ＲＥ１００を宣言すると、様々なアイディアを持った事業者が自社に向けた提案を持ってきてくれることも多い。無論、提案を比較検討する必要があることに変わりはないが、自社向けに練られた提案が持ち込まれることのメリットは小さくない。他にも、省庁や自治体、金融機関らをはじめとする各主体から、様々な情報が集まってくることも多い。日々状況が変化する再エネ分野において、「有用な情報が継続的に入ってくる」ことは重要なメリットだ。

二つ目は、ＲＥ１００を宣言した企業が連携し、共通の課題に対して解決策を検討、実践できることだ。例として、ＲＥ１００参加企業が加盟するＪＣＬＰの取り組みを紹介しよう。

多くのＪＣＬＰ企業は、「オフィスビルのテナントにおける再エネ化」を共通の課題として抱えていた。通常、ビルの電力契約はビルのオーナーが一括して行うことが多いが、この場合、電力の契約者はオーナー企業となり、そのビルに入居する各テナント企業は、自らが消費している電力に関わる契約上の証憑（取引の証拠・証明）がないことになる。こういった状況では、例えば、オーナー企業が再エネ50％の電力メニューを契約している場合、この50％がビルのどの場所もしくはテナント企業に帰属しているのかを明言するのが難しく、ビルテナントにおける再エネ促進の障壁となっていた。

ＪＣＬＰでは、この課題を解決すべく各社が知見を持ち寄り、解決策を検討することで、最終的にはビルのオーナー企業とテナント企業の間で再エネの所属を明確にする覚書のひな型を作成した。これを用いることで、契約上、テナントに入居する企業が、自社の再エネ化を主張できるようになった。

三つ目は、投資家や顧客へのPR効果である。RE100は、自社が具体的な行動を進める明確な意思表示であり、投資家からもプラス要因として評価されることも期待できる。投資家への情報提供を行っているCDPがRE100の運営パートナーであることから、CDPを経由した投資家への情報伝達もなされている。仮に再エネへの100％転換を達成した場合には、カーボンプライシング導入によるコストアップのリスクが小さいことも加点項目となる。もちろん、企業から排出されるCO2には電力以外の部分もあるが、自社が脱炭素へと体質改善を進めていることを投資家に伝えることは非常に重要だ。顧客（消費者）らに対しても同様だ。自社が真摯に気候変動に向き合い、かつ具体的なアクションをとる意思があることを明確に示すことで、信頼を得ることができるだろう。現在、取引先に再エネ化を求める動きもあるが、RE100を宣言していれば、まずは「第一関門突破」とみなされよう。RE100は、その知名度と、脱炭素への明確なコミットメントという分かりやすさから、様々なステークホルダーに自社の姿勢等を示す優れたツールである。

ここまでRE100を例にその意味合いを見てきたが、基本的なメカニズムやメリットは、EP100、EV100、Steel Zeroも同様である。各イニシアチブの詳細は割愛するが、それぞれの参加基準や求められるコミットメント等の概要を図5－5にまとめた。なお、JCLPは2017年よりRE100シリーズを日本で普及するための窓口をになっている。RE100シリーズの詳細を知り

図5-5　RE100の概要

<table>
<tr><th></th><th>RE100</th><th>EV100</th><th>EP100</th><th>Steel Zero</th></tr>
<tr><td>概要</td><td>・2050年までの自社使用電力の100%再エネ転換を宣言</td><td>・2030年までの全ての車両の脱炭素化を宣言</td><td>・エネルギー生産性向上目標の達成を宣言</td><td>・2050年までにネットゼロ鉄鋼の調達100%の達成を宣言</td></tr>
<tr><td></td><td colspan="3">民間企業であること（基本的にグループ全体での参加が求められる）</td><td rowspan="2">・鉄鋼を調達する企業、団体
・粗鋼製造後のあらゆるサプライチェーンに関わる組織（加工、デザイン等）</td></tr>
<tr><td>対象</td><td>・主要な多国籍企業
・内で認知度等が高い
・消費電力100GWh/年以上*</td><td>・一定以上の車両等を保有（車両1千台等）</td><td>（特に制約なし）</td></tr>
<tr><td>コミットメント</td><td>・2050年までに再エネ100%
・以下の中間目標設定*
2030年60%
2040年90%</td><td>以下から1つ以上選択
・管理車両の100%EV化・タクシー等におけるEV利用
・従業員のEV利用支援
・顧客のEV普及支援EV以外にPHV、燃料電池車も可。重量車両等は対象外</td><td>以下から1つ以上選択
・エネルギー生産性倍増（25年以内）
・「エネルギーマネジメントシステム導入、かつエネルギー生産性目標設定と進捗管理」
・「ネットゼロ・カーボン・ビルディング」を達成（2030年まで）</td><td>・2050年までにネットゼロ鉄鋼の調達100%達成
・同、中間目標2030年50%</td></tr>
<tr><td>報告</td><td colspan="4">各イニシアチブが定める書式に基づき、毎年進捗を報告（RE100は、CDPの該当項目への回答での対応も可）</td></tr>
<tr><td>備考</td><td>以下の企業は対象外
・発電関連事業等
・ロビー活動に問題がある</td><td>以下の企業は対象外
・主な収入源が自動車
・充電器・武器、賭博、化石資源企業</td><td>・エネルギー生産性の分子となる指標は「売上、個数、重量、面積、体積、従業員数」などから選択</td><td></td></tr>
</table>

*RE100は、日本企業向けの柔軟性措置として、消費電力は50GWh超、中間目標を推奨項目（必須ではない）に緩和。代わりに「政府の再エネ目標向上等への政策関与」への賛同が求められている。
出典：The Climate Group資料よりIGES作成

たい方は、巻末に記載のあるＪＣＬＰのホームページをご覧いただきたい。

【ＢＯＸ⑨　大企業以外はＲＥ１００に入れない？】

ＲＥ１００の主催者であるClimate Groupは、ＲＥ１００の参加要件として、グローバルに展開している企業、一定規模以上の電力需要家であることなどを定めている。つまり、基本的には大企業向けの枠組みとして設計されている（これは、国際的な政策プロセスに好影響を与えるという目的意識と関係する）。

一方、ＪＣＬＰがＲＥ１００の普及窓口を務めるに際し、中小企業、学校、病院、自治体など、大企業以外の方々から、「我々も参加したい」との要望を数多くいただいた。需要家によって好循環を形成するという点では、大企業以外の需要家の宣言も有効だ。そこで、ＪＣＬＰは他の団体とも連携し、Climate Groupとも協議の上、日本独自のイニシアチブとして大企業以外が参加できる枠組み「再エネ１００宣言　RE Action」を２０１９年秋に創設した。※ ２０２１年夏時点で、RE Actionに参加している団体は１６０を超え（合計電力使用量は約１ＴＷｈ超）、中小企業を中心に、学校、病院、農業法人、生活協同組合、自治体、宗教団体ら、多様な方々が参加している。

なお、この枠組みの検討段階では、「再エネ調達は、比較的余裕のある大企業では可能でも中小企業には厳しいのではないか」との懸念もあった。しかし実は、中小企業ら比較的小規模な需要家ほど、再エネへの転換がスムーズに行える可能性があることも判明した。理由は、小規模需要家が購入している電力の価格にある。通常、中小規模の需要家には、大規模需要家が受けているような割引がなく、元々の電力単価が高いのである。最も単価が高いのは家庭や零細企業などであり、大企業との差は5円から、場合によっては10円近くに上る。元々単価の高い電力を購入していた中小企業らは再エネに切り替えてもコストアップにならず、場合によっては割安になる。特に自社敷地内に太陽光を設置するなどの自家消費型の再エネであれば、大半のケースで電気代は安くなる。日本の再エネについて好循環を回すには、大企業だけでなく中小企業を中心とした様々な主体の力も重要なのである。

※：RE Actionは、ＪＣＬＰ、地球環境戦略研究機関、グリーン購入ネットワーク、持続可能な都市と地域をめざす自治体協議会（イクレイ日本）による協議会により運営されている。

続いて、実際にＲＥ１００を宣言し、再エネ調達を進めている日本企業の事例を見てみよう。ＳＢＴの事例同様、宣言に至った各社の背景、脱炭素経営の中での位置づけ、実際の再エネ調達、そしてＲＥ１００をきっかけに、再エネという切り口から経営自体を変えていこうとする試みである。

大和ハウス工業　株式会社

自社の脱炭素化の成果をビジネスの成長につなげ、日本全体の再エネ拡大に貢献

大和ハウス工業株式会社　環境部長　小山　勝弘

脱炭素経営のドライバーは何かと問われたら迷わず「危機感の醸成」と「ビジネスへの統合」だと答える。企業には今その巧拙が問われており、気候変動に関する「リスクを嗅ぎ取る力」と「事業機会への貪欲さ」が試されている。

まず「危機感の醸成」について、当社にとっての危機感は大きく二つある。一つは、近年、気候変動が要因の一つとされる気象災害が頻発化・激甚化している点だ。引き渡した建物の点検、復旧支援などに携わるなか、私たちの提供価値の根幹ともいえる、住まいや暮らしの安全・安心が脅かされているという実感が年々高まり、「マイホームの夢」どころではないとの危機感も募る。もう一つは、パリ協定の採択を機に世界の国や企業が脱炭素へと大きく舵を切っている点だ。国内の建設市場が縮小していくなか、現在はまだ1割に満たない海外事業を今後大きく展開していくためには、こうした世界の動きに後れを取るわけにはいかない。地球環境を守るという使命感だけでは動き出せなかった

ものが、お客様の安全・安心を守る、さらには我々自身のビジネスを守る、拡げるという「危機感の醸成」が起点となって、脱炭素への取り組みが大きく動き出した。

世界の動きへの危機感の醸成に一役買ったのが、ドイツでのCOP23視察団への参加である。最も印象に残ったのは、そこに集まった海外の企業や機関投資家などの本気度だ。皆が気候変動への危機感を本気で語り、すでに「議論」の段階は過ぎ「行動」を始めていることに大きな衝撃を受けた。一緒に参加した日本企業の方々の熱い思いにも胸を打たれた。視察から戻り、経営層への報告はもちろん、あらゆる機会を捉えてドイツで見聞きしてきたことを社内で拡散した。視察から3カ月、これらがどこまで後押しになったかはわからないが、2018年2月の役員会で「やるからには世界標準の取り組みを」と、住宅・建設業界では世界で初めてSBT、EP100、RE100という三つの国際イニシアチブに参画することを決定した。スピード経営を標榜する大和ハウスの面目躍如である。

当社では、すでに2016年に環境長期ビジョン「Challenge ZERO 2055」を掲げ、脱炭素に取り組むことは宣言していたが、そこにCO2削減、省エネ、再エネ、それぞれの野心的かつ具体的な目標が加わり、脱炭素経営の基盤が整った。

企業が脱炭素に取り組む際、まず注目するのは「再エネ」だろう。しかしその前に、使うエネルギーを徹底的に効率化する「省エネ」が重要であることは言うまでもない。そうした姿勢を社内外に示すため、当社では再エネ100%を目指すRE100への参画と同時に、エネルギー効率2倍を目指すＥＰ１００にも国内企業として初めて参画した。省エネ活動は従前から取り組んできたが、これを機に新たに「新築施設のゼロエネ化」にも着手した。建物は一度建てると数十年にわたり使い続ける。新築時にいかに高い省エネ性能を確保するかが重要だ。新設する自社施設は原則ゼロエネ化するとの方針を定め、オフィスをはじめ店舗や物流施設など、様々な用途の建物でのゼロエネ化を進めている。

次に、それでも必要なエネルギーは再エネで賄おうとRE１００への取り組みも進めている。しかし、日本の再エネ比率は20％にも満たない。そのため、今すでにある再エネを社外から調達するのではなく、再エネを「自らつくる」というハードルを課し、量の拡大にも貢献しながら再エネ１００％を目指そうと試行錯誤を重ねている。そこで２０３０年までを量の拡大フェーズと位置付け、まずは固定価格買取制度も活用しながら電力使用量を上回る再エネ発電を開発・稼働させる。そしてその後、自家消費に切り替え、２０４０年までにすべての使用電力を再エネで賄うという2段階の目標を掲げて取り組みを推進中である。RE１００への参画から3年、２０２０年度には当社グループが運営する再エネ発電所の発電量が初めて電力使用量を上回り１３３％に達し、一つ目の目標を10年前倒しで達成した。また、量の拡大に一定の目途が立つなか、東西両本社ビルや主要工場をはじめ全国の施工現場や住宅展示場などでも「再エネの自給自足」として当社グループの再エネ発電所由来の実質再エネ電気への切替えを進めており、当社単体の再エネ利用率は約3割に達している。

「危機感の醸成」を起点に自社の脱炭素化を進めてきたが、もう一段の加速には「ビジネスへの統

図1　DREAM Wind 愛媛西予（16MW 愛媛県西予市）

合」が欠かせない。自社の脱炭素化に向けて取り組んだ成果を何らかの形でビジネスの成長につなげる道筋を描ければ、脱炭素化を推進する大きな動機づけとなるはずだ。幸い当社は住宅・建築・街づくりといった脱炭素化への期待が大きい分野で事業を行っている。まずは「自社の脱炭素化」に真摯に取り組み、そこで得られた省エネ・再エネ・蓄エネなどのノウハウをそれぞれの事業に活かし「再エネ100%のまちづくり」として世の中に実装していく。これらを両輪で進めながら互いのスパイラルアップを図っていくことが私たちの脱炭素経営の要諦であり、基本戦略だと確信している。

この基本戦略に沿って、EP100のところで触れたとおり自社施設のゼロエネ化を進めると同時に、これをショールームとして活用しゼロエネ・ビルの提案を進めている。また、建物を引き渡した後も再エネ電気の供給や余剰電力の買取りを通じてお客様

図２　船橋グランオアシス（千葉県船橋市）

とのリレーションを図りその後の継続受注に結びつけるなど、すでに多くの好循環が生まれ始めている。

その集大成の一つともいえるのが、現在千葉県船橋市で進める「船橋グランオアシス」である。マンション、賃貸・戸建住宅、商業施設などからなる、総事業面積５・７万㎡（東京ドーム１・２個分）の大規模複合開発だ。それぞれの建物において省エネの工夫を織り込んだ上で、建物に設置する太陽光発電や蓄電池を駆使して街の再エネ自給率を高め、それでも足りない電力については、ＲＥ１００のところで触れた、当社グループの再エネ発電所由来の実質再エネ電気を供給する計画である。街や施設の至る所で「自社の脱炭素化」を通じて得られたノウハウが活かされており、再エネの発電から小売、街の開発から管理までを担う、当社ならではの「再エネ１００％のまちづくり」を実現している。

私たちは創業100周年となる2055年に「売上高10兆円と環境負荷ゼロ」を同時に実現することを本気で目指している。その実現に向け、「環境を犠牲にした成長」や「成長を犠牲にした環境」に流されることなく、徹底して「環境と企業収益の両立」にこだわっていく。そして今後も、「危機感の醸成」を基盤として「ビジネスへの統合」を図り、当社ならではの「脱炭素経営」を推し進めていきたい。

三井不動産　株式会社

自社のみならずサプライチェーンを含めたRE100達成への努力
卒FIT住宅用太陽光発電を活用し、テナント向けに安定的にグリーン電力を提供

三井不動産株式会社　サステナビリティ推進部長　山本　有

三井不動産グループは、企業ロゴ「&」マークに象徴される「共生・共存」「多様な価値観の連繋」「持続可能な社会の実現」の理念のもと、人と地球がともに豊かになる社会を目指し「&EARTH」を掲げて、環境（E）・社会（S）・ガバナンス（G）を意識した事業推進、つまりESG経営を推進している。2018年度に策定したグループ長期経営方針「VISION 2025」では、

当社グループが目指していくあり姿の第一に「街づくりを通して、持続可能な社会の構築を実現」していくことを位置付けた。特に、脱炭素社会の実現に貢献していくことは、街づくりを担うデベロッパーとしての社会的使命であると考えている。

このような課題認識のもと当社グループは２０２０年２月、「ＲＥ１００」に加盟、「気候リスクの情報開示制度（ＴＣＦＤ）」の提言に賛同した。さらに２０２０年12月、温室効果ガス排出量を２０１９年度比で２０３０年度までに30％削減、２０５０年度までにネットゼロとする中長期目標を設定し公表した。この目標は当社グループだけでなくサプライチェーン全体（スコープ３）を含むものであり、２０２１年２月には２０３０年目標について「ＳＢＴ」イニシアチブの認定を取得した。

具体的な取り組みとして、２０２０年12月、当社と東京電力エナジーパートナー株式会社（東電ＥＰ）のオフィスビル等における「使用電力のグリーン化に関する包括協定」の締結が挙げられる。脱炭素への社会的な要請が高まる中、当社のオフィスビル等に入居するテナント企業からは、ＲＥ１００やＥＳＧ、ＳＤＧｓ等の実現に向けたグリーン電力導入の要望が強くなってきたが、国際イニシアチブから認定を受けられる環境価値の付与など、多様なテナントニーズに応じたサービスを提供するのは難しい課題であった。そうした要望に早期に応えるべく、両社は長年にわたる良好なパートナーシップをもとに共同検討を重ね、今回の協定締結に至ったものである。

卒FIT住宅用太陽光発電を活用したテナント向け再エネ適用サービスのイメージ

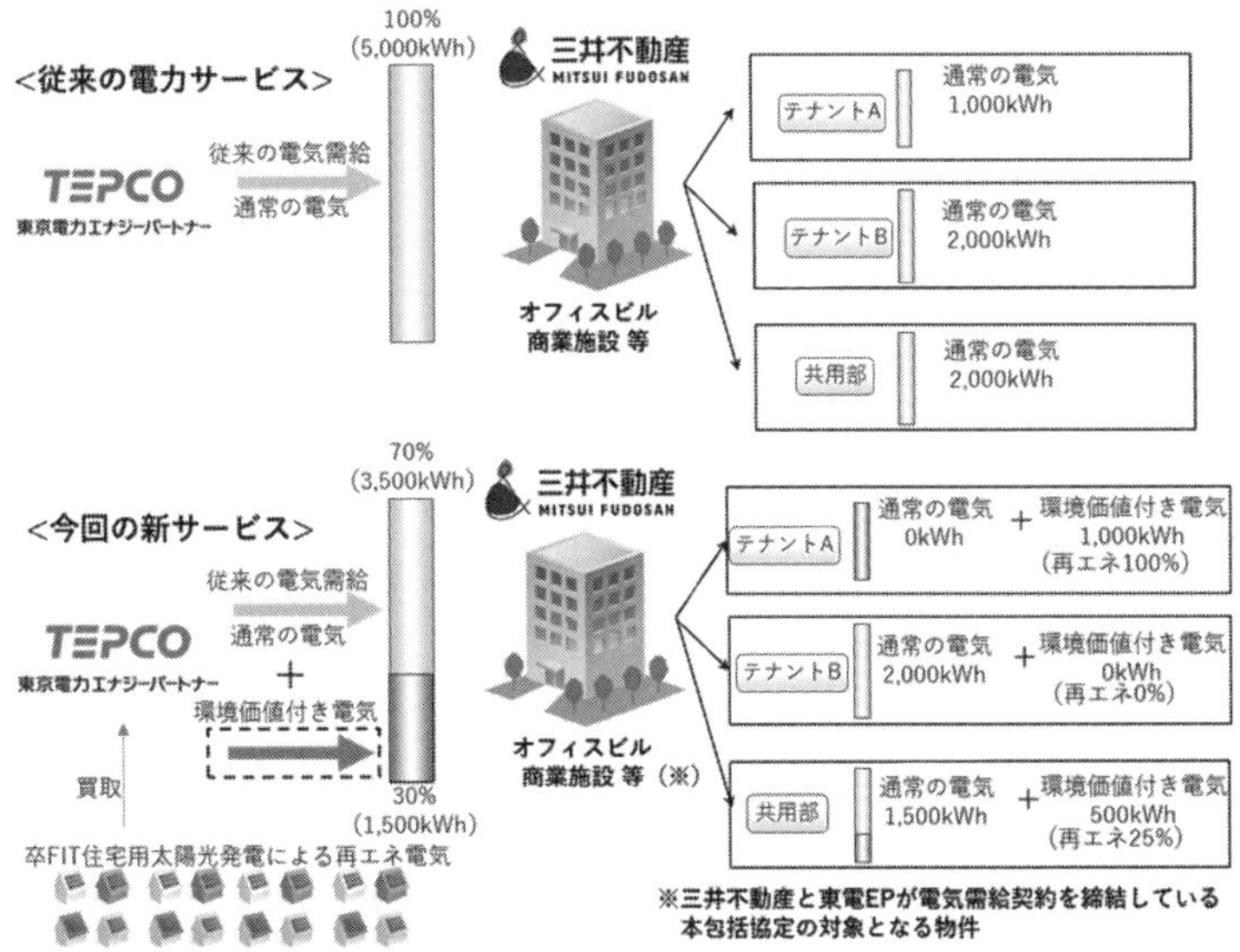

両社は、三井不動産が保有・転貸するオフィスビル等のテナント専有部および共用部において、固定価格買取制度（ＦＩＴ）による電力の買取期間を終えた（卒ＦＩＴ）住宅用太陽光発電等の環境価値が付いた電力を提供する。個々のテナント企業の要望に応じて、環境価値が付与された電力を提供する国内初の取り組みである。２０２１年４月から東京ミッドタウン日比谷等で先行実施し、首都圏オフィスビルを中心に約１２０棟の施設に対して順次サービスを開始する。２０３０年度には、約６億ｋＷｈの使用電力をグリーン化する計画を掲げ取り組んでいる。この取り組みの発表後さまざまな業種の多くのテナント企業から問い合わせを受け、加えて多くのエネルギー企業から

も相談を受けるなど、再生可能エネルギー（再エネ）への需要の高まりと脱炭素への強い意欲を実感している。

当社グループだけでなくテナント企業などサプライチェーン（スコープ3）に対して再エネを提供することは、社会全体の脱炭素化に貢献するものである。当社では、この取り組み以外にも以下のような先進的なプロジェクトを推進している。

●「日本橋・豊洲スマートエネルギープロジェクト」

当社と東京ガス株式会社の共同事業で、「日本橋室町三井タワー」および「豊洲ベイサイドクロスタワー」内にガス・コージェネレーションによるエネルギーセンターを設置した。当該ビルだけでなく周辺地域に電気と熱を供給する。供給エリアのCO2排出量を日本橋で約30％、豊洲で約20％削減する。

●「メガソーラー事業」

太陽光発電所（メガソーラー）5施設を建設、稼働中。計画発電出力の合計は約72MW、年間発電電力量は約7000万kWh、一般家庭の年間消費電力量約2万世帯分に相当する。

●「国内最大・最高層の木造賃貸オフィスビル計画」

現存する木造高層建築物として国内最大・最高層となる、地上17階建・高さ約70m・延床面積約2万6000平方メートルの木造賃貸オフィスビル建設を計画中。同規模の一般的な鉄骨造オフィスビルと比較して、建築時のCO2排出量を約20％削減（想定）する。

5 脱炭素化を踏まえた事業の適合性評価

脱炭素経営では、事業と脱炭素化との適合性を評価することも必要となる。船の例で言えば、「積み荷の査定」だ。本書で触れた水害リスクの高い地域にある不動産や化石資源の権益などは、気候変動の物理的リスク、政策リスクを勘案すれば、思っていたよりもずっと価値が低いことに気づくだろう。逆に、蓄電池の技術やその原材料などは、今後の再エネやEVの拡大を想定すると、従来思われていた以上に価値が高くなる。また、同じ商品でも、脱炭素の文脈に照らした成長市場における活用方法を探したり、適切な「売り方」を考案できれば、より高い価値を生むこともできる。ITや金融をはじめとする各種のサービス事業などには、そういうチャンスも少なくないと考えられる。

事業の適合性評価は、自社のCO2削減と同等、またはそれ以上に重要な部分であるが、高度な経営判断を伴うものにならざるを得ない。評価の結果がポジティブなものであればよいが、そうでない場合には、減損や、さらには既存設備や人員の見直しという「痛み」を伴う対応を迫られる可能性もあるからだ。

なお、この事業の適合性の評価に関してはSBTやRE100のように、多様な事業形態に対して一律に適用できるようなツールは確立されていない。よって、当面は、脱炭素経営の基礎であるガバナンスや情報インフラを整えた上で、各社が試行錯誤しながら進めていくことになる。ここでは、事

図 5-6　オーステッド社の時価総額

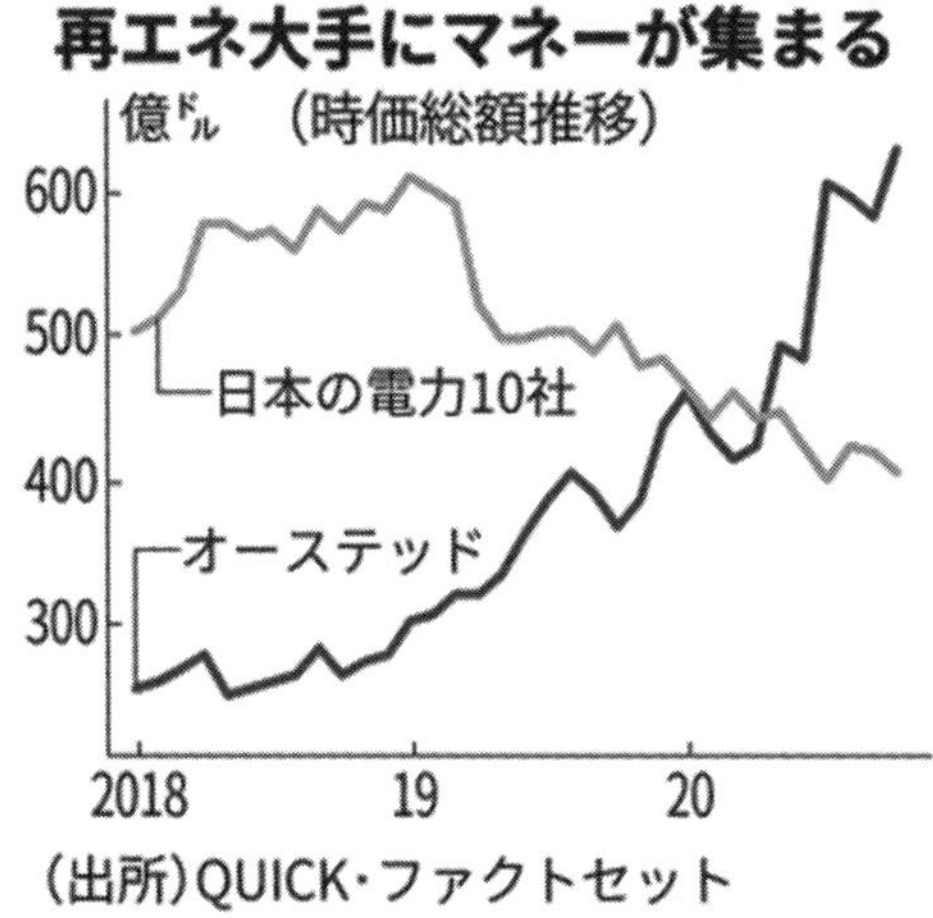

出典：日本経済新聞（2020年10月30日）『電力10社の時価総額、デンマークの風力大手に及ばず』

業の適合性評価やその結果を踏まえた対応事例を紹介しつつ、評価を行う上での基本的な視点について説明する。

まずは、イメージを掴んでいただくために分かりやすい事例を紹介しよう。デンマークのオーステッドは、1970年代に設立された石油・ガス事業を祖業とする電力会社である。同社は2000年代後半まで、化石燃料に強く依存した事業を行っていた。しかし同社は、2008年に化石資源から脱却し、風力を中心とした再エネを主力事業とすることを宣言した[16]。2008年といえば、パリ協定以前の国際枠組みである京都議定書の第1フェーズがスタートし、翌2009年にコペンハーゲンがCOPの開催地となることが決まっていた時期である。当時、化石資源に関連する事業の主力にしていた同社だが、デンマークのエネルギー自給率向上と、世界的な気候変動への対応を踏まえ、大胆な事業転換を決めた[17]。

２００８年当時は、現在の脱炭素への潮流が生まれる前であり、その時点での事業転換には様々な困難があったとされるが、決断の結果、石炭事業から大胆に撤退しつつ、世界有数の風力事業者としての道を歩み始めた。近年は日本市場にも参入し、日本の大手電力会社と合弁企業を設立しているほか、２０２１年には、２０２７年までに５７０億ドル（約6兆２０００億円）を投資し、出力ベースで原発約50基に相当する風力発電の建設計画を発表するなど[18]、今やグローバルな成長市場におけるメインプレーヤーである。株式市場も同社の成長に反応し、２０２０年にはオーステッド1社の時価総額が、日本国内のすべての大手電力の時価総額の合計値を超えた。人口６００万人弱の国の電力会社が、脱炭素の潮流を踏まえて事業の再構築を行った結果、成長市場におけるトップ企業として発展しているのである。

スウェーデンにも脱炭素の観点から事業ポートフォリオの見直しを大胆に進めている会社がある。ストックホルムに本社を構えるバッテンフォール社は、１９９０年代の欧州電力自由化の時期に多数の買収を進め、欧州有数の電力会社となった企業だ。同社は２０１５年頃を境に自社の発電ポートフォリオを見直し、現在は再エネを主力とする事業形態への転換を急いでいる。筆者は２０１６年に開催されたＣＯＰ22にて、同社の最高財務責任者（ＣＦＯ）から事業ポートフォリオの見直しについての考え方を聞く機会に恵まれた。そのＣＦＯは、同社が石炭火力や炭鉱事業からの撤退を決定した理

図5-7　バッテンフォール社のCO2排出量

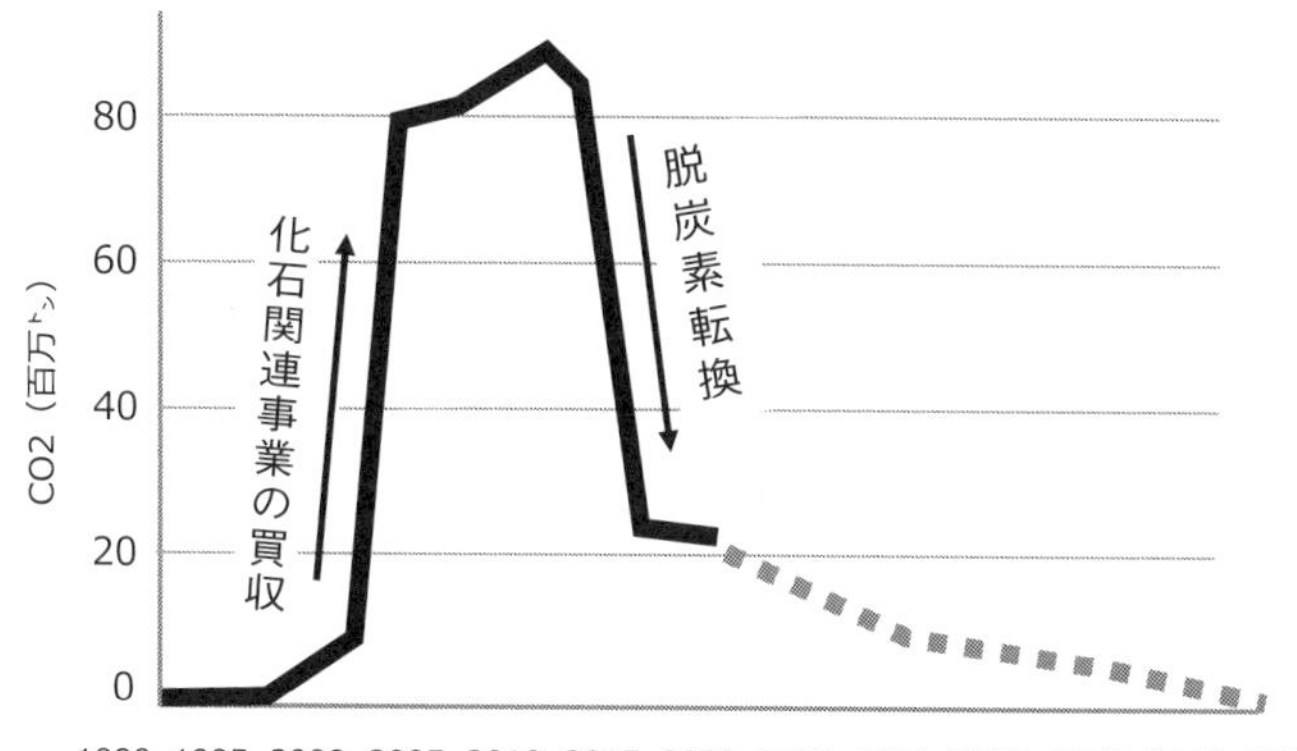

出典：バッテンフォール社ウェブサイトの情報を参考にIGES作成

由として、「気候変動の算数（炭素予算）を踏まえ、パリ協定に整合するよう事業を見直した結果である」と、シンプルかつ明確に述べていた。[19]

実は、同社は昔からの環境先進企業ではない。電力自由化が本格した２０００年代に、ドイツやポーランドなどで石炭火力発電所や褐炭（石炭の一種）事業などを数多く買収し、さらには２０１５年にドイツで新たな石炭火力発電所を稼働させるなど、２０１０年代の半ばまでは化石資源への依存度が高く、環境ＮＧＯらからの批判も浴びていた。[20]しかしパリ協定の合意を受け、２０１６年以降は「化石燃料を使わない世界（Fossil Freedom）」を掲げ、大半の新規投資を再エネ事業に振り向けた。また、２０２０年には、２０１５年に稼働させたばかりの石炭火力発電所をわずか５年で閉鎖するなど、急激に事業転換を進めている（なお、閉鎖した石炭火力発電所の跡地には、再エネから水素を製造するプラントを建設すると発表している[21]。

図5－7は、同社の事業から排出されるCO2の推移である（点線は将来見込み）。2015年を境に急激に減っており、いかに急速に発電ポートフォリオの入れ替えを進めたかが分かるだろう[22]。無論、欧州の急速な規制強化に加え、ドイツにおける石炭火力発電所閉鎖への政府補償金などのサポートがあってこそだろうが、事業の見直しを果敢に進めている事例と言える。

北欧の電力会社の例が続いたが、脱炭素化の影響が直撃する電力業界では、他にも同様の例がいくつも見られる。これら電力会社の事例は、電力という「商品」は変わらないが、その内容を脱炭素に整合させる「体質改善」である。自動車産業で今起こっている内燃機関からEVへのシフトも同様のケースだ。

一方、扱う商品そのものを変えるという、より大胆なケースもある。オランダのDSMは1902年に石炭採掘会社として誕生したのち、1950年頃に石油エネルギーの拡大を受けて石油化学へ転換した化学会社だ。この会社は、気候変動や食料問題への懸念が高まりつつあった2000年代に石油化学事業を売却し、代わりにライフサイエンス事業を買収するなどで事業転換を図ってきた。結果、今ではビタミン市場で世界トップシェアを獲得するなど、栄養素材を中核としつつ、脱炭素に資する様々な製品を扱う企業となっている。時代を先取りして事業転換を進めた結果、同社は順調に発展を続けており、特にパリ協定の合意以降から2021年までの約5年間で、株価は約2・5倍に伸びている[23]。このDSMは、事業そのものを転換することで発展した好事例と言えよう。なお、２０２０年まで同社のCEOを務めたシーベスマ氏（２０２０年より名誉会長）は、COP21以降毎年のように重要な気候変動の会議に参加されている。筆者も何度かシーベスマ氏の話を聞く機会に恵まれたが、大企業のトップが脱炭素に向けて事業転換の必要性を力説する姿は強く印象に残っている。

さて、この分野の取り組みは、海外勢が先行する形となっているが、日本でも最近は同様の動きが見え始めた。例えば、石油・石炭化学を本業とする三菱ケミカルホールディングスのギルソン社長は、今後の事業ポートフォリオを、①自社の強み、②業界の成長性、そして③カーボンニュートラルに繋がるか否か、という三つの軸で大胆に見直すことを発表した。この際、同社の古くからの主力事業である石油化学分野も、「ポートフォリオ改革のレビュー対象の一つ」としている[24]。遠からず、日本でも脱炭素化を踏まえた事業の適合性評価が活発化すると見込まれる。

脱炭素化の潮流を見誤れば事業環境は悪化し、適切に捉えれば成長の機会になる。CO2は、産業、家庭、運輸、農業等々、極めて幅広い分野から排出されることから、脱炭素化をめぐる機会も広範囲にわたる。脱炭素経営においては、SBTやRE１００等とともに、自社の事業を再評価、そして再構築することが重要だ。

ここで、このような視点から、ＲＥ１００等を実践しつつ、同時に自社事業の再評価による「機会の獲得」を目指している企業の事例を紹介しよう。

日本企業の取り組み事例

株式会社　メンバーズ

気候変動を含む社会課題の解決を自社及びクライアント企業の価値向上に転換

株式会社メンバーズ　取締役 専務執行役員　髙野明彦

当社は主に国内の大手BtoC企業をクライアントとして、デジタルマーケティング運用やDX（デジタルトランスフォーメーション）推進支援を行っている企業である。より具体的にはECサイト（インターネット上で商品を販売するウェブサイト）等での売上向上や、顧客獲得、ウェブサービスやアプリの開発・成長支援、ブランディング支援等を行っている。クライアントのデジタルビジネス／デジタルマーケティングの成果を向上させる運用パートナーとしてのサービス価値が支持を得られており、業績は6期連続で増収増益、営業利益は5年間で4倍超（２０１４年度約3億円→２０１９年度約12億円）、社員数は5年間で３・３倍（同３８５名→１２７７名）と大きな成長を実現している。また株価もその成長を反映し、２０１６年の東証二部上場時の初値３２５円から、２０１７年の東証一部上場を経て2021年3月12日終値で2577円とおよそ5年間で約8倍に伸長している。

この成長の背景にある最も重要なポイントが、「(気候変動等の）社会課題の解決」と「企業の利益、競争力向上」を同時に実現させ、社会と企業の両方に価値を生み出すCSV（Creating Shared Value）[※1]と呼ばれる取り組みである。当社は企業のマーケティングや事業活動の在り方をCSV型に変革することをミッションに掲げ、それらを通じて気候変動に対して大きく貢献することをビジョン[※2]に掲げている。これらの思想に共感した優秀な学生の採用を毎年数百名規模で成功していることが、当社の成長の原動力の一つとなっている。

そして実際にここ数年で、多くのクライアントと共にCSV型のデジタルマーケティングの成功事例を生み出している。気候変動関連では、例えばある大手EC企業はドライバーの負担とCO2排出を削減するために、再配達をなくせるポスト投函可能なお中元の商品群を訴求して売上を伸ばした。またある大手クレジットカード会社は、自社のコスト削減に繋がる利用明細書のウェブ化について、これまではユーザーの利便性を訴求して切り替えを促していたが、紙の使用を減らして森林を保全しCO2排出を削減するという訴求に変え、さらに森林保全団体と協働して森を育む活動を継続的に行なっていることを訴求することでカード会員の共感を醸成し、ウェブ明細への切り替えを大幅に加速させた。

初めは小さな事例であっても、このようなCSV型のマーケティングに成功した会社はその後も次々とCSV型マーケティングを実践するようになる。理由はシンプルで、従来型のマーケティングよりも成果が上がるからだ。そもそも今の日本のマーケティングの現場は非常に厳しい状況だ。モノ余りの成熟した社会、かつ人口減少という需要不足・供給過多でモノが売れない市場において、数多のプレイヤーが頻繁な新商品開発や膨大な広告宣伝、値下げやポイント還元等の販促キャンペーンでしのぎを削り、懸命に需要を喚起して消費者を奪い合う消耗戦が繰り広げられている。そのような状況下において、いかにお得か、高機能か、デザインがよいか、贅沢感を得られるか、といった消費者のコスパ、便益、欲求を訴求する従来型のマーケティングの消耗戦を脱して、社会課題の解決を呼びかけるほうが成果が上がるのであればやらない手はない。

一方でエコでは売れない、というのもよく聞く話であり現実だ。それはそうだろう。前述したような広告・マーケティングの消耗戦が展開される中で、製品にちょっとエコ関連のラベルを付けるとか、パンフレットの最後の方で環境性能を訴求したところで、消費者は他社のエコと大差を感じないだろう。広告費予算が大きい方の勝ちだ。そうではなくて製品・サービスや企業活動の本質的な価値として社会課題解決・気候変動への貢献を消費者に伝え、消費者を巻き込まなくてはならない。先進的な欧米企業は自分たちが積極的に気候変動対策に取り組む企業であるとのブランディングをしたたかに作り上げようとしている。これまでの取り組みそのものはもしかしたら日本企業のほうが進んでいるケースもあるかもしれないが、欧米企業は気候変動をビジネスチャンスと捉え直し、経営として気候変動に大きく貢献するビジョンを掲げて取り組んでいる。

一方で日本企業は善い行いをビジネスに利用するのが苦手だ。善行を金儲けの手段にするのは嫌らしいという日本人的感覚のせいか、気候変動関連の活動を行うCSR部門や調達部門等と、事業部門・宣伝マーケティング部門が連携していることは非常に少ない。このまま気候変動対策をCSRとして、もしくは政府や投資家、海外企業からの要請としてやっているうちは、その位置づけはリスクヘッジのためのコストでしかない。そうではなく市場の変化を捉え、自社の強みを再構築するための投資として位置付けるべきだ。そのためには気候変動対策を自社の顧客との共有価値に転換し、売上の向上に繋げるマーケティングの取り組みが欠かせない。クライアントのこの転換を実現するために、当社では様々な社会課題を前提に自社の存在価値・提供価値を再定義し、自社がどのように社会課題解決に貢献するのか、どんな未来を描くのか、それをどのように実現できるのか、ということをデザイン思考の手法を用いて立案する「共創デザインワークショップ（Value Story Workshop）」を提供している。実際にCSV型マーケティングを成功させた多くのクライアントで経営層や部署の垣根を越えた社員に参加していただき、その時のディスカッションがCSV型マーケティング成功の基盤となっている。

そもそもマーケティングとは人の心を動かすもの、マーケティング用語で言えば顧客の態度変容、行動変容を促す技術である。そしてインターネットやデジタルテクノロジーは、企業と消費者を繋げ、相互理解を深めるもの、アクションを支援して促進するものだ。昨今、気候変動以上にバズワードとなっているＤＸも含め、今の企業に求められているのは、これらの技術をエネルギー多消費型、大量生産・大量消費・大量廃棄型のビジネスモデル、消費主義をより加熱させるために用いることではなく、脱炭素に向けた企業運営、循環型のビジネスモデル、サステナブルなライフスタイルへの変革を消費者と共に実現するためにこそ、フル活用することだろう。当社でも、エネルギー多消費型の大手企業と共に、低炭素型のデジタルサービスを強化するビジネスモデルのＤＸにチャレンジしている。気候変動対策はコストという考えを脱して、ＤＸやデジタルマーケティングなどと統合した成長投資として位置付けなければ、この脱炭素と人口減少の大転換時代の競争を勝ち抜くのは難しい。ＤＸもデジタルマーケティングも駆使して、脱炭素時代におけるクライアント企業のビジネスモデルの変革を支援していきたい。

※1企業の競争戦略論の世界的第一人者として知られる米ハーバード大学のマイケル・ポーター教授が提唱した概念。
※2当社のＶＩＳＩＯＮ２０３０のステートメント「日本中のクリエイターの力で、気候変動・人口減少を中心とした社会課題解決へ貢献し、持続可能社会への変革をリードする」

芙蓉総合リース　株式会社

自社の脱炭素化を進めるとともに、ファイナンスの観点から日本の再エネ関連インフラの普及を後押し

２０１７年12月ＮＨＫスペシャル「激変する世界ビジネス〝脱炭素革命〟の衝撃」。そこにはＣＯＰ23に参加していたＪＣＬＰメンバーが海外投資家などから日本の気候変動への対応の遅れに対し厳しい言葉を受ける姿があった。この周回遅れを挽回することが我が国の重要課題であり、民間企業も単にＣＳＲ的な携わりではなく、本業で全力を尽くす必要のある極めて大きな社会課題だと直感した。当社は２０１２年から太陽光発電事業に取り組み、再エネに関しては一定の知見、事業ノウハウもあったが、２０１８年にＪＣＬＰに加盟し、加盟企業・事務局と対話を深めていく中で、産業界が気候変動に対し健全な危機感を持つこと、そして自社の強みを活かし脱炭素社会への移行を先導することの重要性を確信するようになった。

●国内リース会社唯一のＲＥ100参加

２０１８年9月当社は国内総合リース会社として唯一ＲＥ１００に参加した。これは自社の再エネ１００％化への宣言であるとともに、率先して社会変革に関与していくという意思表明であり、ビジ

図１　再生可能エネルギー転換に向けた取り組みの全体像

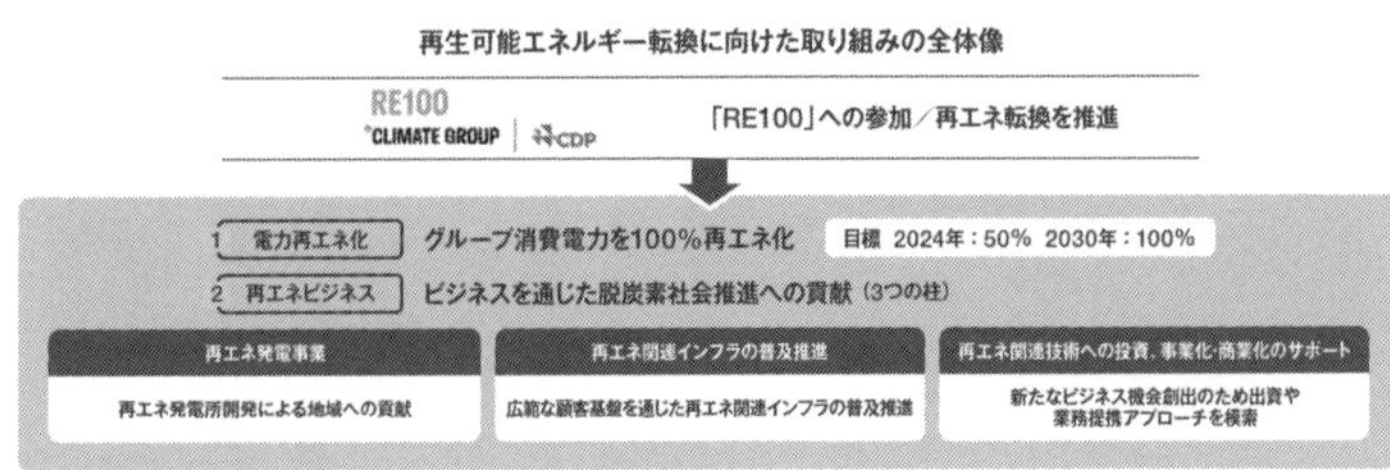

ネスを通じた脱炭素社会への貢献として３つの柱を明示した（図１）。

●福島県浪江町の自社発電所を活用した本社スペースの再エネ化

３つの柱の１つ目は「再エネ発電事業」である。当社は２８３ＭＷ－ｄｃの太陽光発電サイトを稼働中であり、ここ数年は特に震災復興に資する案件、また海外での取り組みも強化している。２０２１年度からは、福島県浪江町の自社太陽光発電所を活用し、環境価値を非化石証書の形で本社オフィスの消費電力に紐づけることで自社の電力再エネ化を実現することができた。

●脱炭素推進ファイナンスの取り組みで環境省モデル事業に２回選定

２つ目は「再エネ関連インフラの普及推進（ファイナンス面）」である。当社は２０１９年、中堅・中小企業や自治体、医療・教育機関が参加する脱炭素推進の枠組みである「再エネ１００宣言RE Action」の参加企業・団体向けに、２０２０年には環境省が推進する「ゼロカーボンシティ」の表明地域向けに、省エネ、再エネ設備等を対象とする独自のファイナンスプログラムをスタートさせた。この２

図２　芙蓉リースグループの再エネ推進の取り組み

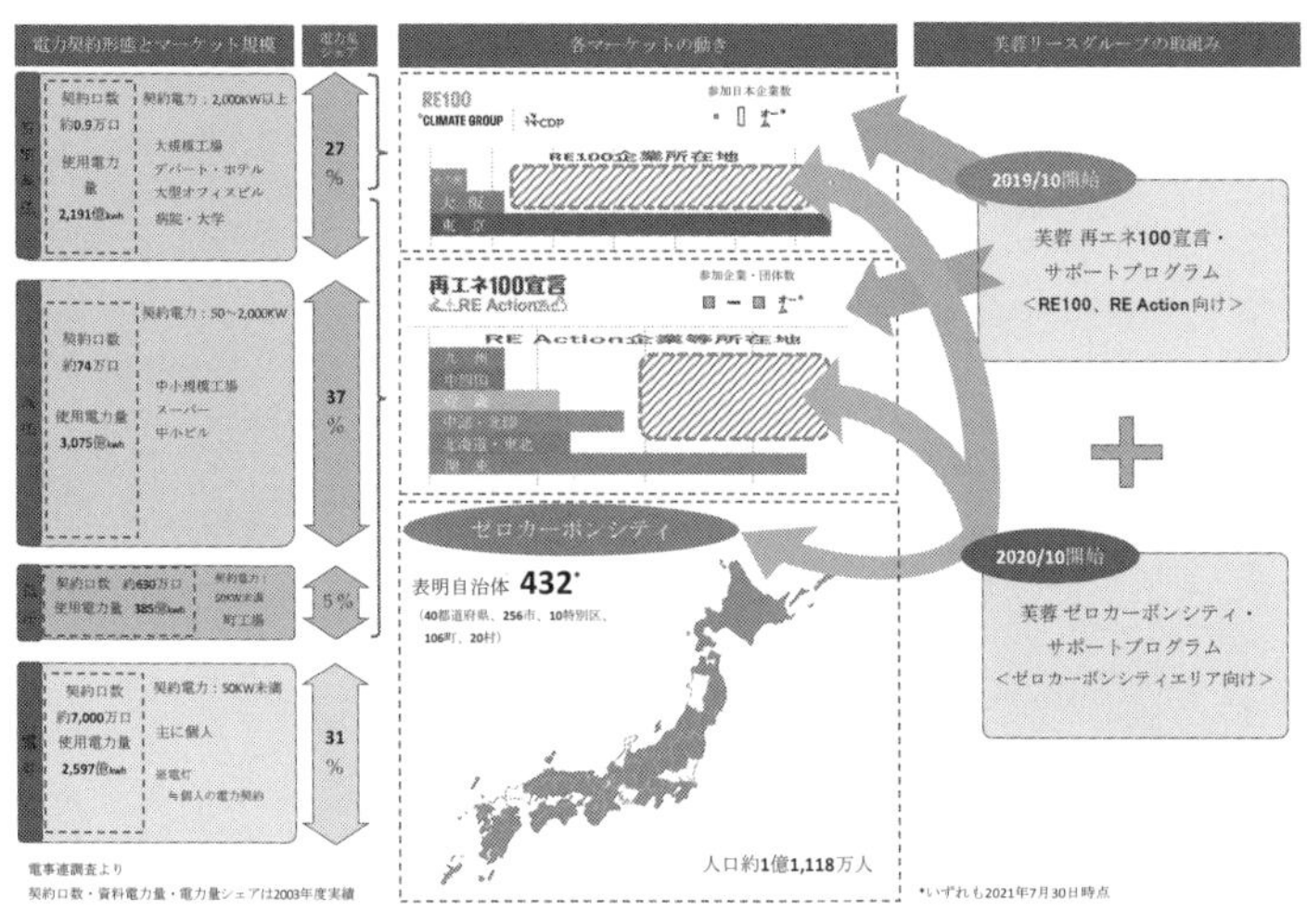

つのプログラムは、様々な規模の企業・団体や地域の需要サイドの再エネニーズの掘り起こしを行い、ファイナンスの観点から国内全体の再エネ化推進をサポートすることを狙いとしている（図２）。

その一環として当社は、環境債（グリーンボンド）及びプログラムの達成等を目標に掲げる環境目標連動型の社債（サステナビリティ・リンク・ボンド※1）を発行。特に、サステナビリティ・リンク・ボンドは、ＥＳＧ債の一種として国内金融機関としては初（国内２例目）の起債であり、発行額１００億円クラスでは投資表明先が過去最多となるなど、ＥＳＧ投資の裾野拡大にも寄与するものとなった。このような当社の社債発行は、再エネ関連のインフラの整備・普及に大いに貢献するものとして、グリーンボンド、サステナビリティ・リンク・ボンドとも

図３　芙蓉総合リースのゼロカーボンシティ向けプログラム

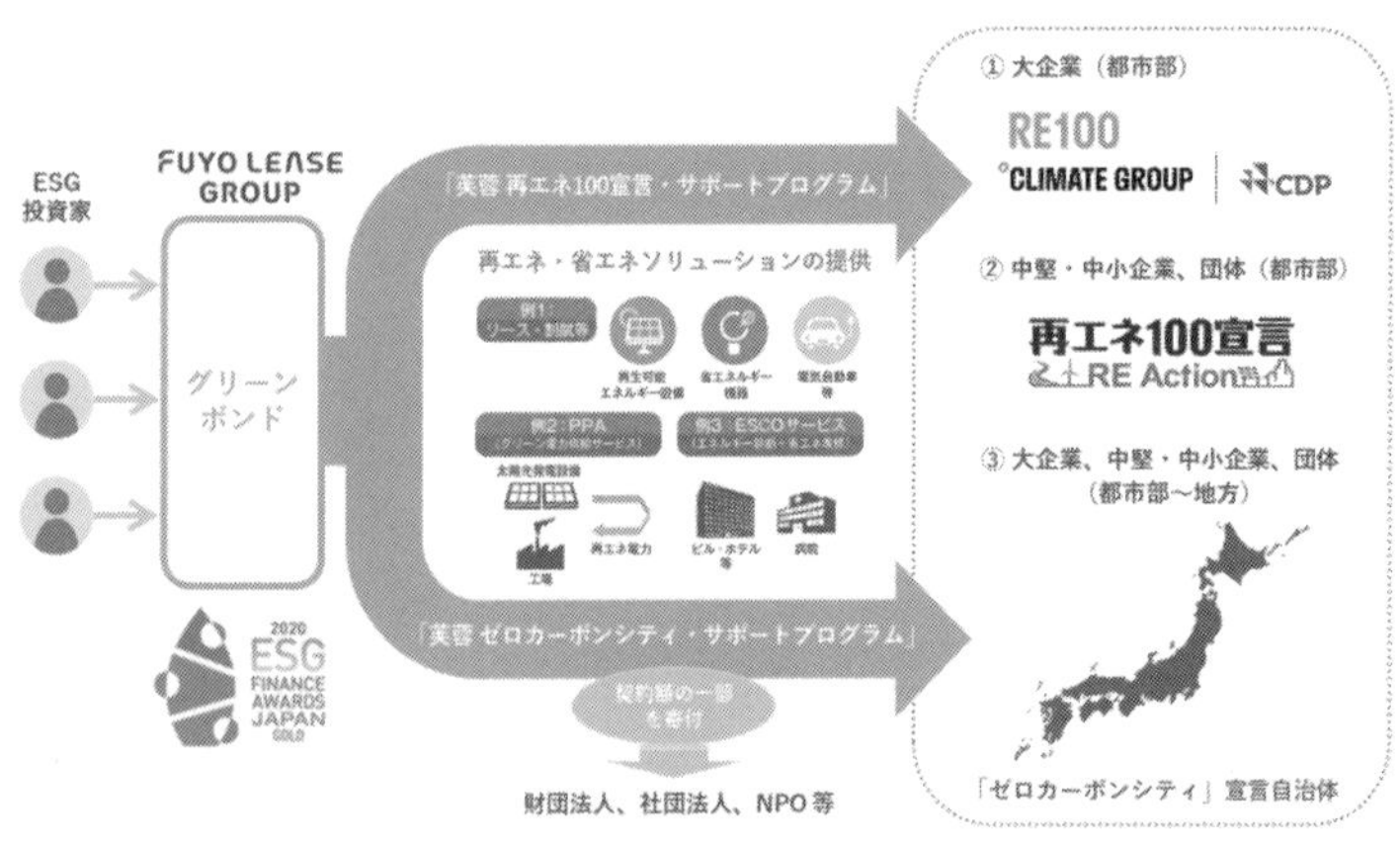

に、環境省のモデル創出事業に選定されている。

なお自治体が２０５０年までに温室効果ガス又はＣＯ２排出を実質ゼロにする取り組みである「ゼロカーボンシティ」向けのプログラムには、リース契約金の一部を、脱炭素に取り組む公益財団法人やＮＰＯ等に寄付する仕組みも取り入れており、賛同いただいた地銀系リース会社とも提携を進めることで、地方における脱炭素の取組みも後押ししている。これらのプログラムの原資は環境債により調達しており、ＥＳＧ投資家の資金を、脱炭素を志向する企業の取り組みにつなげる役割も果たしており、環境省が主催する第１回「ＥＳＧファイナンス・アワード・ジャパン」の最高位である金賞（環境大臣賞）を受賞した（図３）。

３つ目は「再エネ関連技術への投資、事業化・商業化のサポート」である。詳細は割愛させていただくが、投資先は蓄電池、太陽光パネル管理、アンモニアといった今後脱炭素を推進するうえで重要な分野で独自の技術を持つベンチャー企業であり、当社がサポートすることにより、脱炭素ビジネスを推進していくことを主な目的としている。

●国内金融機関で初めてサーキュラーエコノミーを推進するエレン・マッカーサー財団に加盟

当社は、脱炭素推進にはエネルギーの再エネ化のみならず、プラスチック問題への対応といったサーキュラーエコノミー（CE）の実現に向けエネルギー消費量自体の削減を同時に進めることが重要であるとの認識の下、CEに取り組む国際的な企業団体「エレン・マッカーサー財団」に2020年11月加盟した。

モノの継続的な保有・管理を通しファイナンス機能を果たすリースという形態は、CE推進のカギとなる「動脈産業[※2]」と「静脈産業[※2]」をつなぐ機能を持っており、この可能性について検討を進める予定である。

今後も金融サービスを通じた顧客の再エネ・省エネ化の促進、ならびにリース会社のユニークな立場でCEの取り組みを推進し、脱炭素化に貢献していきたいと考えている。投資家を始めとする様々なステークホルダーに対し、気候変動問題を重要な経営課題として取り組むことが、CSV（社会課題の解決を通じて企業価値も同時に持続的に実現する）の観点からも不可欠であると考えている。

脚注

※1サステナビリティ・リンク・ボンド：発行体の包括的な社会的責任に係る戦略で掲げられたサステナビリティ目標に基づきサステナビリティ・パフォーマンス・ターゲット（ＳＰＴｓ）が設定され、その達成有無で条件が変化する債券。

※2「動脈産業」「静脈産業」：自然から採取した資源を加工して有用な財を生産する諸産業を、動物の循環系になぞらえて動脈産業というのに対して、これらの産業が排出した不要物や使い捨てられた製品を集めて、それを社会や自然の物質循環過程に再投入するための事業を行っている産業を、静脈産業と呼んでいる。

いかがだろうか。メンバーズの例は、一見すると気候変動との関連が薄い、デジタルマーケティング企業が、経営レベルでの気候変動への危機意識を人材獲得と自社サービスの付加価値向上という成長機会に昇華させている。芙蓉総合リースは、ＲＥ１００を宣言するとともに、リースという本業において、資金調達の多様化、中小企業や自治体での再エネ拡大という機会を捉えた顧客の拡大、そして自社のブランド向上に役立てている。日本でもさらに脱炭素の潮流は強まると考えられるが、これを自社のリスクとするか、それとも機会にするかは、今後の企業の成長に影響を及ぼすだろう。

余談だが、気候変動の国際会議で海外企業らと話をすると、時々「コダック・モーメント」という言葉が出てくる。コダックは、まだ写真をフィルムで撮影していた時代に、フィルムのシェアで世界ナンバー1だった巨大企業だ。しかし、デジカメ、そしてスマホへと消費者のツールが変遷する中で事業環境が悪化した。自社で1970年代にすでにデジカメ技術を開発し、多額の投資をも行っていたとされるが、2012年には破産法を申請する結果となった。このコダックの例から導かれる教訓は様々だが[25]、気候変動分野への示唆としては、「過去から現在まで、技術や制度の変化によって多くの産業が盛衰を繰り返してきている」「変化に対応できない企業は衰退し、それを機会にすれば発展する」ということであろう。

日本でも長く存続している企業は数多くあるが、現在の主力事業が祖業と同じというケースは稀ではないだろうか。持続的に存在している企業ほど、自らの強みを活かしつつも、状況に合わせて時に大胆な変化を繰り返している。

さて、事業の適合性評価と再構築は、各社の業種や製品、サービスにより多様にならざるを得ない。しかし、基本的には自社事業のバリューチェーンが、どれだけCO_2を排出しているかを把握することが、この作業の第一歩となる。例えば、家電や自動車であれば、鉄やプラスチックの原材料採掘から素材製造、部品製造、組み立て、輸送、消費者による製品利用、そして廃棄（再利用）に至るまで、どこからどの程度のCO_2が出ているかを把握することだ。その上で、自社が担当する部分を中心としつつ、バリューチェーンを構成するすべてのプロセスを対象に、一定期間内に脱炭素化が可能か否かを検討することが有用だ。この「一定の期間内」が意味するところは業種によっても様々だが、ここでも炭素予算を踏まえ、「あと10年以内に半減、20年程度でゼロ」が相場観となるだろう。

6 責任ある政策関与

多くの読者にとって、「政策関与」は聞きなれない言葉だろう。これは、要は「企業が行うロビー活動（政策に影響力を行使するための様々な活動）」のことであり、「責任ある政策関与」とは、気候危機の回避に整合したロビー活動のことを意味する。わざわざ「責任ある」と枕詞をつけるのは、これまでのロビー活動の多くが、気候変動政策に対して「負の影響を与えている」という本分野の関係者による共通の認識があるからだ。負のロビー活動は、関係者の間では半ば常識になっている一方、これまでは必ずしも光が当てられてこなかった。タブーとまでは言えないが、「なんとなく触れにくい」「情報が表に出てこない」ということで、ごく最近まで、日本でこの問題を正面から取り扱った分析や評価などはほとんど見られなかった。しかし、近年は気候変動に向き合う投資家や企業が、その重要さ故に注目する、脱炭素経営の重要な一部だ。

ロビー活動とは具体的に何を指すのか。国連環境計画らは、企業による気候変動に関連するロビー活動を、図5－8のようにまとめている。[26] ざっくり言えば、企業が政策に影響を与える活動は、直接的、間接的を問わず、広くロビー活動とみなされる（企業の取締役等の対外的な発言などもロビー活

図5-8　代表的な企業のロビー活動

直接的な影響力の行使	・政策についての政府関係者への働きかけ ・選挙活動の支援（含む政治献金） ・政府の審議会等への参加　等
間接的な影響力の行使	・一般に向けた宣伝、広報活動 ・非政府組織への寄付 ・業界団体を通じた影響の行使 ・元政府関係者の雇用　等

出典：United Nations Global Compact（2013）*The Guide for Responsible Corporate Engagement in Climate Policy*を参考にIGES作成

動に含めるケースもある）。

ロビー活動は、企業や業界が、自らの意見を国の政策や法律に反映させることを目的とする私的な活動であることから、ネガティブなイメージを抱いている人も多い。しかしロビー活動自体は、その目的が公益に資するものであり、透明性のある手法で行われる限り、企業の知恵、知識、そして現場の声などを政策に反映させる有益な活動にもなる。問題なのは、それが、特定の業界の利益のため行われ、政策が歪められる場合である。この点、気候変動に関するロビー活動の調査を専門とする独立系シンクタンクであるインフルエンスマップ（InfluenceMap）が、ユニークなレポートを多数発表しているので、いくつか紹介しよう。このインフルエンスマップは、機関投資家の投資対象となるような大手企業のロビー活動の内容を調査・格付けしており、その調査の結果がＣＡ１００＋（第４章で触れた機関投資家の連合体）におけるエンゲージメントに活用されるなど大きな影響力を持っている。

図 5-9　ロビー活動によって阻害された政策導入の例

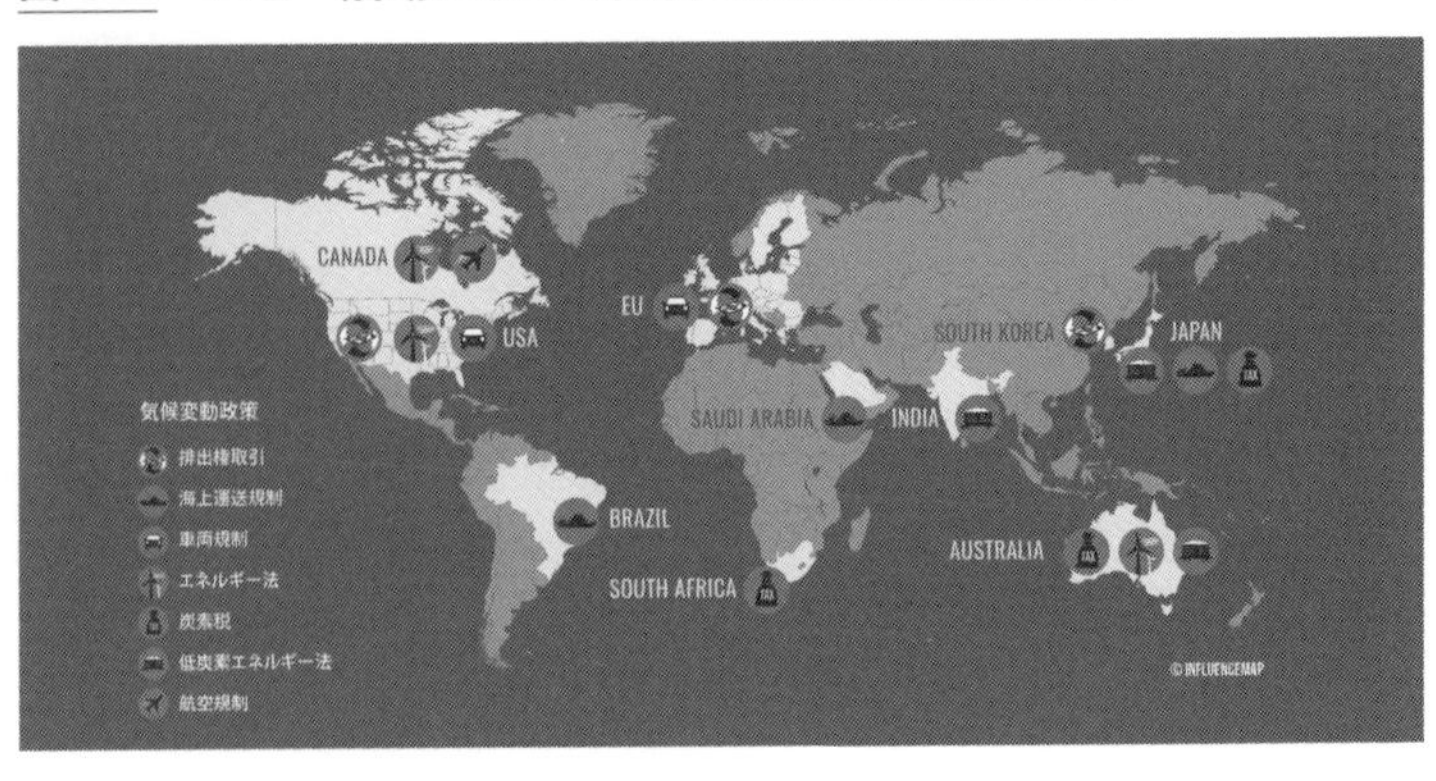

図５－９は、京都議定書が合意した１９９７年以降に、企業のロビー活動によって政策の導入が阻止された、または内容が薄められた事例だ。代表的なものとして、２００５年の欧州の排出量取引、２０１５年の米国の電力事業者の排出規制、同じく２０１５年以降のＥＵ、米国の自動車燃費規制、そして近年の日本における石炭火力発電等への規制に対する反対などが挙げられているが、他にも類似のケースが世界中で多々生じている。また、この実態を踏まえ、企業が排出するＣＯ２に比べて、ロビー活動はその何倍も社会に及ぼす影響が大きいことを、図５－10のように指摘している[27]。

この、ロビー活動をスコープ４として捉える視点は、企業の複雑な側面を理解する上で重要だ。「外から見えやすい部分は熱心に取り組むが、そうでないところでは対応を怠る、または逆行するような行動をとる」という企業は、筆者が知る範囲でも、残念ながら少なくない。

図5-10　各スコープとSCOPE4

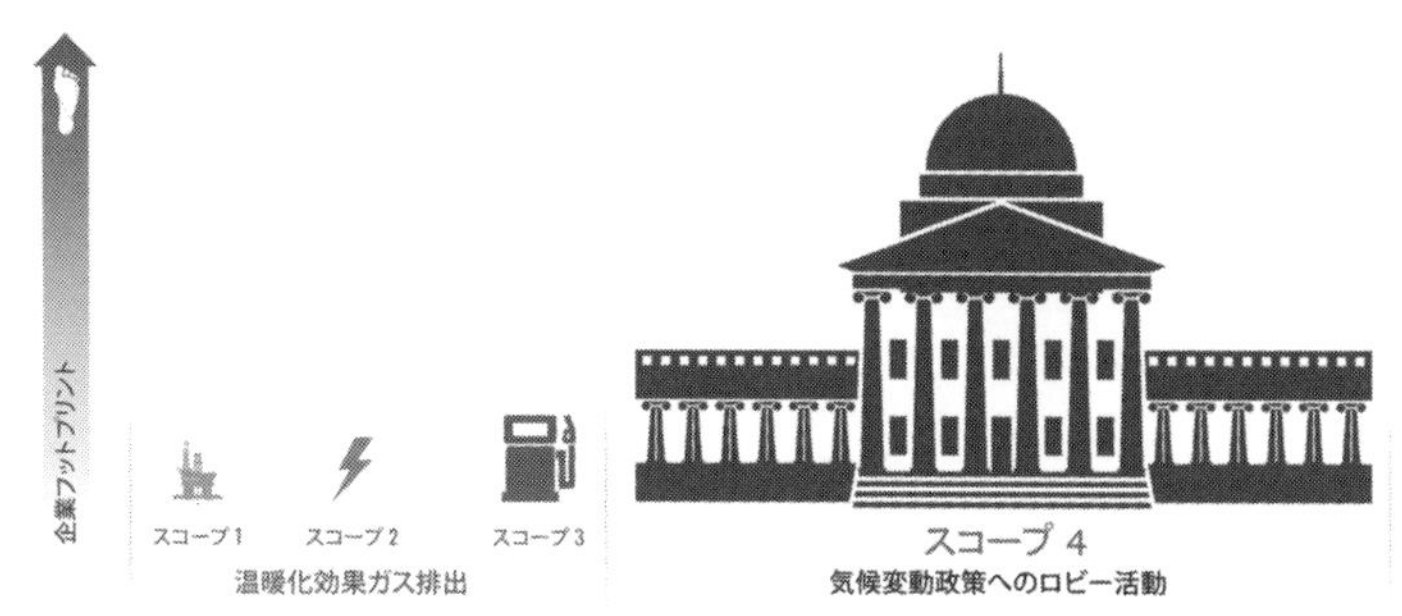

出典（図5-9、10）：InfluenceMap Corporate Lobbying

政策が遅れると、「秩序ある脱炭素化」が達成できなくなり、マクロ経済などへの負の影響が大きくなってしまう。また脱炭素市場の拡大や、関連するビジネスの発展も阻害する。このような観点から、特に機関投資家を中心に、企業による負のロビー活動に目を光らせる動きが強まっている。

「船」の例で言えば、負のロビー活動は「海を汚染し波を荒立ててしまう」行為だ。どれだけ船の性能や船長の能力が優れていても、汚染された海は航行できないし、波が荒すぎると多くの船が沈没してしまう。それらは個々の企業の努力を帳消しにし、経済全体に対する気候リスクを悪化させる。

ここで、第4章で紹介した機関投資家の連合体Climate Action100＋（CA100＋）による負のロビー活動への対応について、少し深堀りしておこう。CA100+は、投資先企業に求める気候変動対応を「ネットゼロ企業ベンチマーク」という文書に取りまとめている。[28] このベンチマークの策定には、世界有数の金融情報サービス企業であるFTSE Russellらが関わり、企業のCO2削減目標から、資本支出、取締役の監督責任に至るまで、投資家が企業に期待する行動が示されている。ベンチマークには、ロビー活動も含まれており、企業自身が行うロビー活動、企業が加盟する業界団体が行うロビー活動、の二つの領域において、パリ協定に整合するロビー活動の方針の設置とその実践、情報開示を求めている。さらに詳細な内容を見ると、曖昧な文言や補足説明を含む方針（例えば「可能な場合」や「目指している」など）は不十分とするなど、「抜け穴」を許さない厳格なものとなっている。[29] このあたりからも、投資家の関心の高さや、本気度がうかがえるだろう（図5－11参照）。

最近では、このような企業のロビー活動をより精緻な形で評価していこうとする動きも出てきている。2020年6月、スウェーデンの年金基金であるAP7やフランスの大手運用会社のBNPパリバ・アセットマネジメントらは、より体系的かつ信頼できる方法で企業のロビー活動を評価し、かつ企業間の比較を可能にするフレームワークを開発すると発表した。[30] 発表にあたりAP7は、「気候政策の遅れが投資の長期的な価値にリスクをもたらすことが明らかとなった。企業や業界団体が意欲的な気候政策の導入を阻害していることは容認できない」と述べ、ロビー活動に対する対応の重要性を指摘している。

図5-11　Climate Action 100+が企業に求めるロビー活動

企業自身のロビー活動	ロビー活動がすべてパリ協定の目標に整合している	自社のロビー活動をパリ協定の目標に整合させるという具体的コミットメントの表明	直接的ロビー活動をパリ協定の目標に整合させることを明確に表明 自社のロビー活動に言及し、且つ、具体的にパリ協定に言及する。曖昧な文言（例：「可能な場合」等）は不十分
		気候関連ロビー活動の網羅的開示	直近年度の気候関連ロビー活動（政策立案者や規制当局との会合、意見提出、政治献金など）の開示 対象者や内容の具体的な説明。一部の活動のみの抜粋は認められず
所属する業界団体を経由したロビー活動	業界団体にパリ協定に整合するロビー活動の実施を促す	業界団体がパリ協定に整合するロビー活動を行うよう促すコミットメントの表明	コミットメントは、業界団体の立場やパリ協定に具体的・直接的に言及する必要がある。曖昧な文言（例：「可能な場合」等）は不十分
		自社の業界団体への所属状況の開示	所属する業界団体の包括的開示。部分的開示（例：「当社にとっても最も重要な業界団体 は…です」）は認められず。
	業界団体への対応プロセスの設置	所属する業界団体の立場とパリ協定との整合性のレビュー	所属業界団体によるロビー活動のパリ協定との整合性のレビューと結果の公表（曖昧な結果は認められず）
		レビュー結果への対応の公表	レビュー結果を受けた対応を取った場合はその内容を開示。対応に含まれるのは、業界団体に対する働きかけ、また業界団体からの脱退など

出典:『Climate Action 100+ ネットゼロ企業ベンチマーク』を参考にIGES作成

日本企業のロビー活動にも徐々に注目が集まっている。日本には世界の機関投資家にとって有望な投資先が多数あり、政策動向への関心も高い。そのような中、２０２０年８月、インフルエンスマップは、日本の業界団体を対象とした体系的な調査を初めて実施した[31]。調査では、日本の主なロビー活動が、業界団体単位で行われていることに注目し、各業種・業界が、気候変動政策にどのようなポジションを取っているのか[32]、および積極的に政策に影響力を行使しているか否か、の二つの観点から評価を行った。また、日本経済における各業種の重要性を、雇用、付加価値、成長力の三点で評価し、日本経済にとって重要な産業の意向が、政策に反映されているかどうかについても検証した。

調査結果は図５－12のとおりだ。日本の産業界のうち、①雇用者数などで約１割に満たないエネ

図5-12　日本における気候変動・エネルギー政策に対する各業界の関与

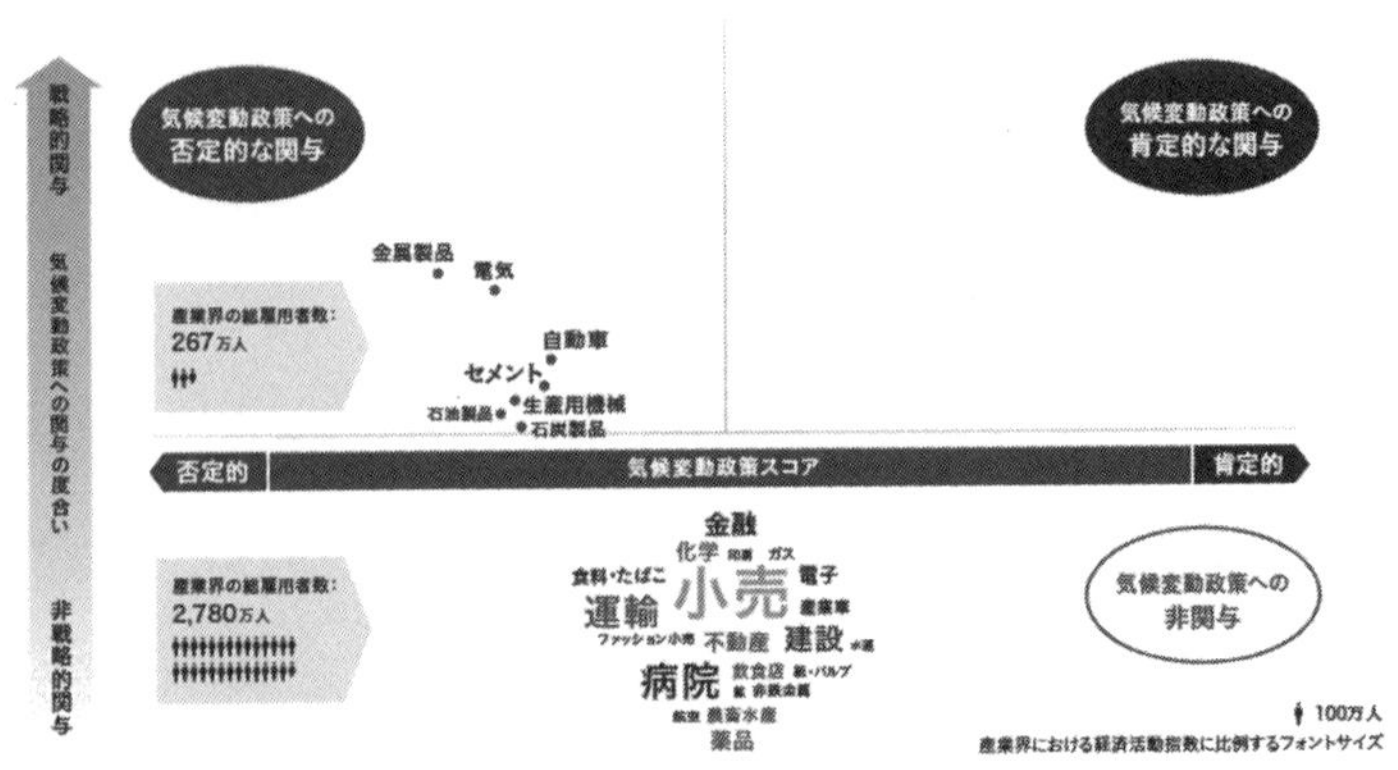

出典：InfluenceMap（2020年8月）『日本の経済・業界団体と気候変動政策』

ルギー多消費産業が、気候政策の強化に否定的な姿勢で強い影響力を行使している、②雇用者数で9割超を占める多くの業種（小売、建設、運輸等）は、気候変動に対する姿勢は中立的で、あまり積極的にロビー活動を行っていない、ということがわかる。つまり、「一部の否定的な意見のみ政策関係者に届いている」という状況だ。インフルエンスマップはこの構造には問題があると指摘している。

ここまでロビー活動の負の面に触れてきたが、RE100を宣言した企業がCOP21で国際交渉を後押しするのもロビー活動であり、このような「責任ある政策関与」は、秩序だった政策導入にとって不可欠だ。次に、ポジティブなロビー活動の事例を紹介しよう。

英国は、本書で何度も登場する脱炭素先進国である。また、民間レベルでも英国の組織が常にグローバルな動きを牽引している。英国がこの分野のリーダーになった契機は、2008年に成立した気候変動法（Climate Change Act）である。この法律は、政府に助言する強い権限を持つ独立機関「気候変動委員会」の設置や、炭素予算を起点とした削減計画の立案など、画期的な内容が多数盛り込まれたもので、のちにスウェーデン、デンマークなどの政策にも大きく影響を与えた[33]。

この法律が2008年という早期に成立した背景には、英国の有志企業による「責任ある政策関与」があった。今でこそ政府、産業界が一体となって脱炭素化に邁進する英国だが、法律の検討が始まった2005年頃の状況は大きく違っていた。当時のブレア首相は、自国が開催国となっていたG8サミットに先立ち、気候変動政策の強化を訴えていた。一方、英国最大の経済団体である英国産業連盟は、首相の方針に反対し、調整は難航していた。この状況を打開したのが、ブレア首相と気候変動への理解が深い経営者らの連携だ。

ブレア首相は、ケンブリッジ大学が主催する気候変動講座を受講していた複数の経営者にアプローチし、自ら気候変動の重要性を説きつつ、政策の導入には産業界の支持が必要であることを訴えた。経営者有志は、首相との対話後もこの問題に関する議論を重ね、その結果、ユニリーバ、British Telecom、HSBCら13社のトップが、政府による政策強化に賛同する書簡を公表した。この書簡はメディアにも大きく取り上げられ、世論を強く喚起したほか、企業による政策関与の重要性を実感した経営者有志が、「気候変動に関する企業リーダーズグループ（ＣＬＧ）」というネットワークを発足させる契機となった。

ＣＬＧは気候変動対策の強化を求めるメッセージを政治や世論に発信し続けると同時に、英国産業連盟に積極的に働きかけ、その姿勢を徐々に変化させていった。この一連の動きが、気候変動法の成立の重要な背景となっていったのである。[34]

その後、ＣＬＧは、英国だけでなく欧州全体の企業が参加するネットワークに成長し、現在に至るまでＥＵの政策を強力に後押しするほか、ＣＯＰ21でも様々な後押しを行った。[35] ちなみに、このＣＬＧの主要メンバーが日本を訪れた際、日本の企業有志と対話を行った。対話に参加した日本企業は、ＣＬＧのような活動が日本でも必要だと強く感じたという。実はこれが、ＪＣＬＰ設立のきっかけとなったのである。このような経緯により、ＪＣＬＰは、発足以来継続して「責任ある政策関与」を実施してきている。せっかくなので日本の事例として、少し紹介しよう。

ＪＣＬＰは、日本の気候変動政策への提言を数多く行っている。特に温室効果ガスの削減目標については、炭素予算の概念を踏まえ、早期から２０５０年のネットゼロや、非常に野心的な２０３０年の数値目標を求めてきた。こう言えば聞こえは良いが、ごく最近までは、「ＪＣＬＰはなぜそんなに高い目標の設定を求めるのか」「高い目標を達成できる裏付けはあるのか」など、他の産業界や、保守的な有識者、メディアからは、時に訝しげに評されることもあった。また、ＪＣＬＰはカーボンプライシングについても以前より導入が望ましいという立場で提言を行ってきているが、少し前まではその言葉に触れること自体を憚るような「空気」があった。

一方で、ＪＣＬＰの提言を関係大臣や政党関係者などに伝えると、多くの場合非常に喜ばれる。多くの政策担当者が「産業界は皆、気候政策の強化に反対だと思っていた。そうでない意見を聞いたのは初めて。自分自身はもっと意欲的な政策が必要と思っていても産業界の支持がない状況では厳しいものがあった。政策前進のためにもっと発信してほしい」という趣旨のことを異口同音に語られるのである。日本でも、意欲的な政策を後押しするような産業界の声が求められているのだ。

本書執筆時において、ＪＣＬＰの最新の提言は、２０３０年の削減目標、およびそれと表裏一体をなすエネルギーミックス（電源構成等の見通しを定めたもの）に向けたものだ。この提言では、「２０３０年の温室効果ガスを２０１３年比で50％以上削減し、同じく２０３０年のエネルギーミックスにおける再エネ比率50％を目指すこと」などを求めている。この提言は、関係大臣を始め、政党の関係部会へ届けられたほか、官邸に設けられた有識者会合にて、直接総理や主要閣僚にも届けられた。

現在、投資家からの要望もあり、日本でも責任ある政策関与に注目が集まりつつある。より多くの企業が意欲的な政策を後押しするようになれば、日本の政策もさらに前進するだろう。

7 企業の気候リスク情報開示（ＴＣＦＤによる情報開示の枠組み）

脱炭素経営の最後の要素は情報開示である。これは、自社の株を保有する投資家（および他の重要ステークホルダー）に対し、自社に関連する気候リスク、およびそれらへの対応についての情報を開示するものである。

本節では、この情報開示の取り組みとして、気候関連財務情報開示タスクフォース（Task Force on Climate-related Financial Disclosures:ＴＣＦＤ）を取り上げる。ＴＣＦＤはすでに本書で何度か登場しているが、ざっとおさらいしておこう。

２０１４年以降、イングランド銀行や金融安定理事会での検討を経て、気候変動が金融システムの安定に対して重大なリスクであることが明らかになった。また、「リスクが、どこに、どれだけあるのか」を把握する必要性が高まり、その対応がＴＣＦＤに託された。

このタスクフォースには、金融監督当局、投資家、企業等が検討に参加し、1年余にわたる検討の後、２０１７年には望ましい情報開示の枠組みを取りまとめた（現在、一般に「ＴＣＦＤ」という際は、組織としてのタスクフォースではなく、この情報開示の枠組みのそのものを指すことが多い）。

２０２１年現在、ＴＣＦＤが提言した情報開示の枠組みは、各国の中央銀行や金融監督官庁の支持を得て、グローバルスタンダードになっている。2021年のG7では、TCFDの枠組みに沿った情報開示の義務化を支持する声明が発表され、[36] G20でも「歓迎」という言葉でTCFDを支持している。[37] 日本でも、金融庁が2021年6月に改訂した「コーポレートガバナンス・コードと投資家と企業の対話ガイドライン」で、プライム市場に上場する企業に対し、TCFDに沿った情報開示を求めることとなった。[38]

なお、プライム市場とは、東京証券取引所における上場区分（東証一部、二部、マザーズ、ジャスダック）が2022年春に再編される際の最上位の区分である。つまり、東証で優良企業として認められるには、TCFDに沿った情報開示が事実上求められることになったのだ。

では、TCFDが推奨する情報開示の内容やポイントを見ていこう。TCFDは、すでに多くの国の財務報告において、重要なリスクの開示が法的に義務付けられていること、そして気候リスクが大多数の企業に影響を及ぼすことを踏まえ、気候関連情報を年次財務報告（日本で言えば有価証券報告書）の一部として位置付けることを推奨している。本書ではTCFDが求める事柄について、「推奨」という言い方をしているのは、これは現時点では、TCFDは「企業による自主的な開示を促すための枠組み」であり、開示する情報の内容を、厳密に指定するわけではないからだ。一方で、TCFDは気候リスク情報も、財務情報と同様のプロセス（財務責任者や監査委員会のレビューなどが例示されている）で精査することを「推奨」し、投資家に向けた情報として一定の質を担保することにも留意している。

図5-13　気候関連リスク・機会が与える財務影響の全体像

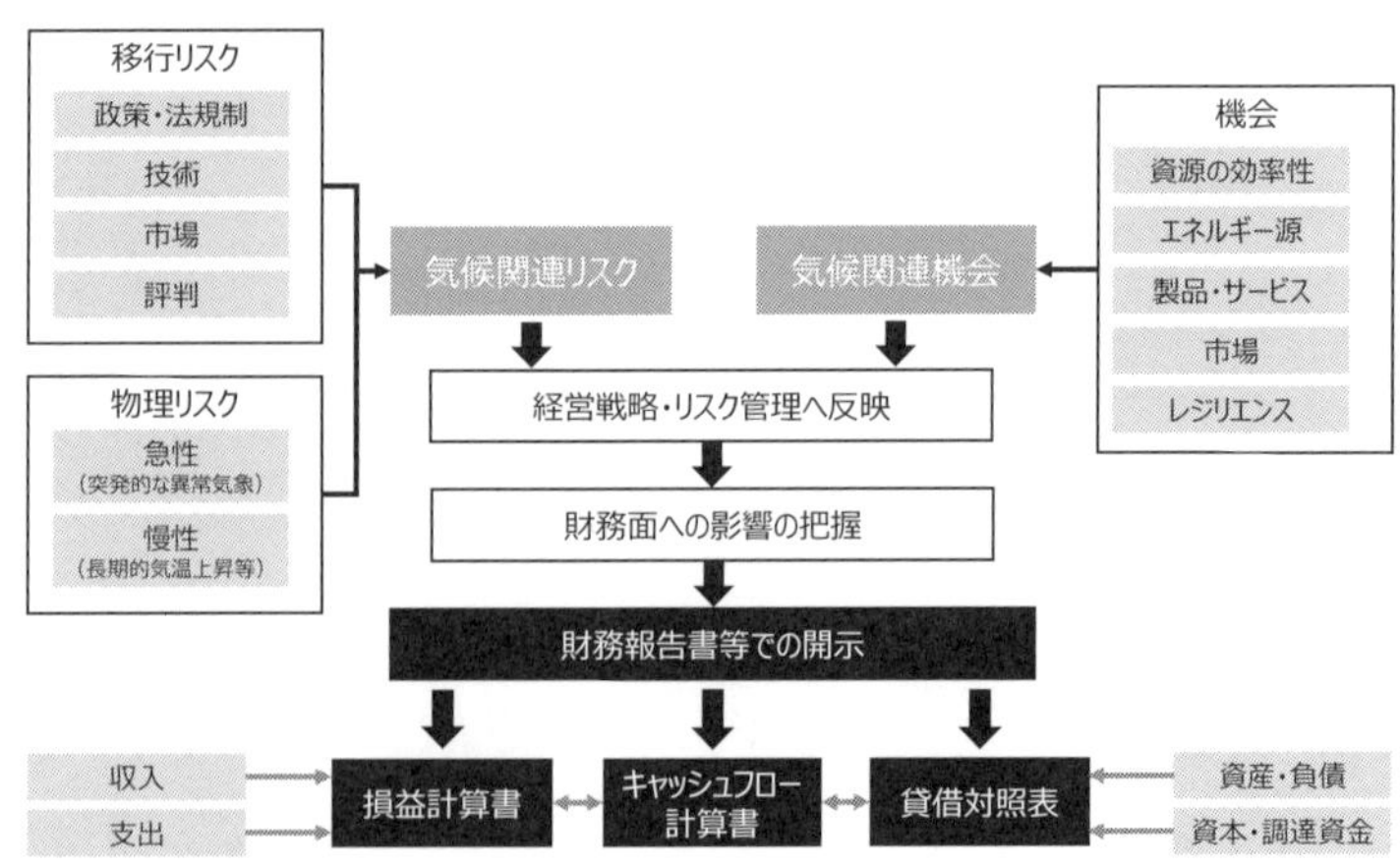

出典：TCFD（2017年6月）『気候関連財務情報開示タスクフォースによる提言』より
IGES作成

またＴＣＦＤは、気候リスクやチャンスがどういう経路で財務に影響するかについての概念的枠組みも示しており（図５－13）、各種の気候リスクと機会を、財務諸表への影響に変換することを促していることがうかがえる。

実際に開示が求められる情報だが、ＴＣＦＤはそれを、ガバナンス、戦略、リスク管理、目標と指標という、４つのカテゴリにまとめている。

まずは、気候変動に対応する「ガバナンス」の情報だ。ＴＣＦＤでは、体制（経営者の役割や権限、会議体の設置等）、意思決定のプロセス（取締役会で気候リスクと機会がどのような頻度やプロセスで報告・検討されているか、取締役会の重要な決定事項である経営戦略、予算、投資計画、企業買収、事業中止等においてどう気候変動を考慮しているか等）、そしてリスクの適切な監視体制についての情報開示を推奨している。これらは、通常のコーポレートガバナンスと共通する部分も多く、イメージしやすいだろう。

「戦略」の部分では、自社に関連する気候リスクや機会の内容を開示することが推奨されている。具体的には、短～長期的な視点から、自社の事業や戦略、そして財務の内容に影響を及ぼすと考えられる気候リスクや機会についての情報である。例えば、自社が保有する不動産資産が気象災害リスクに晒されていたり、保有している化石資源資産の減損リスクなどがある場合、また、自社独自の技術や製品が市場の脱炭素化で大きく伸びるような機会が想定されるケースがあれば、この項目の中で示すこととなる。

ＴＣＦＤでは、自社に関連する気候リスク、および機会を把握するにあたって、「シナリオ分析」の実施を推奨している。これは、気温が４℃上昇する場合や、逆に１・５℃に整合する政策が迅速に導入された場合など、将来時点の想定における自社への影響を分析するものだ。通常の財務諸表では、企業の「過去から現在」までの情報を開示する。例えば、損益計算書は直近1年間の企業活動の結果であり、貸借対照表は、過去から現在までの資本増強や借り入れの結果である。対して、気候リスクや機会に関する情報は、「今後の変化が、企業の財務にどう影響するか」という、将来を見越した視点が含まれる。よって、これまでとは異なるツールが必要となり、そのツールとして採用されたのがこのシナリオ分析だ。

本書で例示した不動産の気象災害リスクや石炭火力の座礁資産化リスクなども、「気温上昇が2℃を超えた場合」や、または「カーボンプライシングが1万円／CO2t導入された場合」という、一定の蓋然性がある将来の想定に基づく。なお、シナリオ分析には、IPCCやIEA（国際エネルギー機関）など専門機関のシナリオの利用が推奨されている。

このシナリオ分析は、気候リスクの性質や金融サイドの「どこに、どのぐらいの気候リスクがあるのかを明らかにしたい」というニーズを基に考案されたユニークな方法論であり、TCFDを特徴づける重要な部分である。シナリオ分析の実践方法の流れを紹介すると、①シナリオ分析の実施、活用における社内体制の確立（ガバナンスの確認）、②自社にとっての重要な気候リスク・チャンスの同定（異常気象による設備影響、政策転換による製品売上への影響等）、③参照するシナリオの選択（IEAやIPCCらの、成り行きシナリオや秩序ある脱炭素化のようなシナリオから選択）、④選択したシナリオにおける自社事業への影響の検討（例：原材料コストの上昇、製品売上の増減、保有資産価値の変化等）、⑤気候リスクの影響に対する対応策の検討、⑥文書化、開示準備、というものである（詳細な方法論は参考文献に記載したTCFDのガイダンス[39]等を参照いただきたい）。

3つ目のカテゴリである「リスク管理」では、企業が気候リスクをどのように認識、評価、管理しているかを開示する。例えば、自社に関連する規制や、それらの動向をモニタリングするプロセスの

図5-14　シナリオ分析の実施手順

1 ガバナンスにおける位置づけの確認
シナリオ分析を、戦略策定 / リスク管理のプロセスに位置づけ、社内のレビュー体制の整備（取締役会、社内外ステークホルダーの招聘等）

2 重要リスク・機会の同定
中長期的な視点に立ち、様々な気候リスク・機会*の中でも、特に自社にとって重要なものを特定する
*移行・政策リスク、物理リスク等

3 シナリオの選択
TCFDが推奨するシナリオ群*から、自社の評価に用いるシナリオを選択
*IPCC、IEA、各種研究機関等によるシナリオ

4 ビジネスへの影響評価
シナリオが想定する状況下（災害増、規制強化等）における自社への潜在的な影響*を評価
*コスト・収入、サプライチェーン等への影響

5 対応の検討と同定
特定されたビジネスへのリスク（機会）に対して、どう対応*するかを検討
*ビジネスモデル、ポートフォリオの転換や、変化に対応するための投資等

6 分析結果の文書化と開示
分析プロセス・方法の文書化、社内の関係部署への周知、対外的な発信や想定される反応への準備

出典：TCFD（June, 2017）Technical Supplement | The Use of Scenario Analysis in Disclosure of Climate-Related Risks and Opportunitiesを参考にIGES作成

整備状況などである。これも、通常のリスク管理プロセスをイメージすれば、比較的分かりやすいだろう。

最後に、「指標と目標」に関わる情報だ。これは、スコープ1～3のCO2排出量など、自社が関連する気候リスクや機会に関して定量的な指標である。特に、戦略の部分で同定した、自社との関わりが深い気候リスクや機会についての影響を測定、管理するための指標を定めることが推奨されている。当該企業が定めた指標が適切かどうかなど、情報の解釈が難しい部分もあるが、それらについては後述する。

これらがTCFDの概要であるが、このTCFDの実践事例も紹介しよう。積水ハウスと戸田建設の事例だ。積水ハウスは、日本の事業会社として最初にTCFDに賛同する署名を行い、早くから対応を進めてきた。またTCFDだけでなく、以前から他

に先駆けて脱炭素経営を実践してきた企業である。戸田建設は、建設会社として想定すべき気候変動の物理的リスクと、自社が投資してきている浮体式洋上風力発電事業に関する機会の両方について、営業利益への影響を定量的に評価している。両社とも、本書で紹介した他の事例と同様に、脱炭素経営の全体像や、その中でのTCFDの位置づけ、そして具体的なシナリオ分析の際の様子などにも注目いただきたい。

日本企業の取り組み事例

積水ハウス株式会社

TCFDレポートの作成は、市場の透明性確保に寄与し、自社の脱炭素経営の妥当性を裏付ける

2008年、積水ハウスは、2050年までに住宅の生産から廃棄までのライフサイクルでCO2排出をプラスマイナスゼロにする〝2050年ビジョン（脱炭素宣言）〟を掲げ、その翌年の2009年には、この実現に向けてCO2排出を1990年比で50%以上削減するグリーンファーストモデルの販売を開始した。2013年には、日本政府による「2020年までに新築住宅の標準をネット・ゼロ・エネルギー・ハウスとする」との決定を受けて、これまでのグリーンファーストモデルを

図1　積水ハウスの1.5℃・4℃シナリオとリスクの考え方

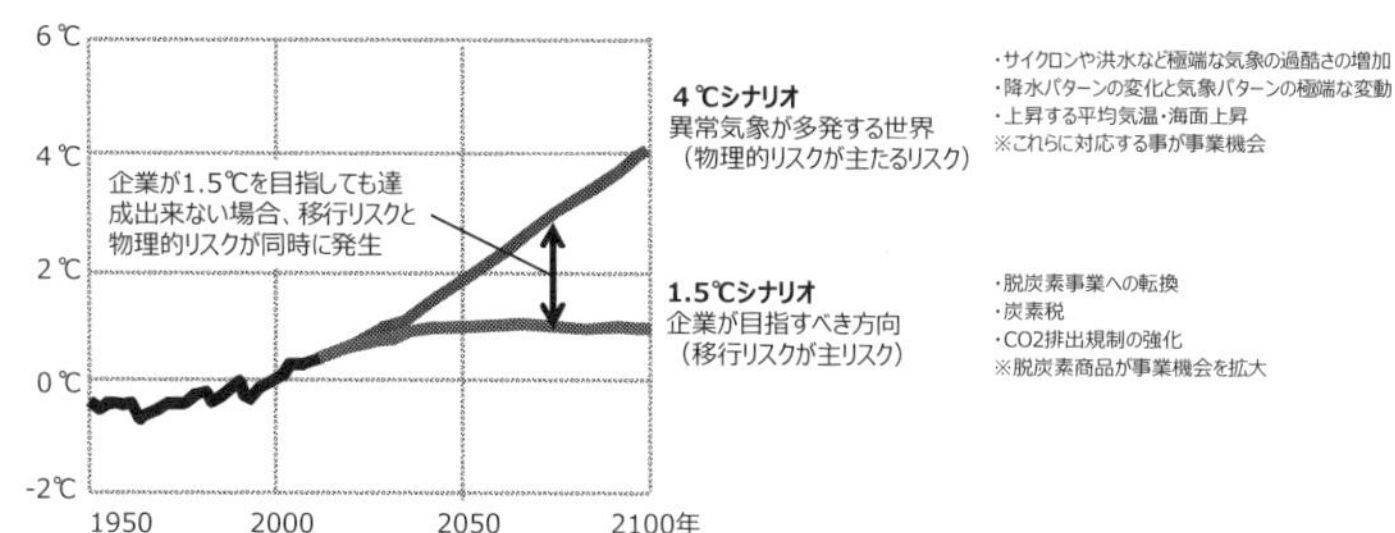

出典：TCFD（June, 2017）Technical Supplement | The Use of Scenario Analysis in Disclosure of Climate-Related Risks and Opportunitiesを参考にIGES作成

ネット・ゼロ・エネルギー・ハウス（つまり、冷暖房、給湯や照明など住宅における消費エネルギーを太陽光発電システムなど住宅における創エネルギーでカバーし、年間のエネルギー収支をプラスマイナスゼロとする住宅）に進化させた「グリーンファースト　ゼロ」の供給を開始した。

２０１８年６月、経済産業省のＴＣＦＤ担当者がＪＣＬＰの会合に出席し、ＴＣＦＤの概要説明、及び同イニシアチブへの企業の賛同を促された。担当者の説明によると、ＴＣＦＤは、気候変動が世界経済の最大リスク要因であることに伴い、これに対する企業の対応を示すものとのことであった。具体的には、地球温暖化で海水面が上昇した場合に海辺の工場が水没しないか、カーボンプライシング等、今後導入が予想される様々な規制の下で、気候変動に関連した様々な課題を織り込んだシナリオを複数作成し、各々のシナリオの下で、いかに事業を展開していくかを対外的に明らかにしていくことである。

ＴＣＦＤへの賛同、そして複数シナリオの作成や情報開示は、自社にとってハードルが高い取り引きであることは間違いない。賛同への社内承認を得るためには、相当の説得材料が必要だ。ここで私は、積水ハウスのビジネスの目的を改めて考えた。「積水ハウスは何を売っているのか」と質問すると、「家」と答える社員もいるかもしれない。しかし、家を売ることが私たちの本当の目的ではないだろう。「幸せな暮らし」「幸せな人生」を提供することが我々の真の事業目的であり、そのために「安全」「安心」「快適」「健康」などの幸せな暮らしの条件を満たす家を作ってきたはずだ。

２００８年の脱炭素宣言は、こういった思いを原動力に行ったが、その達成には相当の努力が必要であることも分かっている。今後はこの宣言の実効性を担保する取り組みに積極的に参加することが重要だ。今回説明を受けたＴＣＦＤは、企業による気候関連のリスク管理と戦略的計画プロセスの実施を促し、市場の透明性と安定性に寄与するものであることを考えると、我々の脱炭素宣言の具体化を図る上で非常に重要な取り組みではないか。

決断後の行動は早かった。「やらなくてはいけない事は、言われる前にやる」、という考えで脱炭素宣言も行ってきており、今回のＴＣＦＤもやらなくてはいけない。どうせやるのだから一番を目指そうと思った。社内調整を経て、非金融系企業で最初の賛同企業を目指すこととなった。脱炭素宣言もこれと同じである。その結果２０１８年７月にはＴＣＦＤの賛同が認められ、日本の非金融系企業では初の賛同企業グループになった。

賛同はしたもののＴＣＦＤレポートを作らなくてはいけないのだが、ＴＣＦＤセミナーなどに参加してても具体的にどうすればよいのかなかなか理解できなかった。分かったことは、ＴＣＦＤは、シナリオ分析を使いながら自社がいかに脱炭素社会で利益を上げ続けるのかを明らかにすることである。例えば、自動車会社では、ＥＶやＦＣＶの研究開発・工場設備の転換にかかる費用の算出と、ＥＶの開発・販売によりもたらされる利益を説明することである。自社の場合はどのような分析結果になるであろうか。非金融系で財務情報まで含めたＴＣＦＤレポートを最初に発行することを目指して作成に入った。

レポート作成は、外部のコンサルタントの力を借りて挑んだが、担当者間で考え方が微妙に違うことが分かった。コンサルタントや他の担当者は、複数のシナリオを作り、それぞれに対応したリスクと機会を財務情報を交えて説明する必要があるとの意見であった。しかし私は、いくつものシナリオを作成することに違和感を覚えた。なぜなら、ＩＰＣＣ等が提示する科学的知見を基に考えると、気候変動を１・５℃に抑える強力な政策が取られるのは当然であり、ここで４℃になる政策が取られることはあり得ないからである。したがって、すべての企業は１・５℃目標を目指すべきであることから、作成すべきシナリオは、１・５℃目標を達成する上での移行リスク（１・５℃シナリオ）と、その活動を行ってもなお世界は脱炭素に失敗し４℃になった場合の物理的リスク（４℃シナリオ）であり、その中間を考える必要がないのではと考えた。中間的なシナリオは農産物のように、気候変動の大きさにより例えばリンゴ農家がミカンに作物を変えなければいけないとか、保険業界のように被害

図２　積水ハウスグループの 2018 年度 CO2 排出量

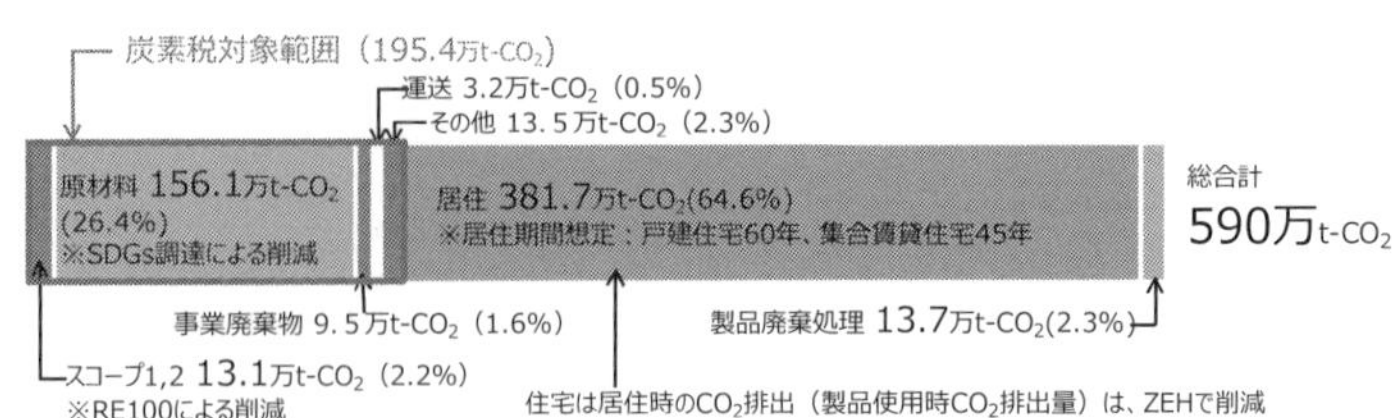

の大きさが変わる場合などである。最終的には、「複数シナリオを機械的に作成するよりは、ＴＣＦＤが本質的に何を求めているのかを見極め、これをベースに自社のシナリオのあるべき姿を検討すべき」という考えでＴＣＦＤレポートを作成することになった。この考えは、のちに投資家からも違和感はないとの評価を得ている。

当社はすでに２０５０年脱炭素を目指して事業を転換しており、その意味ではＴＣＦＤレポート作成は容易であった。実際、積水ハウスは２０１８年度のＺＥＨ比率はすでに79％に達しており、脱炭素に向けた商品開発や工場設備の転換などを改めてする必要がなく、ＺＥＨは従来の建物よりも太陽光発電や断熱性の強化などにより、販売単価も向上しており移行リスクは炭素税だけで、それ以外は機会である。事業活動全体で最もＣＯ２排出量が多いのは全体の約65％を占める居住時であるが、これは積水ハウスグループの直接的な税負担の対象外である。炭素税の対象は事業からの直接排出と購入資材からの排出になる。炭素税の対象範囲は１９５万ｔ－ＣＯ２で、炭素税を１万円／ｔ－ＣＯ２とすると１９５億円であり、売上の０・９％の影響である。

4℃シナリオにおいては、自然災害が激甚化するリスクに関しては主力工場である関東工場が利根川の氾濫により水没し285億円の被害が想定されることが最大の物理的リスクであるが、慢性的な異常気象による海面上昇に関しては、海抜の低い工場はなく直接的なリスクはほとんどないと考えられる。物理的なリスクに関しても、積水ハウスグループの住宅は、すでに災害に対する強靭性を高めており、被災建物の建て替え時に選ばれる機会が増えると考えられる。実際に積水ハウスグループの住宅は耐震性に優れているため、震災時の建物に倒壊等の大きな被害が無かったことから、震災後の建て替えで多くのお客様に選ばれた。

慢性的な気温上昇により、居住者の熱中症のリスクが高まるが、すでに述べたようにZEHは熱中症のリスクを軽減できる。したがって、慢性的な高温気候の下でも安心して居住することができるZEHの市場ニーズは、戸建住宅・賃貸住宅共に高まると予想される。その際には早くからZEHを推進し、すでにZEHブランドを構築している積水ハウスグループが、市場でますます強みを発揮できる。TCFDレポートの作成をとおし、改めて2050年までにCO2排出量ゼロを目指す同社の脱炭素経営の妥当性を裏付けることができた。

以上の様な内容で2019年12月に、日本の非金融系企業で初めて財務情報を入れたTCFDレポートを公開する事が出来た。英語版は2カ月遅れの2020年2月に公開した。TCFDの世界の流れを予想し、その流れに従ったシナリオ分析の考え方は経営そのものであり、すべての企業で実施するべきであると考える。

戸田建設　株式会社

気候変動に関連する「リスク」と「機会」への対応

戸田建設株式会社　価値創造推進室　イノベーション推進センター　樋口正一郎

戸田建設（株）は、1881年に創業した建設会社である。「〝喜び〟を実現する企業グループ」として「人と地球の未来のために」のビジョンを掲げ、環境に配慮した安心・安全な社会づくりに取り組んでいる。環境活動の歴史は古く、1994年に「戸田地球環境憲章」を制定した時より脈々と継続している。

●TCFDに基づく情報開示

当社は2019年5月にTCFDへの賛同を表明し、TCFD提言に基づく気候変動に関連する財務情報開示を積極的に進めている。気候変動に関連する物理的リスク、移行リスクを適切に把握、対処して企業としてのレジリエンスを高めていく一方、取り組むべき事業機会を特定し、計画的・戦略的に取り組んでいる。平均気温上昇を「1・5℃」に抑制する社会を目指す上で、気候変動に関連するリスクと機会を4℃シナリオ、2℃未満シナリオ等により分析し、その結果を当社の事業、財務計画に統合している。以下、ＴＣＦＤの枠組みに沿い、取り組みを紹介する。

■ガバナンス体制

管理体制を「気候変動リスクマネジメント規程」に定めている。気候変動関連の主幹部門であるイノベーション推進センター 環境ソリューションユニットが全社のリスク管理を行うリスクマネジメント室と連携してリスクの特定・評価を実施している。当社では、気候変動関連のリスクと機会を、その影響の大きさと発生可能性である「戦略的影響度」、およびそれらの「財務的影響度」から評価している。

気候変動関連のリスクと機会の重要度（優先順位）は前述の二つの影響度により判断している。経営会議の諮問機関である環境保全推進委員会での審議の後、経営会議でマテリアリティリスクを決定し、取締役会は監督機関として機能している。決定されたマテリアリティリスクは、リスク管理部門、財務部門、経営企画部門、広報部門と連携され、当社の経営戦略等に統合される。

なお、気候変動によるリスクと機会の管理体制・プロセスは、今後サステナビリティ戦略委員会を決定機関とした体制に変更予定である。この委員会は、企業経営にサステナビリティの観点を取り込み、従来の縦割りの部門・組織体制では対応の難しかった課題に対して、全社で横断的に対応する目

シナリオ分析結果　想定した将来社会像の概略	
2℃未満シナリオ（SDSシナリオ等）	4℃シナリオ（公表政策シナリオ等）
●再エネ電力のニーズが高まり、再エネ発電所建設工事の発注が増加 ●ZEB建築が普及し、売上高の増加が見込まれる一方、ZEB技術力、設計・施工実績による受注競争が激化 ●炭素税の増税により資材・燃料調達費が増加	●建設事業において、夏季の工事効率低下により工期が長期化し利益率が低下、また作業員の健康リスクが増加 ●異常気象の激甚化が進行することで不動産事業において物理的リスクが増加 ●物理的リスクの顕在化や対策への機運の高まりにより防災・減災工事の発注が増加

的で組成される。この下部委員会として「ベネフィット」「環境エネルギー」「社会活動」「ガバナンス」の各委員会を設けて活動し、重要性が増している気候変動に関する課題もこの新たな体制で推進していく。

■戦略

当社では、気候変動関連のリスクと機会を短期（3年以下）、中期（3～10年）、長期（10年以上）の時間軸により、特定、分析、評価している。

短期、中期（2030年）、長期（2050年）という視点で実施したシナリオ分析により、気候変動関連の当社のリスクと機会を特定し、財務的影響を評価している。特に当社への影響が大きい項目として、リスクでは「気温上昇による建設作業所での作業効率の低下」や「異常気象の激甚化による保有不動産の被災リスク」、機会では「浮体式洋上風力発電所建設事業」やそのほかの「再エネ発電所建設事業」が挙げられた。シナリオ分析の結果から、「2℃未満」さらには「1・5℃」の社会を目指すことが当社の事業においても有益であることを確認している。これらのリスクと機会の対応

	基準年	対象	2020年度実績	2030年	2040年	2050年
エコ・ファーストの約束	1990	スコープ1,2	▲59%	▲70%	−	▲80%
SBT	2010	スコープ1,2	▲13.3%	▲35%	−	▲57%
	2010	スコープ3（カテゴリー11）	▲2.9%	−	−	▲5%5
RE100	−	再エネ電力利用率	27.80%	−	50%	100%

のために必要な財務的影響は、財務計画に適切に組み込まれている。

■指標と目標

当社は環境大臣との「エコ・ファーストの約束」、そして2017年8月に設定したSBTにおいて当社のCO2排出量の削減目標（スコープ1および2）を設定している。※なお、SBTにおいてはスコープ3（カテゴリー11：販売した製品の使用）において当社が引き渡した建物が排出するCO2を2050年までに床面積当たり55%削減する目標も設定し、ZEBの推進に取り組んでいる。また、2019年1月にRE100イニシアチブに加盟し、事業活動で使用する電力を100%再生可能エネルギーとする取り組みも推進している。

※　当社では、CO2排出量の前年度実績からの改善度合いを役員報酬に連動している

■2030年の財務的影響評価

当社の営業利益への影響評価では、2℃未満シナリオでは特に再エネ関連の利益増加額が大きいため、2030年度の営業利益は増

営業利益への影響評価（2030年2℃未満シナリオの場合）

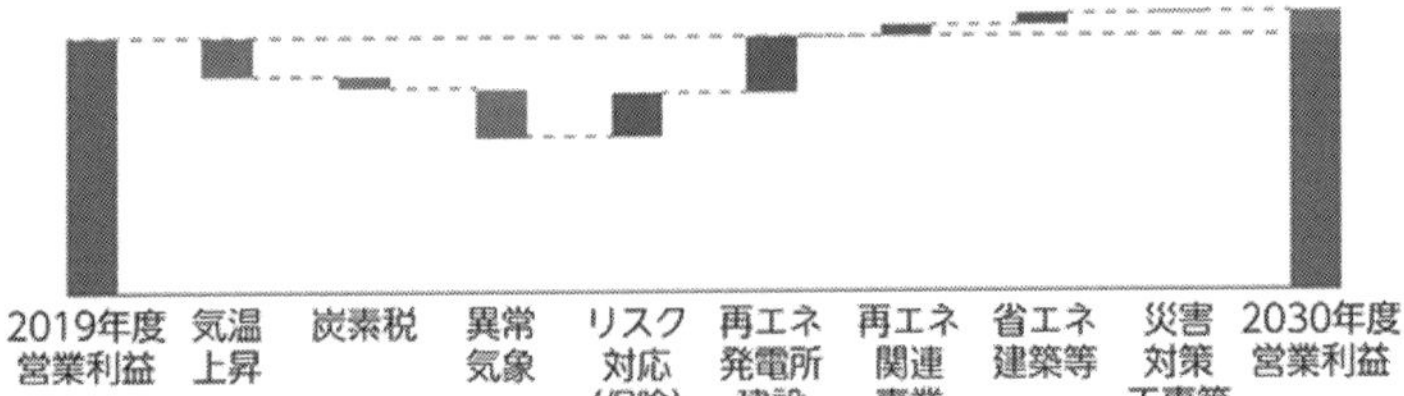

営業利益への影響評価（2030年4℃未満シナリオの場合）

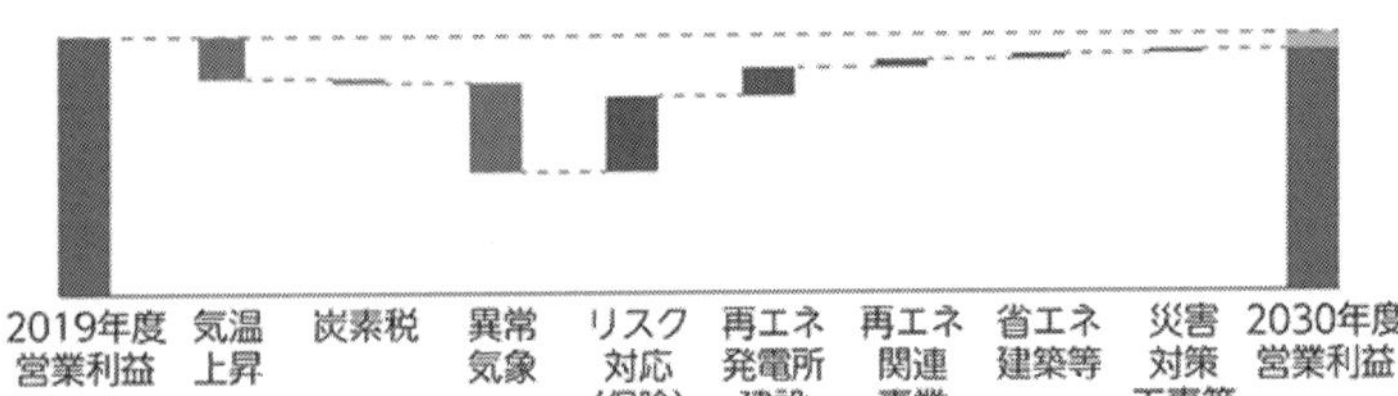

加する結果となった。２０５０年にはさらに営業利益の増加額が増大することもシナリオ分析の結果より分かった。

４℃シナリオにおいては、当社の営業利益が現状より減少する結果となったが、気温上昇にともなう建設工事の作業効率低下への追加的な措置、そして特定した機会の事業領域におけるシェア拡大によって、現状以上の営業利益確保を目指す。シナリオ分析の結果は当社の戦略に統合されている。

■今後の動向

以上が現時点における、当社の気候変動に関連する「リスク」と「機会」への対応策とその事例である。当社は２０１７年に「２℃目標」に合致するＳＢＴを設定したが、今後脱炭素社会の実現を目指す、より野心的な目標に更新する予定である。屋外での作業が多い建設業においては気候変動から受ける影響は大きなリスクをもたらす。また、保有不動産が異常気象により被る被害も大きくなることが予想できる。

一方で、気候変動は当社にとってのビジネスチャンスに繋がる。将来を予測し、先んじて投資を行い、機会を的確にとらえる方策も実施している。その影響の程度をしっかりと把握すると同時に対応策を立案したものが上記表である。

当社の取り組みが２０５０年の脱炭素社会の構築に貢献できると信じている。

いかがだろうか。ＴＣＦＤについてはまだ発展途上の面もあり、積水ハウスの事例にもあったとおり、課題も挙げられている。一方、戸田建設のように、自社のチャンスを財務的に示すような事例もある。特に、脱炭素化によってビジネスチャンスを獲得しようとする企業では、このような評価を経営の意思決定に活かすことは有用であろう。

なお、ＴＣＦＤの詳細や技術的な情報開示の方法論などは、環境省、経産省、国土交通省がガイダンスを出している。本章の参考文献一覧にそれらの情報源を記載しているので、参照いただきたい。[40]

【BOX⑩ 環境報告書とTCFDの違い】

読者の中には「温暖化に関する情報は以前から環境報告書で開示している。それとTCFDはどう違うのか」と思われる方もいるだろう。環境報告書は、企業が事業活動から排出するCO2や各社の環境活動についての情報を発信するものであり、国（環境省）によるガイドラインも出ているため、以前から企業の情報開示ものとして一定の認知を得ていたものである（民間主導の環境情報開示の枠組みとして、CDP[*]等もある）。

TCFDと環境報告書等とが異なるのは、情報開示の目的である。環境報告書のガイドラインでは、その目的を「事業活動に伴う環境負荷の発生状況および環境配慮等の取り組み状況を、事業者が社会に対して説明するため」とし、民間の枠組みの代表格であるCDPも、自らの提供する情報開示システムを「企業、都市等が自らの環境影響を管理するため」としている。要すれば、環境報告書等は、「企業が、環境に対して、どう影響を与えているのか」という視点で情報の開示を求める。一方、TCFDは、「気候変動や政策の変化が、企業の財務面に、どう影響を与えるのか」という視点に立脚する。両者は、情報開示の目的において、主体と客体が逆の関係になっているのである。目的が異なれば、内容も変わってくる。環境報告書による「企業が環境に与える影響の情報」では、「座礁資産化の懸念がある保有資産」の情報は得られない。例えば、商社や銀行などは、自社のCO2排出はオフィスの電力などで微々たるものだが、化石資源に関する資産は相当ある。投資家は、このような「気候変動や脱炭素化が、企業の財務的な内容にどう影響するのか」を知りたいので、環境報告書では得られない情報の開示を求めるTCFDに注目しているのである。

＊ＣＤＰ：英国の非政府組織（ＮＧＯ）の名称。投資家、企業、国家、地域、都市が自らの環境影響を管理するためのグローバルな情報開示システムを提供しており、日本でも多くの企業がＣＤＰのシステムを通じた情報開示を行っている。他にも、ＧＲＩ（Green Reporting Initiative）やＣＤＳＢ（Climate Disclosure Standards Board）などの情報開示に関する民間のイニシアチブがある。これら民間のイニシアチブの知見は、ＴＣＦＤの枠組みの検討の際にも活かされているほか、近年はＣＤＰ等の民間イニシアチブの側がＴＣＦＤの視点を取り入れるなど、ＴＣＦＤを補完するような枠組みとして進化しているケースも見られる。

本節の最後に、ＴＣＦＤに関する課題と今後の展開についての考察を述べておこう。

最大の課題と考えられるのは、開示される情報の信頼性だ。気候リスク関連情報には、財務情報における会計基準に相当するような厳密な基準はまだない。また、当該企業にとっての重要な気候リスクの特定やシナリオ分析におけるシナリオの選択などは、情報を開示する企業に委ねられる。また第三者による監査なども不要（任意）だ。厳しいルールに基づいて作成され、外部監査が必要な財務情報でも、不適切な会計や粉飾などが後を絶たない。その状況で、基準も外部の監査もない気候リスク関連情報が、本当に信頼に足るのかという懸念はもっともだろう。実際、この懸念を基に、ＴＣＦＤに沿って開示された情報の妥当性を検証した研究もある。２０２１年3月、世界有数の工科大学であるスイス連邦工科大学の研究者らは、人工知能を活用した自然言語処理プログラムを用いて、ＴＣＦＤに署名する世界中の企業約８００社を対象に、それら企業が過去6年間に様々な形で開示・発信した気候関連情報を解析した[41]。

その結果、「TCFDの枠組みにそって開示している」と謳う情報の大半は、以前から企業が発信していた情報の焼き直しであり、TCFDを採用したことで有用な情報の増加はほとんど見られないと結論付けた。調査を行った研究者らは、この実態を「薄っぺらく、いいとこ取りの情報開示」と指摘し、TCFDが現時点では信頼性の高い情報開示に結びついていないことや、問題の改善には、情報開示基準の精緻化や報告の義務化が必要としている。なかなか辛辣な指摘ではあるが、恣意性や主観が入り込む余地が大きいという課題の一端を表していると言えよう。

また、日本企業によるTCFDへの姿勢に疑問を呈する向きもある。気候変動と金融に関する専門家で、日本経済新聞社の編集委員、上智大学教授などを歴任された藤井良広氏は、自著において、経産省や日本経済企業の一部で、TCFDをビジネス機会やイノベーションについてアピールするために用いようとする風潮があるとして、「本来目指すべき方向とかなりずれていると指摘せざるを得ない」と述べている[42]。

では、TCFDをどう評価しているのかと言えば、今のところ多くの投資家はTCFDを歓迎している。少なくとも、TCFD以前と違い、投資家目線で情報をまとめなおす枠組みができただけでも一定の有用性があるのだろう。しかし、同時に投資家や金融機関は、より客観的な情報を用いた気候リスク評価手法を開発してきている。本書（第4章第2節）で触れたブラックロックのAladdin Climateがまさにそうであり、日本の金融機関や保険会社でもＡＩや衛星を通じた情報から、投資先、保険付与先の気候リスク（気象災害リスク）を把握する試みが始まっている。[43] 投資家や金融機関は、企業自身が開示する情報に依存せずとも、当該企業の気候リスクを評価できるよう備えを進めているのだ。

　では、この現状をどう解釈すればよいのだろうか。投資家や金融当局らのニーズから生まれたＴＣＦＤだが、その元々のニーズは達せられず、いずれは別の方法論が生まれるのであろうか。

　筆者は、課題はありつつもＴＣＦＤは情報開示のグローバルスタンダードとして今後も発展し、企業にとってもＴＣＦＤに取り組む意義は大きいと考える。ＴＣＦＤはいまだ発展途上であり、今後、情報作成基準の精緻化や第三者による監査等、情報の信頼性を高める方向で作業が進むことが予想される。ＴＣＦＤ自身も、現在の課題を十分認識しており（スイス連邦工科大学の調査結果はＴＣＦＤのホームページにも掲載されている）、継続的に質の高い情報の開示に向けた検討を進めている。２０２１年初頭時点では、開示が望ましい定量的な指標の精緻化や、その指標を財務的なインパクトに変換するための方法論などについての検討が進んでいる。[44]

　また、各国の金融当局らがＴＣＦＤの義務化を進める上でも、情報の適切性を高める努力が進むのは自然な流れだと考えられる。無論、気候リスクに関連する情報に特有の難しさもあるだろうが、当面は、気候リスク情報のスタンダードとしての地位を維持しつつ、その信頼性を上げるための努力が進むだろう。

一方、投資家や金融機関は、並行して独自に客観的な情報を用いた気候リスクの評価方法を進化させるだろう。今後、企業の気候リスクの評価は、ＴＣＦＤを用いて企業自身が開示する情報、そして衛星、ＡＩ、気象モデルなどを活用した客観情報の双方を用いて、包括的に行われると予想される。ちなみに、これは財務情報でも同様だ。例えば、投資家や金融機関は、企業のリスク評価を行う際、企業が開示する情報だけに頼ることはないだろう。企業が開示する情報を検証しつつ、マクロ経済情報をはじめとする客観情報を用い、それらの動向が各企業に与える影響を独自に評価するのが普通だ。したがって、ＴＣＦＤに沿った情報、および第三者的なデータを用いた客観的な評価が共存し、多面的な形で企業の気候リスクを投資判断に活かすための試みが続くとみられる。

情報を開示する側の企業にとってはどうか。投資家や金融機関が外部情報を用いて自社のリスクを評価し、かつＴＣＦＤの開示の基準が精緻化されるのであれば、何も躍起になってＴＣＦＤに取り組むよりは、今しばらく傍観し、粛々と基準や規制に従うという姿勢で臨めばよいのではないかとの意見もあるだろう。しかし筆者は、投資家や金融機関が、外部情報を活用し、独自に気候リスクを評価してくるからこそ、企業自身がＴＣＦＤへの取り組みを強化する意味があると考える。逆説的に聞こえるが、理由はこうだ。確かに、投資家らは独自に気候リスクを評価してくるだろう。また、それらの評価を基に、投資先の選別や、株主行動を活発化させることも考えられる。気候リスクが投資リターンに重要な意味を持つ現在、それらはある程度は避けられない。

しかし、だからこそ企業自身が、自社の気候リスクに対する対応や戦略を語ることこそが重要になってくるのではないだろうか。手ごわい投資家に相対した際に、「投資家さん、我々はきちんと自分たちの気候リスクや機会を熟知し、適切な戦略をもって対応しています。だから安心して投資してください」と説明できるかどうかが重要になる。その時、ＴＣＦＤは強力な武器になる。

ＴＣＦＤは、様々な分野の人材が最新の知見を持ち寄って練られた枠組みであり、この分野の最新、最良の知見が集約されている。また、シナリオ分析で用いられるＩＰＣＣやＩＥＡの情報は、投資家らが独自に評価を行う際にも参照される可能性が高い。ＴＣＦＤに沿い自社の評価や戦略構築を進めることは、いずれにせよ投資家への対応として効率的、効果的な取り組みとなるのだ。

ちなみに、ＪＣＬＰでは、２０１８年にＴＣＦＤの事務局責任者を務めるカーチス・ラバネル氏を招いたセミナーを行った。ラバネル氏は、もとはブルームバーグに長く勤め、かのマイケルブルームバーグ氏の片腕と言われた金融情報のエキスパートだ。[45] ラバネル氏は、「いずれにせよ投資家は企業の気候リスクを見てくる。皆さんは（投資家に一方的に評価されるだけでなく）、自社の気候リスクへの対応を、自らの言葉で語りたくないですが」と述べ、[46] 企業にとってのＴＣＦＤの意義を語られた。

投資家や金融当局、そして企業側の立場をも熟知したラバネル氏ならではの本質的な指摘と言えよう。

まとめよう。金融当局や投資家の「どこに、どれだけの気候リスクがあるのかが見えない」という問題意識を起点に始まったＴＣＦＤは、気候情報開示のグローバルスタンダードとなっている。一方、投資家らは、これとは別に、客観的な情報を用いた評価ツールを開発しつつある。今後、企業の気候リスク評価は、企業自身が開示する情報と、外部の客観情報の両方を用いた形で行われることが想定される。そのような中、企業にとってのＴＣＦＤの意義は、投資家に対し「わが社は、脱炭素社会に転換した際も、これまでどおり利益を上げ続けられます（だから、安心して投資してください）」と自らの言葉で説明する際の優良なツールであるという点だ。

脱炭素経営で実践した取り組みに磨きをかけ、かつそれを投資家の言葉に翻訳することで企業価値の向上に繋げる、それが脱炭素経営の最後のコンポーネントであるＴＣＦＤの意味合いである。

❖ 第5章 注釈および参考文献

1 Supran, G. and Oreskes, N. (2021) *Rhetoric and frame analysis of ExxonMobil's climate change communications* One Earth, URL: https://www.sciencedirect.com/science/article/pii/S2590332221002335

2 Eric Roston(24 May, 2021) *It's Not Just Up to You to Solve Climate Change* Bloomberg Green, URL: https://www.bloomberg.com/news/articles/2021-05-24/it-s-not-just-up-to-you-to-solve-climate-change?sref=VFIc47S9 (Accessed: 22 June, 2021)

3 Yamada, Y., Sarra, J. and Nakahigashi, M.（２０２１年２月）『日本における気候変動 に関する取締役の義務』Commonwealth Climate Law Initiative, URL: https://japan-clp.jp/wp-content/uploads/2021/02/Directors-Duties-Regarding-Climate-Change-in-Japan_JP.pdf（閲覧日：２０２１年６月22日）

4 日本経済新聞（２０１５年12月15日）『歴史的な「全員参加」 パリ協定採択、温暖化「１・５度以内」』、他

5 読売新聞（２０１５年12月15日）『省エネ技術　輸出へ期待』、朝日新聞（２０１５年12月15日）『省エネ、日本に商機』、他

6 Petersen, A. M., Vincent, E. M. and Westerling, A. L. (2019) *Discrepancy in scientific authority and media visibility of climate change scientists and contrarians*
URL:https://www.nature.com/articles/s41467-019-09959-4
AFP BB News（２０１９年８月14日）『気候変動否定論者、研究者よりもメディアに登場 論文』
URL: https://www.afpbb.com/articles/-/3239834（閲覧日：２０２１年６月22日）
無論、気候変動に関連する事柄には様々な不確実性が残り、健全な批判や指摘はこの分野の発展に不可欠だ。しかし、そのような真摯な姿勢に欠ける情報は社会の混乱を招き、適切な意思決定を阻害すると考えられる。

7 ２０２１年３月時点の数字。ＳＢＴの認定企業数は現在も増加傾向にある。
環境省（２０２１年３月19日）『ＳＢＴ（Science Based Targets）について』
URL: https://www.env.go.jp/earth/ondanka/supply_chain/gvc/files/SBT_syousai_all_20210319.pdf

8 環境省（２０２１年３月19日）（『ＳＢＴ（Science Based Targets）について』
URL: https://www.env.go.jp/earth/ondanka/supply_chain/gvc/files/SBT_syousai_all_20210319.pdf

9 ２０２１年現在、ＳＢＴは、２℃では十分でないという考えの下、今後は１・５℃に整合する目標のみを認定する方向で検討を進めている。

10 富士通(n.d.) 再生可能エネルギーの利用拡大　URL: https://www.fujitsu.com/jp/about/environment/renewable-energy/

11 ＳＢＴのウェブサイト　https://sciencebasedtargets.org/set-a-target（英語）、環境省のウェブサイト https://www.env.go.jp/earth/ondanka/supply_chain/gvc/intr_trends.html　にもＳＢＴについての日本語の詳しい資料が掲載されている。また内容も随時更新されており参考になる。なお、ＳＢＴを主催するＷＷＦ（世界自然保護基金）やＣＤＰの日本の拠点（ＣＤＰジャパン）が随時情報発信を行っており、場合によっては各種相談にも応じている模様であるので、そちらも参考にされたい。

12 経済産業省　平成元年度エネルギー需給実績（確報値）参照。産業界の電力需要としては、製造業の全需要と、業務他の需要の50％（業務には公的部門等も含まれるため）を対象とした。
経済産業省（２０２１年４月13日『令和元年度（２０１９年度）エネルギー需給実績を取りまとめました（確報）』
URL: https://www.enecho.meti.go.jp/statistics/total_energy/pdf/gaiyou2019fyr.pdf

13 中野　聡実（２０１７年１月20日）『エクスペリエンス・カーブ（経験曲線）とは何か？ ＢＣＧ発案、生産効率向上の理論』ビジネス＋ＩＴ URL: https://www.sbbit.jp/article/cont1/33144（閲覧日：２０２１年７月２日）

14 地球環境戦略研究機関(IGES)調べ

15 業界動向サーチ (n.d.)『電力業界』URL: https://gyokai-search.com/3-denryoku.htm（閲覧日：２０２１年７月２日）

16 Orsted (n.d.)『オーステッドについて』URL: https://orsted.jp/ja/about-orsted（閲覧日：２０２１年７月７日）

17 Sarah McFarlane（２０２１年６月10日）『石油から再生エネ企業に転身、その苦難の道』URL: https://jp.wsj.com/articles/one-oil-companys-rocky-path-to-renewable-energy-11623303576（閲覧日：２０２１年７月20日）

18 日本経済新聞（２０２１年6月2日）『洋上風力最大手オーステッド、27年までに６・３兆円投資 30年に原発約50基分出力』URL: https://www.nikkei.com/article/DGXZQOGR02B350S1A600C2000000/（閲覧日２０２１年７月７日）

19 ＪＣＬＰ ＣＯＰ22視察報告（２０１６）より

20 Vattenfall (n.d.) *Vattenfall's investments 2000 – 2016. From fossil fuel to wind* URL: https://history.vattenfall.com/stories/from-hydro-power-to-solar-cells/vattenfalls-investments-2000-2016-from-fossil-fuel-to-wind (Accessed: 8 July, 2021)

21 JETRO（２０２１年2月2日）『北部ドイツの水素プロジェクトに三菱重工と欧州企業のコンソーシアムが基本合意』URL: https://www.jetro.go.jp/biznews/2021/02/c96e9aaa1e59bafd.html（閲覧日：２０２１年７月８日）

22 Vattenfall (n.d.) *Roadmap to fossil freedom* URL: https://group.vattenfall.com/what-we-do/roadmap-to-fossil-freedom (Accessed: 8 July 2021)

23 Google FinanceによるDSMの株価より URL: https://www.google.com/finance/quote/DSM:AMS?hl=ja&gl=JP&window=5Y（閲覧日：２０２１年７月８日）

24 日本経済新聞（２０２１年6月24日）『三菱ケミ「脱炭素」軸に選別 世界に遅れ、石化も対象』URL:https://www.nikkei.com/nkd/company/article/?DisplayType=1&ng=DGKKZO73192490T20C21A6TB2000&scode=4063&ba=1（閲覧日：２０２１年７月８日）

25 スコット・Ｄ・アンソニー（２０１６年10月18日）Harvard Business Review『コダックはなぜ破綻したのか：４つの誤解と正しい教訓』URL: https://www.dhbr.net/articles/-/4531?page=2（閲覧日：２０２１年７月８日）

26 United Nations Global Compact (2013) *The Guide for Responsible Corporate Engagement in Climate Policy* URL: https://www.unglobalcompact.org/library/501

27 InfluenceMap (n.d.) *Corporate Lobbying* URL: https://influencemap.org/climate-lobbying (Accessed: 20 July, 2021)

28 Climate Action 100+ (n.d.)『Climate Action 100+ネットゼロ企業ベンチマーク』URL: https://www.climateaction100.org/wp-content/uploads/2021/04/JPN_CA100-Disclosure-Indicators-assessment-methodology-FINAL-22042021.pdf（閲覧日：２０２１年7月20日）

29 Climate Action 100+ (n.d.)『Climate Action 100+ネットゼロ企業ベンチマーク』URL: https://www.climateaction100.org/wp-content/uploads/2021/04/JPN_CA100-Disclosure-Indicators-assessment-methodology-FINAL-22042021.pdf（閲覧日：２０２１年7月20日）

30 Chronos (15 June, 2020) *INVESTORS TAKE NEXT STEP TO PROMOTE RESPONSIBLE CLIMATE CHANGE LOBBYING* URL: https://www.chronossustainability.com/news/qnoayfg8v7nqfzd4ep45vul1n2y0j (Accessed: 20 July, 2021)

31 InfluenceMap（２０２０年８月）『日本の経済・業界団体と気候変動政策』URL: https://influencemap.org/presentation/Japanese-Industry-Groups-and-Climate-Policy（閲覧日：２０２１年7月20日）

32 ＩＰＣＣの知見などを参照し、パリ協定に整合する政策（削減目標、石炭火力発電の早期フェーズアウト、カーボンプライシング導入）等への姿勢をベンチマークとして評価。

33 Great Britain and Northern Ireland (n.d.)『「気候危機」に真っ向から立ち向かう英国』URL: https://www.events.great.gov.uk/ehome/ukinjapan/business/energy/climate-change-policy-uk/（閲覧日：２０２1年7月20日）

34 Corporate Leaders Group(CLG)幹部より直接ヒアリング（２０１４年）。

35 University of Cambridge (n.d.) *Corporate Leaders Groups Business leadership for a climate neutral economy* URL:

https://www.corporateleadersgroup.com/ (Accessed: 20 July, 2021)

36 G7 UK2021(5 June, 2021) *G7 FINANCE MINISTERS & CENTRAL BANK GOVERNORS COMMUNIQUÉ* URL: https://www.mof.go.jp/english/policy/international_policy/convention/g7/g7_210605.pdf

37 G20 Italia 2021(9-10 July, 2021) *THIRD G20 FINANCE MINISTERS AND CENTRAL BANK GOVERNORS MEETING* URL: https://www.g20.org/wp-content/uploads/2021/07/Communique-Third-G20-FMCBG-meeting-9-10-July-2021.pdf

38 金融庁（２０２１年６月11日）『「投資家と企業の対話ガイドライン」（改訂版）の確定について』URL: https://www.fsa.go.jp/news/r2/singi/20210611-1.html（閲覧日：２０２１年８月２日）

39 TCFD (June, 2017) Technical Supplement | The Use of Scenario Analysis in Disclosure of Climate-Related Risks and Opportunities URL: https://assets.bbhub.io/company/sites/60/2020/10/FINAL-TCFD-Technical-Supplement-062917.pdf

40 環境省、経済産業省、国土交通省らがそれぞれＴＣＦＤを実践するガイダンスなどを示している。また、日本の経済団体らが共同で設立した「ＴＣＦＤコンソーシアム」のウェブサイトでそれら各省のガイダンス等が公開されている。ＴＣＦＤコンソーシアム(n.d.)『ＴＣＦＤコンソーシアム設立の背景』URL: https://tcfd-consortium.jp/

41 Bingler, J.A., Kraus, M., Leippold, M. (2021) *Cheap Talk and Cherry-Picking: What ClimateBert has to say on Corporate Climate Risk Disclosures* URL: https://papers.ssrn.com/sol3/papers.cfm?abstract_id=3796152

42 藤井良広（２０２１）『サステナブルファイナンス攻防―理念の追求と市場の覇権』

43 日本経済新聞（２０２１年７月26日）『三井住友銀行、温暖化リスク算定で新手法　情報開示の基盤に』URL: https://www.nikkei.com/article/DGXZQOUB170U00X10C21A7000000/?unlock=1（閲覧日：２０２１年８月２

日）

44 TCFD (June, 2021) *PROPOSED GUIDANCE ON CLIMATERELATED METRICS, TARGETS, AND TRANSITION PLANS* URL: https://assets.bbhub.io/company/sites/60/2021/06/TCFD-MTT-Consultation-Webinar-Slides.pdf

45 藤井良広（２０２１）『サステナブルファイナンス攻防―理念の追求と市場の覇権』

46 ＪＣＬＰ主催　ＴＣＦＤセミナー（２０１８年10月）における講演録より

❖【図表参考資料】

図５-１：ＩＧＥＳ作成

図５-２：ＩＧＥＳ作成

図５-３：SBT(April,2019) *Foundations of Science-based Target Setting Version 1.0* URL: https://sciencebasedtargets.org/resources/files/foundations-of-SBT-setting.pdfを参考にIGES作成

図５-４：ＩＧＥＳ作成

図５-５：The Climate Group資料よりＩＧＥＳ作成

図５-６：日本経済新聞（２０２０年10月30日）『電力10社の時価総額、デンマークの風力大手に及ばず』URL: https://www.nikkei.com/article/DGXMZO65696690Q0A031C2DTB000/

図５-７：バッテンフォール社ウェブサイトの情報を参考にＩＧＥＳ作成

図５-８：United Nations Global Compact (2013) *The Guide for Responsible Corporate Engagement in Climate Policy* URL: https://www.unglobalcompact.org/library/501を基にIGES作成

図５-９､10：InfluenceMap (n.d.) *Corporate Lobbying* URL: https://influencemap.org/climate-lobbying (Accessed: 20 July, 2021)

図５-11：『Climate Action 100+ ネットゼロ企業ベンチマーク』を参考にＩＧＥＳ作成

図５-12：nfluenceMap（２０２１年８月）『日本の経済・業界団体と気候変動政策』URL: https://influencemap.org/presentation/Japanese-Industry-Groups-and-Climate-Policy（閲覧日：２０２１年７月20日）

図５-13：ＴＣＦＤ（２０１７年６月）『気候関連財務情報開示タスクフォースによる提言』URL: https://assets.bbhub.io/company/sites/60/2020/10/TCFD_Final_Report_Japanese.pdf を参考にＩＧＥＳ作成

図５-14：TCFD (June, 2017) Technical Supplement | The Use of Scenario Analysis in Disclosure of Climate-Related Risks and Opportunities URL: https://assets.bbhub.io/company/sites/60/2020/10/FINAL-TCFD-Technical-Supplement-062917.pdf

エピローグ——脱炭素経営の意義

本書を締めくくるにあたり、脱炭素経営の意義、そして未来について考えてみよう。

脱炭素経営は黎明期にあり、今後、時を経るにつれてその内容は深化していくだろう。ＳＢＴでは、今後は１・５℃に整合したものしか認められなくなるだろうし、ゼロエミッションの達成手段も、オフセットに過度に頼らず、自社の排出を極限まで減らすことが求められるだろう。ＴＣＦＤの枠組みも精緻化されていき、今後は外部監査が求められるかもしれない。また、政策導入や消費者の意識の変化が進めば、脱炭素経営の巧拙が、より直接的に売上や利益に跳ね返る。さらには、「秩序ある政策導入」が生命線となりつつある今、企業が行うロビー活動に対する投資家や社会の目も厳しくなっていくだろう。

このように、今後5年から10年のスパンで見れば、これらの脱炭素経営は、企業が取り組むべき優先事項になるだろう。気候変動が進行し、その深刻な被害が顕在化する中にあっては、この大きな流れは変えられない。

しかし、さらにその先を見据えれば、脱炭素経営は、なくなっていくと筆者は考えている。これは、気候リスクやコストが適切に経済に内部化されれば、あえて「脱炭素経営」と謳うまでもなく、通常の経営の一環としてすべての企業が脱炭素化に取り組むからだ。

例えば、強固なカーボンプライシングが導入されれば、政策リスクに対するシナリオ分析は必要なくなるし、自ずと炭素のコストを踏まえた投資判断も行われる。脱炭素に逆行するような投資案件はなくなるだろう。物理的リスクへの対応も、企業が通常行っているリスク管理の一部として定着していく。いずれは、政策レベルで物理的リスクを資産評価に組み込むような動きも出てくるかもしれない。

社会全体が脱炭素化に向かう仕組みが十分に整えば、通常の経営の一部として脱炭素化が内部化されていく。実際、労働環境や消費者の安心・安全、そして公害対策なども、過去それらが社会的課題であった時には個別の対応が求められたが、問題への社会的対応が定着した今は、「安全経営」「脱公害経営」と声高に謳う企業はほとんどない。企業にとって当然のことと受け止められるようになるからだ。脱炭素経営も、いずれはそのようになっていくだろう。

では、脱炭素経営の意義とは何か。いずれなくなるのなら、今、無理して取り組む必要はないのだろうか。

筆者はこう考える。気候危機を踏まえると、あと10年程度で脱炭素経営が「普通の経営」になっていく可能性は高い。そうでなければ、社会基盤が脅かされる。ただ、その時の景色は、現在とは異なるものになっているだろう。産業構造も変わるかもしれないし、業界内の勢力地図も大きく変わるかもしれない。業界下位の企業が、10年後に業界の雄になったり、大企業の子会社が親会社以上の規模に成長し、グループ内の稼ぎ頭になることも考えられる。これらは、過去にも社会の変化が起こった際に繰り返されてきた。これが、今度は脱炭素を軸に生じるだろう。

脱炭素という変化に対応した企業は成長し、そうでない企業は市場から退場を余儀なくされる。その過渡期に、適切な意思決定を行い、変化を経て発展するための基盤を作る。それが脱炭素経営を実践する意義である。

最後まで余談を挟んで恐縮だが、ＪＣＬＰ事務局を務める中、日々多くの企業の方と接して感じるのは、脱炭素に取り組んでいる企業の人々は、「元気」だ。難しい社内調整をはじめ、楽ではない仕事、壁にぶち当たることも多いと思われるが、それでも、各々が自らの業務に社会的な意義を見出し、それを企業の利益に繋げるため、活き活きと働いておられる。そのことは、本書で紹介した企業事例からも感じ取っていただけるのではないだろうか。やはり、社会的な価値がある仕事に従事することは、多くの人にとって大きなやりがいなのである。

このことは、直接的に脱炭素に従事する人だけにとどまらないだろう。ある会社では、ＲＥ１００の宣言を検討するにあたり、最終的に社長決裁が必要であったという。決裁に際し、社長が尋ねたのは、「これで、社員は元気になるのか」だったそうだ。脱炭素経営を実践している企業は、社員が誇りをもって元気に働ける。若い人々も、そういう会社で働きたいと思うだろう。

脱炭素経営は、社会全体にとっての意義も大きい。企業は、自らがＣＯ２を多量に排出するとともに、社会の脱炭素化のソリューションを提供しうる主体でもある。企業の知恵、技術は、早期に脱炭素化を実現するにあたっては必要不可欠だ。また、秩序ある政策導入の面でも、企業が脱炭素経営を実践し、政策の後押しを行えるか否かは、勝負の分かれ目と言ってよい。

気候変動を放置すると、社会の基盤が崩れる。人々の生活や命が脅かされる。そうすれば、企業の発展も望めない。その大きな課題の解決には、企業の力が必要なのである。

本書が、脱炭素経営の理解の一端となれば幸いである。

あとがき（謝辞に代えて）

筆者（以後、私と称する）が脱炭素経営を本格的に深めることになった契機は、２０１５年のＣＯＰ21にＪＣＬＰの視察団として参加し、海外企業の動きやその背景を垣間見たことだ。脱炭素化に舵を切る決断をした経営者の生の声や、実際のリアルな事例を見聞きし、それまでとは違う景色が見え始めた。同時に、私自身はＣＯＰ視察団の運営にも従事していたのだが、次々に起こる運営上の難題も強く印象に残っている。

特に、視察が約1週間後に迫る中、目的地であるパリでテロが起こった時のことを思い返すと、今でも胸の鼓動が早まる。訪問予定の会議場がテロの現場だったこともあり、「視察は中止」と思わざるを得なかった。にもかかわらず視察が決行されたのは、ＪＣＬＰを支えた2名の偉大な先輩方の力によるところが大きい。少し紹介しよう。

一人目はＪＣＬＰの事務局である地球環境戦略研究機関（ＩＧＥＳ）で当時理事長を務められていた浜中裕徳氏だ。浜中氏は、１９９７年に京都で開催されたＣＯＰ3において、日本政府の立場で各国との交渉を担い、京都議定書を合意に導かれた気候変動のエキスパートだ（この時の交渉は「気候外交の始まり」として今でも語り継がれている）。

浜中氏には、ＪＣＬＰ事務局を務める私たちを常に気にかけ、励ましていただいていた。テロの2

カ月ほど前、私はその浜中氏から、「欧州で移民問題やイスラム国に関する懸念が高まっている。万一を想定し、視察メンバーは外務省から安全対策レクチャーを受けたほうがよい」との助言を得た。その時の私は、単に「そういうものか」と感じたのみで、特に身構えることもなく淡々と安全対策講座を実施した。しかし、このことが視察団を決行する上での重要な土台となった。テロが報じられた当日（土曜日だった）、私たちはすでに繋がりを得ていた外務省の担当者と即座に連絡を取り、翌月曜日には追加のレクチャーを受けることができた。危機管理や渡航判断の考え方などの詳細情報を得て、中止を決める前に現状を再検討することができた。浜中氏の助言がなければ、テロが起こった時点で視察を断念せざるを得なかっただろう。

浜中氏の慧眼には感服するしかないが、日頃から社会動向を注視し、「点を線に、線を面に」して物事を理解されているからこその洞察だったと感じる。この、「点を線に、線を面に」という薫陶は、本書で紹介した「異なる分野を繋げ、潮流を把握する」という部分にも繋がっている。

もう一人は、株式会社リコーの社長や経済同友会の代表幹事を歴任された桜井正光氏である。桜井氏は、リコーの社長時代に、環境対策と経営を一体化する「環境経営」を提唱された。現在の脱炭素経営に通じる環境経営を20年以上も前から実践されてきた、まさに先駆者と呼ぶに相応しい一流の経営者である。また、２０１４年には初代のＪＣＬＰ代表に就任され、「気候変動に真剣に向き合い、困難であっても社会にとって必要なことを行う」という、ＪＣＬＰのＤＮＡを確立された。

ＣＯＰ21への視察が実現したのも、桜井氏の強いリーダーシップがあったからだ。テロの発生を受け、桜井氏を含む視察メンバーで緊急会議を行った。すでに各社で渡航自粛令が発せられ、テロの被害が連日報じられる中、会議での議論も、「視察中止」へと傾いていた。その時、桜井氏は「まずは、詳細な状況把握が先である。その上で、ＣＯＰ21は世界にとって重要な会議であるという点、そして個々人の安全に関わる点、その両方を踏まえ、熟考の上で判断しよう。よって、本日時点では中止という判断は下さないでおこう」と皆に語りかけた。事は人の安全に関わる。万が一何かあれば責任を問う声も出るかもしれない。そのようなギリギリの状況で、気候変動の重大性と各人の安全を冷静かつ粘り強く検討し、適切な判断を導くという、素晴らしいリーダーシップを発揮されたのだ。

その後、前述の緊急レクチャーなどを経て、「安全対策に万全を期し、視察を行う前提で準備する。最終判断は各社にゆだねる」という方針に落ち着いた。ちなみに、蓋を開けると、桜井氏を含む大半のメンバーが予定どおり視察に参加し、初の視察団は大成功であった。

この二人の大先輩によるご指導、ご支援がなければ、本書は生まれていなかった。改めて心からの感謝を申し上げたい。

さて、本書執筆にあたり、他にも多くの方に協力いただいた。序章を執筆・監修していただいたＪＣＬＰ共同代表のお三方や、脱炭素経営のリアルな状況について寄稿いただいた各社担当者の皆様には特に御礼申し上げる。また、他の多くの企業の皆様との率直な議論からも沢山のヒントをいただいた。経営の現場で、脱炭素経営と格闘されている方々の視点は、本書を執筆する上での重要な基礎となっている。全員の名前を挙げることは難しいが、すべての関係者の皆様に御礼申し上げたい。

ＪＣＬＰ事務局として日々奮闘するＩＧＥＳビジネスタスクフォースの仲間にも深く感謝したい。難易度の高い海外視察実務を一手に担う千葉さゆり氏、行動力、語学力、調査スキルを駆使して国内外の政策情報や貴重な洞察を与えてくれる高橋慶衣氏、ＲＥ１００等の国内外の脱炭素経営の現状について良質な情報を収集してくれる柴岡隆之氏と関口浩太氏、類まれな語学力と突破力で人脈を築き、得難い情報や機会を手繰り寄せる後藤歩氏（現在は独立し、社団法人 Climate Dialogue Japan を設立）。海外文献の調査や私の拙い文章の確認などを担っていただいた山本清子氏（現在は語学力を生かし翻訳者として活動中）。最近チームに加わった飯田真弓氏、関根真祐子氏にも協力いただいた。彼らの日々の業務と頑張りが、本書の「原材料」である。

また、書籍化をプロデュースいただいた原尻淳一氏（HARAJIRI MARKETING DESIGN 代表取締役）、締め切りの大幅な超過にもかかわらず、温かく見守っていただいた野崎剛氏（日本経済新聞出版本部）にも、この場を借りて御礼を申し上げたい。

最後に、いつ何時も私を気遣い、支えてくれる家族に感謝する。特に、父亡き後、一人京都で暮らしつつ、方々の寺社に出かけては息子たちの無事と活躍を祈ってくれている母には、また電話をしておこう。

著者　松尾雄介（まつお・ゆうすけ）

公財）地球環境戦略研究機関ビジネスタスクフォース　ディレクター/JCLP事務局エクゼクティブディレクター

株式会社三和銀行（現三菱UFJ銀行）、日本におけるESG投資顧問の草分けである株式会社グッドバンカーを経て2005年より現職。龍谷大学経済学部卒。ルンド大学（スウェーデン）産業環境経済研究所修士課程修了（環境政策学修士）。気候変動と企業の関わりについて一貫して研究活動を実施。日本気候リーダーズ・パートナーシップ（JCLP）の事務局責任者を務める傍ら、神戸大学非常勤講師、グローバル企業の気候変動アドバイザー、RE100アワードの審査員、自治体による各種審議会委員などを務める。受賞歴：2010年度　エネルギー・資源学会　第14回茅奨励賞、環境省　第9回、第11回NGO/NPO・企業環境政策提言　最優秀賞など多数。

執筆協力　日本気候リーダーズ・パートナーシップ（JCLP）

脱炭素社会の実現には産業界が健全な危機感を持ち積極的な行動を開始すべきであるという認識の下、2009年に発足した日本の経済団体。幅広い業界から日本を代表する企業を含む約200社が加盟（2021年夏時点）。加盟企業の売上合計は約120兆円、総電力消費量は約60TWh（海外を含む参考値・概算値）。脱炭素社会実現への転換期において、社会から求められる企業となることを目指した取り組みを実践中。

2017年より国際非営利組織 The Climate Group の地域パートナーとして 日本におけるRE100、EV100、EP100の窓口を担うほか、国連総会での首脳級ハイレベル会合、政府の各種審議会へも参加し、国内外で前向きな政策提言を行う。また、横浜市、五島市等との連携協定の締結や日本独自の新たな枠組み再エネ100宣言 RE Actionを共同主催するなど、脱炭素社会の構築に向けた実践活動も進めている。

http://www.japan-clp.jp/

脱炭素経営入門

2021年11月18日　1版1刷

著　　者	松尾雄介
	©Yusuke Matsuo, 2021
発 行 者	白石　賢
発　　行	日経ＢＰ
	日本経済新聞出版本部
発　　売	日経ＢＰマーケティング
	〒105-8308　東京都港区虎ノ門4-3-12
装　　丁	竹内雄二
本文ＤＴＰ	朝日メディアインターナショナル
印刷・製本	中央精版印刷

ISBN 978-4-532-32402-5　Printed in Japan